THE BOOK OF NUMBERS
THE SECRETS OF NUMBERS AND HOW THEY CREATED OUR WORLD

ピーター・J・ベントリー ＊ 著

日暮雅通 ＊ 訳

【ビジュアル版】

数の宇宙

―ゼロ(0)から無限大(∞)まで―

First published in the UK in 2008
under the title : THE BOOK OF NUMBERS
by Cassell Illustrated,
part of Octpus Publishing Group Ltd.
2-4 Heron Quays, London E14 4JP, UK

Copyright © 2008 Octpus Publishing Group Ltd.
Text Copyright © 2008 Peter Bentley

Japanese translation rights arranged with
Octpus Publishing Group Ltd., England
through Motovun Co., Ltd., Tokyo.

Printed in China

イナス1（−1）の章	始まりの前	viii
ゼロ（0）の章	"無"をめぐる数々の論争	012
(0.000000001) の章	小さいことは美しい	028
〈1〉の章	1こそすべて	036
〈$\sqrt{2}$〉の章	無理数をめぐる騒動	052
〈Φ〉の章	黄金のファイ	072
〈2〉の章	きっぱりと2分割	086
対数の底（e）の章	偉大なる発明	112
〈3〉の章	いつの世もある三角関係	126
パイ（Π）の章	パイをひと切れ	140
〈10〉の章	10進法への道のり	166
〈12A〉の章	13恐怖症	184
光速（C）の章	極限の速度	194
無限大（∞）の章	はてしない物語（ネヴァーエンディング・ストーリー）	216
虚数（i）の章	想像を絶する複雑さ（アンイマジナブル）	230
	参考文献、索引、年表、図版出典、謝辞	252

始まりの前
マイナス1（−1）の章

地球上のどこにいても、人は吹き荒れる数の嵐の中で生きている。"数の川"の中で車を走らせ、ヘッドフォンで数に耳を傾ける。腕につけた時計の上では、数が刻々と変化し続けている。

人は数の中に生き、数の中で話し、数を見て楽しむ。数に支配される暮らしと言ってもいい。起きる時間も、目的地や道順、帰宅時刻も、数で表わされる。数はすべての判断を下し、物事を平等に評価し比較する。その結果には誰も逆らえない。だが数は、真実以外の何かを示すうそつきになることもある。数に命を救われる人がいる一方で、悪い数を信じたばっかりに人生を台無しにしてしまう人だっている。数は友だちにも、暮らしを支える生命線にも、お守りにもなり得るが、人殺しにもなってしまう。わたしがこの世にいられるのも、数のおかげと言っていい。

　数千年前、まだ科学と宗教の境目がなかったころ、数は全宇宙を理解するための鍵を握っていると考えられていた。映画『マトリックス』のワンシーンのように、数字が目の前でしたたり落ちるわけではないが、さまざまな形の中には、重要な数が、偶然とはとても呼べないほどたくさんひそんでいる。自然界では、円の直径と円周の関係、貝殻のつくる曲線などの中に同じ比率が何度も現れる。一見、何の規則性もなさそうな太陽系の惑星の間隔にも、幾何学的に同じ形と、その中に埋め込まれた数がひそんでいる。「速度」のようなものでも同じで、たとえば光の速さは、宇宙の形成にあたって中心的な役割を果たしたようだ。かつては、こうした数は神がひそかに隠したデザインを示すと信じられていた。数を理解することは、存在という布地に織り込まれた神の言葉を読み取るようなものだった。未知の数の領域にあえて足を踏み入れた先駆者や冒険家は、この世の物質そのものを探求する旅に出たようなものだ。彼らは、ふだんの生活から宇宙まで、あらゆる物事をすみずみまで解き明かそうとした。そこから導き出されたのは、ひとつの数字ではなく、さまざまな重要な数と、それらを操作する「道具」だった。

　今では、科学は宗教から離れて独立した。宇宙には、それに関連する重要な数があると考えられている。わたしたちは、それが万物のもとになるタペストリーに編み込まれた模様のようなものだと知っている。そうした模様の中には、すぐに目につく太い糸も見える。たとえば π や e、θ などだ。0 や 1、2、3、$\sqrt{2}$ のように、素材の大部分を占めている数もある。10 や 13 のように偶然、布から飛びだした数もある。c や ∞ のような数や概念は、タペストリーの大きさや形を示す。i などは、布を流れる複雑さのかすかなさざ波として見えるだけだ。

　自然の根本的な真理を探究した偉人の名は、数学者や天文学者、物理学者として今に伝え

られている。肩書きはそれぞれ違っていても、彼らがみんな探求者であったことには、今も昔も変わりがない。研究者たちはタペストリーを編んだわけでもなく、小説家が物語を生み出すように、数や数学的観念を考え出したわけでもない。ただひたすら真理を追い求め、発見したことを書き記すためだけに数の言語をつくり出して、真理を説明しようとしたのだ。ただし、それぞれがめざした先は科学、宗教、名声とさまざまだったが。

この本で紹介する探求者は賢人ばかりで、多くは天才と呼ばれていた。複雑な人生を歩み、ときには議論し、幾多の失敗を重ねた末に、成功を手に入れた。ガリレオは医学校を落第し、ニュートンは義父と母親の家を焼き払うと脅し、ベルヌーイは息子の研究成果を横取りした。パスカルはいじめっ子で、アインシュタインは未婚の両親のもとに生まれた非摘出子だった。ある者は数がもとで殺され、ある者は正気を失った。彼らをひとつの部屋に集めたら、叫び声のあまりのうるささに耳が変になるだろう。だが、全員に共通しているのは、数の言語を理解していることだ。たとえ生まれた国は違っても、数の言葉は世界共通。学問が進歩して説明できることが増えれば増えるほど、数の言葉も向上していった。

こうした個性的な先駆者の偉業から、わたしたちは、形や角度、その交わりをどのように数で示すかを知り、土地の測量、複雑な機械の設計や製作ができるようになった。波の相互作用に関する数を知ることで、音楽や、振り子の揺れ、光の奇妙な性質を理解できた。物体の位置や速度、加速度を数でどのように表わすかがわかった結果、惑星の動きを知り、地球のことを理解できるようになった。時間や空間、さまざまなタイプの無限を数で定義することで、時間の流れの変化や宇宙の始まりを理解できた。現代では、素粒子に影響を及ぼす数や、経済、社会、意識などの複雑なシステムの裏にひそむ数を知ろうとしている。こうした偉業が、電話や自動車、音楽、コンピュータ、飛行機に代表される現代社会を築いたのだ。いつも使っている電気製品、口にする食べ物、やっている仕事のほとんどは、数があるからこそこの世に存在している。数を理解していなかったら、今のわたしたちの生活自体がなかっただろう。

この本は、数を探求した人々と数学をつくった人々に関するものだ。個性派たちの動機と信念には驚かされることが多い。だが、数自身からは、もっと大きな驚きがもたらされることだろう。

アインシュタインはかつてこう言った。「人生を生きるには、二つの方法がある。ひとつは、あらゆることが奇跡ではないと考えて生きること。もうひとつは、あらゆるものが奇跡だと考えて生きることだ」。数を知っても世界から驚きがなくなりはしない。むしろ驚きは増える一方だ。

数は奇跡である。この本を読めば、それがわかるだろう。

わかっている限り、人間は地球上で唯一、数を認識し操作する生物だ。オウムに数え方を教えたり、犬に簡単な数の計算を覚えさせたりすることはできるが、動物はもともとこうした能力をもっているわけではない。人間がいなければ、数はこの世に存在せず、計算という行為自体もなかったのだろうか？　そもそも、数とはなんだろう？

"無"をめぐる数々の論争

ゼロ（0）の章

数とは、パターンを表わすのに使う言葉（そして記号）である。この地球にすむすべての生き物にとって、パターンを知ることは、生きていくうえで欠かせない行為だ。どんなに単純な生物でも、食べてはいけないものと食べるべきものを見分けられないと生きていけない。複雑な生物になると、食料が多いか少ないかも見分ける必要がある。子育て中の動物なら、自分の子どもが全員そろっているかどうかを直感的に知らなければならない。ほかにも、遠くに二つの目が光っていたとしたら、それが天敵のものか、それとも単なるカムフラージュや光の反射なのかを区別できないといけない。人間も含めた多くの生き物は、物事のパターンをとらえて見分けられるように脳を発達させてきた。

　紙に書いたり話したりしている数とは、ある言語の中の言葉だ。その言語のことを「数学」と呼ぶ。人間は地球上で唯一、言語を使える生物なので、「数を話す」唯一の生物といっても不思議ではない。だが、パターンは、人が言葉を与えているかどうかにかかわらず、この先も常に存在し続ける。わたしたちは、あるパターンをもったものを「3」と呼び、別のものを「4」と呼ぶが、言葉を与えたり数えたりした結果、その数自身が生まれるわけではない。たとえば、森の中で手をたたいたとき、誰も聞く人がいなくても、音はするのかということを考えてみよう。もちろん、音はする。音が存在するためには、それを聞く耳は必要ない。音とは分子の振動によって発生するものだからだ。これと同じように、数（またはパターン）は誰にも見られなくても、人間がいようといまいと、数として存在する。

数 を 書 く

　数は何千年も前から人間と深いつながりがあった。発見されたのは人間が石斧をつくったころで、かなり昔だが、今ある形になるのには、長い時間がかかった。数は一夜にしてつくられたものではない。洞穴にすんでいた石器人がある朝パッと目覚め、いきなり鍾乳洞の石筍をつかんで、土に「1、2、3」と書きはじめたわけではない。数は、誰にも気づかれず、そっと、無名の幻から生まれたのだ。そして、わたしたちが変化し、進化していくにつれて、今の形に成長してきた。

　何千年も前、話す言葉がそれほど多くな

右：テントウムシの点の数は、種によって異なる。その派手な色は、敵から身を守るのにも役立っている。

数というものが何なのかを知らない場合に、数える方法を知るのには、かなり高度な知識を要する。初めてものを数えた人は、魔法使いや呪術師かもしれないと思えるほどだ。こうした能力が必要になったのは、おそらくずっと昔、人々が部族間の争いを始めてからだろう。部族の首長が何人もの戦士を敵地に送った場合、彼らが無事戻ってきたかどうかを知るのは大切なことだ。部族によっては、

く、書き記す方法も確立されておらず、通貨もなく、数を表わす言葉もなかったころでも、人々は数を知っていた。呼び名はなくても、数を使っていたのだ。数について考えたり、数を書いたりすることはできなかったが、1と2と3とそれより大きな数を区別することはできた。量というものに対して、あまり細かくは考えていなかったのだ。当時はいくら賢い人でも、6個のリンゴと7個のリンゴを、見るだけで区別するのにかなり苦労しただろう。もっている目と脳は同じでも、区別が難しいのはなぜだろうか。それは、数える方法がまだなかったからだ。

下：パカル1世からの権力移行に関するメキシコのマヤの絵文字。数は人間の体で表わされている。これは702年の浮き彫り。

失った戦士に対する賠償を求める場合もあるからだ。たとえば、15人失ったから、15頭の水牛をよこせと言われた場合、15という数を表わす言葉がなく、数え方も知らなかったら、どうやって公平な取引ができるだろうか。

そのとき使われたのは、とても単純な方法だ。戦士がひとり戦闘に出ていったら、決まった場所に石を1個置く。そしてひとりが無事戻ってきたら、石の山から1個取り除く。このように数えれば、残っている石の数が、失った戦士の数を表わすことになる。首長は敵側との交渉に臨むときには、残った石の数と同じ本数の棒をもっていき（棒のほうが運びやすいから）、棒の本数と同じ数の水牛を要求する。実際に数えたり、数の概念を理解したりしていなくても、こうすれば正確な取引ができるわけだ。

石と棒を使う方法の欠点は、場所をとることと、なくす可能性があることだ。石を容器に入れたり、棒を袋に入れたりしても数は記録できるが、とても効率的な数え方とは言えない（6千年前、ペルシャ湾岸のエラムという王国では、いろいろな形をした泥の玉を特別な鉢の中に入れていた）。

実際のところ、もっと効率的な方法による数の記録は、3万年前から行なわれている。それは、細かい刻み目の入った動物の骨が見つかっていることからもわかる。先史時代には、硬い石斧で刻み目をつくって、数を記録していた。1日にひとつ刻み目を入れれば月日の経過を記録でき、月の周期や季節をかなり正確に予測できるようになる。羊飼いが羊1頭につき刻み目をひとつ入れれば、1日の終わりに羊が全部いるかどうかを確認することができる。興味深いのは、その刻み目が5

上：指を使った数え方。ドイツの神学者で著作家のラバン・マウル（780～856）による9世紀の古写本『De Numeris』のフォリオ1Vより。

本一組になっていることだ。ひとつの理由は、人間が5本の指を自由に動かせるようになって以来、ずっと指で数を数えてきたから。一方で、こんな事情もある。前に書いたように、人間の脳は、多数のものの集まりが二つあった場合に、数が同じかどうかをひと目で見分けるのが得意ではない。だから、4本と5本と6本の刻み目を、数えずに区別することは不可能に近い。刻み目を5本ひと組にしておけば、指で数えるのも、記録した数を見るのも簡単になる。

それから数万年後、古代ローマの人々もまったく同じ方法を使った。ローマ数字が「I、II、III、IV、V」のように書かれるのは偶然ではない。この表記法の元になったのは、骨や木に刻み目を入れた数万年前のやり方だ。古

"無"をめぐる数々の論争

上：指を使ったもうひとつの数え方。ラバン・マウル（780〜856）による9世紀の古写本『De Numeris』のフォリオ1Vより。

代ローマ人が数字の5を表わすのに「V」を使った理由は、先史時代の人々が刻み目を5本ひと組にしたのと同じ。「V」と書くほうが、「IIIII」に比べて断然わかりやすいからだ。ローマ数字の起源を知る手がかりは、言葉にも残されている。ラテン語で数えることを"rationem putare" という。ratio は「物と物との関係」を指し、putare は「木を切る」という意味だ。つまり、古代ローマ人が「数える」というときには、「物と物との関係を目で観察して、木に刻み目を入れる」という意味の言葉を使っているわけだ。

ローマ数字は古代生まれにもかかわらず、今でも使われている。この本を含め、多くの書籍の最初の数ページには、2000年前に古代ローマ人が数えたのと同じ方法で、ローマ数字を使ってページ番号がふられている。あるいは、イギリスで学位を授与されるときには、レベルが「I、IIi、IIii、III」（左から「ファースト、アッパー・セカンド、ロウアー・セカンド、サード」）に分けられる。また、ビルの礎石には、たいてい「MMVII」（2007を表わす）のように、ローマ数字で竣工年が刻まれている。

刻み目を使って数えるという古来のやり方も、忘れ去られたわけではない。英米では、物を数えるとき、縦の線を1本ずつ書いていくが、5本目は最初の4本を横断するように書く。こうすることで5という数をわかりやすく表現している。コンピュータがすっかり発達した今でも、先史時代の数え方を使い続けているのは、ちょっと不思議な感じもするだろう。

右：正装したズーニー族の男

数を話す

　数を書き記すための記号が徐々に発達するにつれて、数を声で伝える方法もできてきた。人間が洞穴生活を営んでいたころは、おそらく5を表わすのに「ア、ア、ア、ア、ア」とだけ発音していたのだろう。だが、数を話すやり方として、もっとよい方法があるのは明らかだ。大きな数を伝えるときには、聞くほうが数え切れないだろう。だとすれば、どうすればいいのか。それぞれの数を示すのに、違う音を使えばいい。世界には、数えるのに指などの体の一部を主に使う部族もたくさんいる。数を伝えたいときに使う言葉は、指と手に関係していることが多い。米国の先住民、ズーニー族の言葉もそのひとつだ（右の図）。

　時がたつにつれて、人間の数が増えると、村や町がつくられ、交易が始まって、数の必要性が増していった。もはや「すべての指にもう1本足した数のミルクと、すべての指と、ほかのを全部上げて2本足した数の卵を交換する」と言っていては間に合わない。もっと短くて簡単な数の表わし方をつくる必要が出てきた。4000年前ごろには、複数の部族が、もっと短く発音できる数の口語をつくり出していた。驚くことに、こうした言葉は現在ヨーロッパ周辺で使われている言語の元になった。その言語とは、パンジャブ語、ヒンズー語、古代ペルシャ語、アフガニスタン語、リキュア語、ギリシャ語、ラテン語、ドイツ語、アルメニア語、イタリア語、スペイン語、ポルトガル語、フランス語、ルーマニア語、サルディニア語、ダルマチア語、ウェールズ語、コーンウォル語、アース語、マン語、スコットランド語、ゲール語、オランダ語、フリ

ズーニー族の言葉

1	töpinte	始まり
2	kwilli	前のといっしょに上げる
3	kha'i	均等に割れる指
4	awite	1本を除いて指を全部上げる
5	öpte	数え切った
6	topalik'ye	すでに数えたものに1本を足す
7	kwillik'ya	ほかのを全部上げて2本足す
8	khailik'ya	ほかのを全部上げて3本足す
9	tenalik'ya	ほかのを全部上げて、1本を除いて全部上げる
10	ästem'thila	すべての指
11	ästem'thila	すべての指にもう1本足す

左：2000年前のペトログリフ（岩面彫刻）。フリーモント族、アナサジ族、ナバホ族、アングロ族の文化を示している。

次ページ：ローマ帝国の市場の予定を示すレリーフ。ローマ数字が使われている。

ジア語、アングロサクソン語、そして英語だ。

　これらの言語は、インド・ヨーロッパ語族と呼ばれ、数千年前ひとつの民族から広がって、今では世界最大級の語族にまで発展した。元となった民族がどこに住んでいたかは正確にはわからないが、言語どうしの共通点を研究してみれば、数をどのように発音していたのかを推定することはできる。右の表には、一番有力な説を示した。何カ国語かを話せるなら、数千年の時をかけて百の言語と千のなまりに細分化していく過程で、いかに元の「親」とは違う言葉に変わっていったかがわかるだろう。

　中には見慣れない単語もあるかもしれないが、ヨーロッパのさまざまな言語どうしで言葉がどれだけ違うかを考えれば、その多くから数を連想できるのは驚くべきことだろう。ヨーロッパの国々は戦争を繰り返してきたが、数に関してこれだけ似た言葉を使っているということは、その祖先は同じだということだ。数は、わたしたちすべてに共通の歴史があることを示している。

数字の「親」

1	*oi-no, *oi-ko, *oi-wo
2	*dwõ, *dwu, *dwoi
3	*tri, *treyes, *tisores
4	*kwetwores, *kwetesres, *kwetwor
5	*pénkwe, *kwenkwe
6	*seks, *sweks
7	*septm
8	*októ, *oktu
9	*néwn
10	*dékm

無 の 発 明

こうして数を簡潔に書いて話せるようになったわけだが、これで終わったわけではない。大事なものを忘れている。それは「無」だ。ゼロというものがなければ、さまざまな場面で不都合が生じる。

たとえば、ローマ数字を使って簡単な引き算をすることを考えてみよう。

$$\overline{\text{LXXXIV}} - \text{DCCLIII} = \overline{\text{LXXIXCCLI}}$$

それぞれのローマ数字が何を示すのかをわかっていたとしても、計算するのはなかなか難しそうだ。まず、記号の意味をおさらいしておこう。

I = 1   v = 5   x = 10   L = 50

C = 100   D = 500   M = 1,000

記号の上に引かれている線は「1000をかける」という意味だ。ローマ数字の表記法では、一番大きい値をもつ記号を左に書き、右に行くに従って、だんだん小さい値をもつ記号を書く。大きい値の左に小さい値を書いた場合は、「その数を引く」という意味になる。つまり、VIは6だが、IVは4だ。

同じ計算式をアラビア数字で書くと、ずっとすっきりする。

$$\begin{array}{r} 80,004 \\ -\ \ \ 753 \\ \hline =79,251 \end{array}$$

上の計算式がわかりやすいのは、数字の位置に意味を与えているからだ。一番右にある数字は、常に「十よりも小さな値」を意味する。その左の数字は「十の位の数」を示す。さらにその左の数字は「百の位の数」を指す。つまり753は、七つの百と五つの十と三を足した数、七百五十三を表わすわけだ。

ローマ人には、アラビア数字の表記は奇妙に映っただろう。彼らにとって、Cはどこにあっても100を意味する。位置によって値

が変化することはない。同様に、Lは常に50を指す。ローマ数字は、現在のアラビア数字のように筆算のときに位をそろえられないので、計算は簡単ではない。ローマ人はそろばん（アバカス）に頼らざるを得なかった。

位置で数の位を表わす方式は、使いやすくて理解しやすい反面、欠点もあった。たとえば、10をどうやって表わすのか。ローマ数字のXのようにひとつの文字で表わせないとしたら、数の大きさを示すには位置を使うしかない。でも、1の右に置ける文字がないのに、どうやって位置で表わせばいいのか。そうするには新たな数字が必要だと誰かが考えつくまでに、数千年の歳月が流れた。そう、必要な数字とはゼロだったのだ。

ゼロ、つまり「無」が発明されたのは、およそ1800年前のインドだった。バビロニア人やギリシャ人、マヤ人、中国人はその前から、数字を正しい位置に置くために何らかの記号が必要なことはわかっていた。だが、ゼロが記号以上の意味をもつこと、つまりゼロが数字だということに気づいたのは、インド人だけだった。

ゼロに関する最も古い文献は、おそらく628年に30歳のインドの数学者ブラフマグプタが著したものだ。彼は、インド中部のウジャインにある天文台の長として名高い人物だった。著書のひとつ『ブラフマースプタシッダーンタ（宇宙の始まり）』では、惑星の動きと、軌道を正確に計算する方法を解説している。このころには、数の位を正しく表わすためにゼロが必要なことは理解されていた。だが、ブラフマグプタはもう一歩踏み込んで、歴史上初めてゼロの定義を示した。「ゼロと

上：インド・マディヤプラデシュ州ウジャインの天文台。数学者ブラフマグプタは、ここの長を務めていた。

は、ある数から同じ数を引いた答えである」。これが彼の定義だ。

今では当たり前のように思えるが、1400年近くも前のインドでは、この考えは広く受け入れられてはいなかった。当然ながら、国外ではまったく理解されていなかった。3個の卵があった場合に、3個を持ち去ると、そこには何も残っていない。答えは「無」だ。ブ

ラフマグプタは、その状態を「無」と見なし、「ゼロ」と呼んだ。さらにゼロを数字だと主張した。それを証明するために、以下のような計算上の規則をいくつも示した。

「ある数にゼロを足したり、ある数からゼロを引いたりしても、その数は変わらない。ある数にゼロをかけるとゼロになる」

今でこそ、この規則は小学校の早い段階で習うが、当時は頭の良い数学者がこうした独特のやり方で考え出すのがやっとだった。さらにブラフマグプタは、ゼロが正の数にも負の数にも作用することにも気づいていた。当時は、正が財産、負が借金と見なされることが多かった。右のコラムを見るときには、−7が借金、+7が財産だと考えてみよう。きっと概念が理解できるはずだ。

残念ながら、ブラフマグプタはゼロの割り算をどうするかまでは、はっきり示せなかった。ある数をゼロで割ること、ゼロをある数で割ることが何を意味するのかが、わからなかったのだ。さらに、ゼロをゼロで割るとゼロになるとしているが、これはまったくのまちがいだ（計算機で計算してみれば、理由がわかる）。

だが、彼が愚かなわけではなかった。後世の著名な数学者たちは、何世紀にもわたってブラフマグプタの規則に従った。重大な誤りがあるとわかったのは、それから千年以上もあとのことだ。ゼロ以外の数に当てはまる規則が、ゼロに当てはまるとは限らない。かなりの歳月がかかったが、数百年前、ようやくそのことに誰かが気づいた。たとえば、7÷0の答えは何だろう？ 7÷2は3.5。これは7の半分が3.5という意味だ。7÷1は7。7の中に1が七つあるからだ。7÷0.5が14になるのは、7の中に七つある1の中に、0.5が二つずつあるからだ。

このように、割るほうの数が小さいほど、

ブラフマグプタのゼロの概念

借金からゼロを引くと、借金が残る
−7−0＝−7

財産からゼロを引くと、財産が残る
7−0＝7

ゼロからゼロを引くと、ゼロになる
0−0＝0

ゼロから借金を引くと、財産になる
0−−7＝7

ゼロから財産を引くと、借金になる
0−7＝−7

財産か借金にゼロをかけると、ゼロになる
0×−7＝0、0×7＝0

ゼロにゼロをかけると、ゼロになる
0×0＝0

ブラフマグプタは聡明な数学者だったが、ゼロを使った割り算については少し混乱していたようだ。以下は彼の考え。

「正または負の数をゼロで割ると、分母がゼロの分数になる」

7÷0＝7/0　および　−7÷0＝−7/0

「ゼロを正または負の数で割ると、答えはゼロになるか、割るほうの数を分母、ゼロを分子にもつ分数で表される」

0÷7＝0　または　0/7

「ゼロをゼロで割ると、ゼロになる」

0÷0＝0

答えは大きくなる。その考え方からすると、7÷0は無限大になるはずだ。7をゼロで割ると、大きさがゼロのかけらが無数にできることになる。そう主張したのは、インドの数学者バスカラだ。彼はブラフマグプタが本を書いた486年後に生まれ、インドではバスカラチャルヤ（バスカラ先生）として知られている。ブラフマグプタと同じように、ウジャインの天文台の長となった（当時、ウジャインの天文台はインドの数学研究の中枢となっていた）。多くの数学書を著し、新しい種類の方程式を研究して解いた人物でもある。さらに、以下のような、詩とも呼べるようなものも書いた。

　　ほら見てごらん、白鳥の群れから抜け出して
　　7/2とその数の平方根をかけた数が、湖畔で遊んでいる
　　残りの2羽は、水中でメスをめぐって争っている
　　白鳥は全部で何羽いる？

　数学に関して輝かしい業績と詩のようなものを残したバスカラだが、ゼロ除算に関してはまちがっていた。7÷0が無限大だとする主張は、よく考えてみると、つじつまが合っていない。無限の数の「無」が集まっても、無にしかならない。どうすれば7になるのか。
　この部分こそが、ゼロ除算の謎を解く鍵だ。まず、「割る」と「掛ける」には密接な関係があることに気づかないといけない。7を2で割ると3.5になるのは、3.5に2をかけると7になるからだ。7を0で割った答えを見つけるときには、0に何をかければ7になるかを考えないといけない。実際のところ、その答えはない。0をかけて7になる数は存在しないのだ。だから、ある数を0で割ったときの答えは、「解なし」となる。何とも釈然としない答えだし、ほかの数字が従う規則にも従っていない。だが、一般的にゼロで割ることは、何が何でも避けないといけないものなのだ。コンピュータの世界では、何かをゼロで割るという命令を出したためにプログラムが動かなくなって、コンピュータ自体が機能しなくなることもある（「ゼロ除算エラー」というエラーもあるくらいだ）。
　ゼロで割った答えを「解なし」とする解釈は、なかなか直感的にわかるものではないので、現代の教科書の中にも答えを「無限大」としているものもある。これは、ある意味おそろしいことだ。900年前のバスカラの主張が、いまだに正しい答えよりも、人々の頭の中に残っているということだからだ。でも、この本を読んだ皆さんは、正しい答えを知っている。だから、どこかにまちがった説明が書いてあったら、ちゃんと指摘するように。
　さて、逆にゼロを割る場合はどうだろうか。0÷7の答えは？　これまでと同じ考え方を当てはめてみると、0÷7の答えを見つけるには、7に何を掛ければゼロになるかを考えてみればいい。答えは明らかだ。ゼロを掛ければいい。だから、ゼロをどの数で割っても、答えは常にゼロになる。ブラフマグプタのためにも書いておくと、これについての彼の解釈は正しい。
　だいぶ整理されてきたが、最大の難問が

残っている。ゼロをゼロで割ったときの答えだ。数学者たちも、この問題を何世紀にもわたって誤解してきた。ゼロで割ったときの答えは「解なし」で、ゼロは数でもあるから、ゼロをゼロで割ると、やはり答えは「解なし」だろう。だが、そう簡単にはいかない。

0÷0の答えを見つけるために、まず大きな数の場合を考え、そこから徐々に数を小さくしてゼロに近づけてみよう。128÷128、64÷64、32÷32……といった具合だ。答えはいずれも1のように思える。数が小さくなるほど「0÷0」に近づいていくが、同じ数どうしで割り算しているので、答えは1に近づいていく（数学では、これを「漸近する」という）。ここで、数列を少し変えて、最初の数に7をかけてみる。同じように数を少しずつ小さくしてゼロに近づけてみる。そうすると、この数列は7に漸近することになってしまう。

上：ギヨーム・ド・ロピタル。微積分に関する初めての本を執筆した。だがその本は、個人教授のヨハン・ベルヌーイから教わったことであった。

$$\frac{128}{128}, \frac{64}{64}, \frac{32}{32}, \frac{16}{16}, \cdots, \frac{0}{0} \to 1$$

$$\frac{7 \times 128}{128}, \frac{7 \times 64}{64}, \frac{7 \times 32}{32}, \frac{7 \times 16}{16}, \cdots, \frac{7 \times 0}{0} \to 7$$

この考え方を使うと、ゼロ割るゼロは、どの数にもなり得る。だから、答えは「解なし」ではなく、「不定」、つまりどの数でもよいということになる。ゼロをゼロで割った答えは、定まっていない——いったい誰がこんなことを考えついたのか。ブラフマグプタでないことはまちがいない。

ブラフマグプタが本を書いてから千年以上がたったころ、フランスの数学者ギヨーム・ド・ロピタルが、この解釈を考え出したとして名声を得た。数列をゼロ分のゼロに近づけて説明するという考えは、現在「ロピタルの定理」として知られている。彼は1661年にパリで生まれ、騎兵隊の将校を務めていたのだが、近眼を理由に退職（本当は、裕福だったので、何かほかのことをやりたくなったという説が有力だ）。その後、数学研究の道に進もうと決め、スイスの数学者ヨハン・ベルヌーイに多額の報酬を払って、フランス北部の村、ウクにある自分の大邸宅で個人教授をさせた。ロピタルがこの定理を本にして出版すると、ベルヌーイは激怒した。本の内容の大半を占めていたのは、自分がロピタルに教えたことのように思えたからだ。ベルヌーイについては謝辞で少し触れているだけで、その内容も、次のような恩着せがましくもそっ

上：スイスの数学者ヨハン・ベルヌーイ。

けないものだった。

　また、数多くの名案を与えてくれたベルヌーイ親子にも感謝したい。現在フローニンヘンで教授を務めている息子さんには、特にお世話になった。

　ベルヌーイはよっぽど腹に据えかねたのか、ロピタルが1704年に死ぬと、本当の著者は自分だと主張し始めた。当時は信じる者はほとんどいなかったが、二人の死後、1922年に証拠が見つかり、ベルヌーイが正しかったことが証明された。

　こうした策略と対立があったにもかかわらず、数学界は「ベルヌーイの定理」と改名することはなかった。0÷0をめぐる"不正"（こう呼んでいいのかどうかはわからないが）は、今日まで残っている。だが、なるべくしてなったというか、数学界ではベルヌーイの名のほうがずっと知られている。息子のダニエル・ベルヌーイが「ベルヌーイの定理」を考え出したからだ。これは流体力学に関する式で、たとえば、安定した上昇気流の上にピンポン玉が浮くしくみを説明できる（現代では、スケールがずっと大きくなり、巨大な扇風機でつくった風の上で、人がスカイダイバーのように浮くこともできる）。ところが、ここにも同じような"不正"があった。父親のヨハンが、息子ダニエルの研究成果を自分のものにしようとしたのだ。ヨハンは息子の研究をもとにした本を出版し、出版日を変えて、あたかも息子の本よりも先に出たかのように見せた。だが、こんな子どもだましにひっかかる人はいなかった。ヨハンはさらに自分の兄弟や研究仲間、生徒にも同様の不正をはたらいたうえ、ニュートンの研究がまちがっていることを証明しようとまでした。だから、「ロピタルの定理」がロピタルの功績とされているのも、それほど不公平なことではないのかもしれない。

"ゼロ年"をめぐる問題

　ゼロは、数学者の頭を悩ませるだけでなく、一般の人々にもさまざまな問題を引き起こしている。その一例が、現在使われている暦だ。もともとはイタリア南部、カラブリア出身の医者アロイジウス・リリウスが発案したもの

で、彼の死後、兄弟がローマ教皇に提案した結果、1582年に現在の太陽暦（グレゴリオ暦）として採用された（月にあるリリウス・クレーターは、彼の名前からつけられた）。しかし、当時ゼロという数字は広く使われてはいなかったので、太陽暦には「ゼロ年」がない。紀元前1年の次は紀元後1年となる。

英語では、太陽暦の年を、ものの順序を数えるときのように序数を使って表わしている。だから、紀元後1年は、0から1年の間を指す。一方で、ゼロは人類の歴史の中では新しい時代に発明されたものなので、通常は基数としてだけ使われる。基数は、順序とは関係なく量や値を表わすのに使われる数だ。だからゼロは、量を表わすときには使うが、数えるときには使わない。

ゼロを使って数えることはできるのだろうか？ コンピュータの世界では、ゼロがよく使われているので、めずらしいことではない

下：旧太陽暦（ユリウス暦）からの改暦の委員会で議長を務めるローマ教皇グレゴリウス13世。グレゴリオ暦は1582年に採用された。

"無"をめぐる数々の論争

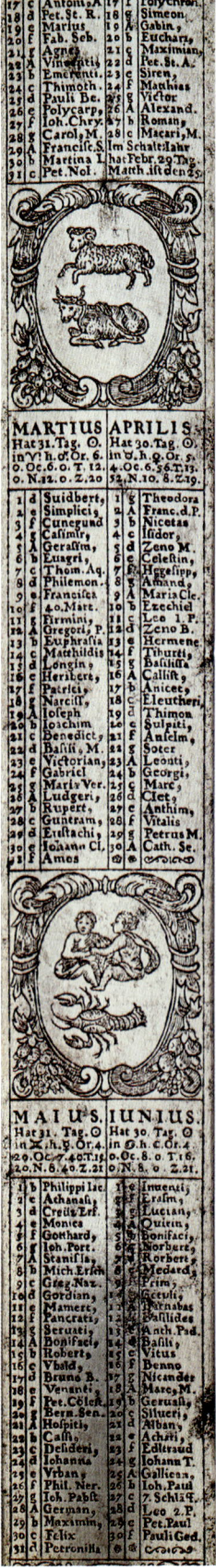

右下：真鍮製の万年暦。ユリウス暦とグレゴリオ暦で復活祭の日を決めるのに使われた。ユリウス暦は紀元前46年、ユリウス・カエサルによって制定された。グレゴリオ暦は1582年、グレゴリウス13世によって制定され、ユリウス暦は使われなくなった。

右：ドイツ製の剣の刃に刻まれた暦（1686年ごろ）。1686年を基準にしたグレゴリオ暦の万年暦で、十二宮の絵があしらわれている。

（これについては次の章で詳しくみる）。コンピュータで10まで数えるときには、0から始まって9で終わる。この数え方はおかしな感じもするが、暦でも同じやり方をしていれば、不便さも少しは減ったかもしれない。紀元後を表わす英語"A.D."は、ラテン語でキリスト紀元を表わす"Anno domini"を略したものだが、最初の年を1年としたために、キリストが生まれた日、つまり0歳のときに最初の誕生日を祝うということになってしまった。キリストは、紀元後2年に1歳、3年に2歳になる。ややこしいのは、これだけではない。「マタイによる福音書」第2章によると、キリストが生まれたときヘロデ王は生きていたのだが、歴史資料によればヘロデ王は太陽暦の紀元前4年に死んだことになる。だから、暦のことを考え出すと、頭がこんがらがってしまう。ゼロがないために、2世紀の始まりは101年となる。キリスト生誕2000年を祝ったのは、2001年だった。ひょっとすると、コンピュータを見習ってゼロから数え直したほうが、すっきりするかもしれない。

だが、日付についてはコンピュータ自体も、ときどき混乱する。いわゆる「2000年問題」

上：ボッティチェリ作『マギの礼拝』（1475年）。グレゴリオ暦では、紀元後1年の始まりがキリストの1歳の誕生日ではなく、生誕の日となっている。このため、キリストの生誕年がわかりにくくなった。

だ。西暦が1999年から2000年に変わるときに、いろいろな不具合が起こるといわれた。原因は、プログラマーがソフトウェアの中で年を表わすのに西暦の下2桁しか使っていなかったことだ。年が99から00に変わると、コンピュータが西暦を2000年ではなく1900年と解釈してしまうからだ。1900年と見なされたために、発電所や電気料金システムのような重要なプログラムが停止したら大変だと、1990年代後半には、大量のプログラマーがソフトウェアの更新作業に追われた。だが結局、二つのゼロは、"ミレニアム景気"に沸いたプログラマーの給料にたくさんのゼロを加えたものの、たいした問題を起こすことはなかった。

数は、単純に1、2、3と進んでいくわけではない。0と1の間に横たわる大きなへだたりに小さな数の世界が広がっていることは、何世紀も前からわかっていた。1個のリンゴを半分に切ってみれば、一目瞭然だ。半分になったリンゴのことを何と呼ぶのか。1より小さい数を扱うにはどうすればいいのか。どうやって書き、話し、考えればいいのか。

小さいことは美しい

1ナノ（0.000000001）の章

現在、こうした数のことを分数や小数と呼ぶが、それがどのようなものか、どうしてこう呼ぶ必要があるのかを理解するまでには、何千年もの歳月が流れ、数々の哲学者や数学者が頭を悩ませた。

有理数

数の世界を探求した最初の専門家は、おそらくピタゴラスだが、分数はあまり得意ではなかったようだ。当時はゼロのような高度な概念が発達するずっと前で、割り算の考え方も理解されていなかった。世界で最初の数学者ともいえるピタゴラスは、紀元前569年にギリシャのサモス島で生まれ、475年に他界するまで波瀾万丈の人生を送った（これは、後に仏陀となるゴータマ・シッダールタが生きた時代と同じだ）。エジプトを訪れたときに、哲学者や文化に大きく影響を受け、捕虜として送られたバビロンで数学や音楽、科学を学んだ。その後、サモス島に戻り、さらにイタリア南部のクロトンに移った。クロトンで、哲学と宗教の教団を立ち上げると、まもなく男女を問わず多くの弟子が集まった。教団の側近たちのことを「マテマティコイ」と呼び、厳格なルールに従うように教えた。財産を手放し、菜食主義者になって、以下のような信条に従わなければならなかったのだ。

1 根本では、現実はもともと数学的である。
2 哲学は精神を清めるために用いることができる。
3 魂は神と結合するまでに高めることができる。
4 いくつかの記号には神秘的な意味がある。
5 教団のすべての信者は、忠誠と秘密を厳守しなければならない。

上の木版画：ギリシャの哲学者ピタゴラスは、世界でも最初期の数学者のひとりでもあった。

ピタゴラスは、数学と哲学、宗教の概念を一緒して考えていた。彼の有名な言葉に「万物は数である」というものがある。これは、アリストテレスが100年後に次のような文を書いたことから派生したと言われている。「彼らは、数の構成原理をもってあらゆる存在の構成原理であるとみなし、また、天界の全体をひとつの音階であり数であると考えたので

上：収穫量を記録するエジプト人を描いた壁画。エジプト人は、分数の表記法を生み出した。

ある」──『世界の名著9　ギリシアの科学』（中央公論社）の「アリストテレスの自然学」（藤沢令夫訳）より

　ピタゴラスのものとされる研究成果は、どれもピタゴラス教団から生み出されたものだが、すべてが彼自身のものとは限らない。当時の記録が残っていないので、はっきりしたことはわからないが、数学の定理の中でも特に有名な「ピタゴラスの定理」は、弟子のひとりが考えたものだとも言われている。事実、第一文「直角三角形の斜辺の2乗は、ほかの2辺の2乗の和に等しい」は、紀元前1900～1600年のものとされるバビロニアの石板に刻まれている。これはピタゴラスよりも1000年以上前のものだ（ただし、この関係が常に成り立つことを証明したのは、ピタゴラスかその弟子だ）。とはいえ、いま確実にわかっているのは、ピタゴラス教団が幾何学を研究し、すべての数は有理数だと（少なくとも最初は）考えていたことだ。これはつまり、どの数も整数か、二つの整数を使った割合で表わされるということ。だから、4分の1は、1と4という二つの整数を使って「1：4」のように表わされる（だが〈√2〉の章で説明するように、その後、無理数の存在が明らかになった）。

　ピタゴラスは、現在のような分数は使っていなかったが、数の約数（ある数を割り切れる数で、因数とも言う）と割合については、弟子たちとともに長年真剣に考えていた。事実、ピタゴラスは音楽を数学的に研究した先駆者だ。数本の弦をいっせいに鳴らしたときにきれいな和音を出すには、それぞれの弦を整数の比で表わせる長さにすればよいことを見つけた。ピタゴラスは竪琴の名手でもあったので、この発見は演奏にも役立ったのだろう。病に苦しむ人たちによく演奏を聴かせて、元気づけていたようだ。

　分数は、物の取引のときにも重要だ（たとえば、4分の1頭のブタと、りんご3分の1袋を交換するといった場合に必要になってくる）。バビロニアや古代ローマの人々は、分数を表わすための記号や言葉をもっていたし、エジプト人は分数を書く方法を確立していた。現在の形に近い分数の表記は、628年にブラフマグプタが本を書くころには、すでに一般的に使われていた。ただし、分母と分子の間に線はなかった。間に線を引くようになったのは、それから600年後のこと。ヨーロッパ

では、イタリアの数学者フィボナッチがおそらく最初に現在の分数表記を使うようになった。彼についてはあとで詳しく述べる。

大切な「点」

数字は常に物の全体を表わすとは限らない、つまり、数字は物の一部だけを表わす場合もあるという考え方は浸透していったが、小数点の概念はなかなか登場しなかった。現在の分数の表わし方によく似たそろばん（アバカス）が古代ローマで使われていたにもかかわらずだ。

古代ローマ人は、計算のときに小石を使った。小石は、計算用の台に彫った溝に並べる。それぞれの溝は数値（1000、100、10、1、1/2、1/3、1/4）を表わしている。ローマ人は「計算する」と言うときに、"calculus ponere（小石を置く）"という言葉を使った。英語のcalculate（計算する）とcalculator（計算機）は、この言葉から生まれたものだ。ローマ人の分数を含む数の表わし方は、現在のコンピュータで2進数を使って表わす方法と、とてもよく似ている。たとえば、特定の場所で1か0を使って数を表わす方法だ。

0	1	1	1	0	1	1	0
8	4	2	1	1/2	1/4	1/8	1/16

上の表の場合は、4+2+1+1/4+1/8=7 3/8を表わす。1を小石に代えれば、古代ローマのアバカスに似たものになる。

これは、小数点を使って分数を小数で表わす考え方にかなり近いが、実際に小数点が現れるのは、それから1000年近くもあとのことだった。小数点を最初に使ったと考えられているのが、シリアの数学者アブル・ハサン・アフマド・イブン・イブラヒム・アル・ウクリディシだ。920年ごろにダマスカスで生まれたと考えられ、確認されている限り、7 3/8を7.375と書く方法を初めて記した人物だ。この表記法の利点は、数字の位置で桁を表わ

下：計算式を記したエジプトのパピルス。紀元前1550年ごろ。

上：中国の木製のそろばん。
こうしたそろばんは、700
年以上も使われている。

すことの便利さを考えてみればわかるだろう。小数点の両側に数字を一列に書いて表わせば、正確な計算が可能になるうえ、数を明確に表わせるようになる。分数を考えてみると、7 3/8 は 59/8 や 118/16、177/24 とも表わせるが、小数で書けば常に 7.375 となり、計算もやりやすくなる。

　小数点の出現に伴って、そろばんも変わっていった。ローマ時代の小石が「珠」と「芯」に変わって、現在のそろばんの形ができあがった。このデザインの一番の成功例は、中国のそろばんだろう。およそ 700 年前に誕生したが、中国には今でもそろばんを教えている学校がある。それぞれの芯が、一、十、百と異なる位を表わす。一番右の 2 本は 1/10 と 1/100 の位だ。つまり、中国のそろばんはとても大きな数を表わせると同時に、0.01 までの小数も表わすことができる（一般的なそろばんは芯が 10 本あり、99,999,999.99 まで計算できる）。慣れた人のそろばん使いを見ていると、ほれぼれするほど計算が速い。熟練すると、頭の中でそろばんをはじきながら、一瞬で暗算することもできる。

極小の世界を考える

　分数や小数を使って小さい数を書けるようになると、今まで見えていなかった世界が目の前に広がるようになった。目に見えないほど小さなものでも、頭の中で考えられるようになったのだ。さらに、それがどれだけ小さいかを、正確に表わせるようになった。

　わたしたちの目に見える世界は、ほんのわずかしかない。たとえば、人の体は何兆個もの細胞からできていて、ひとつの細胞の大きさは身長の 10 万分の 1 ほどだ。これは 7 〜 30 マイクロメートル、つまり 0.000007 〜 0.00003 メートルに相当する。その細胞に感染するウイルスは、さらに 100 倍小さく、20（ポリオ）〜 300（天然痘）ナノメートル、つまり 0.00000002 〜 0.0000003 メートルしかない。ウイルスは生き物の中で最も単純なもので、せいぜい複雑な分子と同程度の大きさだ。その分子は、原子が集まってできたもの。水素原子の大きさはウイルスの 1000 分の 1 で、直径にしてたった 0.5 オングストローム、つまり 0.00000000005 メー

トルという小ささだ。さらに、原子はもっと小さな陽子と中性子、電子からなる。陽子は原子よりも数千倍小さく、直径は約10フェムトメートル（0.00000000000001メートル）だ。小ささ自慢はまだまだ続く。陽子を構成するクォークは、さらに1000倍小さく、10アトメートル（0.00000000000000001メートル）。でも、一番小さいのは、物理学者が「ストリング理論」で仮説を立てた「ストリング」の大きさ。ひとつが0.00000000000000000000000000000000001メートルという、気の遠くなりそうな小ささだ。

　皆さんも「ナノテクノロジー」という言葉を聞いたことがあるだろう。目に見えないほど小さな機器をつくるための技術だ（ちなみに、この章は「1ナノの章」と読み、分数で表わすと「1/1,000,000,000章」）。すべての遺伝子情報を記録している分子、DNAは直径2ナノメートル（nm）だ（実際には細胞ひとつひとつの中にぐるぐる巻きに入っていて、一直線に伸ばすと1.8メートルにもなる）。遺伝子はタンパク質を生成するという機能しかもっていない。そのタンパク質は大きさ3〜10nm。アミノ酸からつくられる複雑な分子で、細胞の働きや場所を伝える賢い化学物質だ。ナノ単位でものを操作する技術は今後もどんどん発展していくだろうが、すでにナノサイズの小さな機器はいくつも生まれている。2003年には、カリフォルニア大学バークレー校の科学者が、大きさ500nmに満たない小さな電気モー

右：人間は何兆個もの細胞からできている。細胞に感染するウイルスは、細胞の100分の1ほどの大きさしかない。

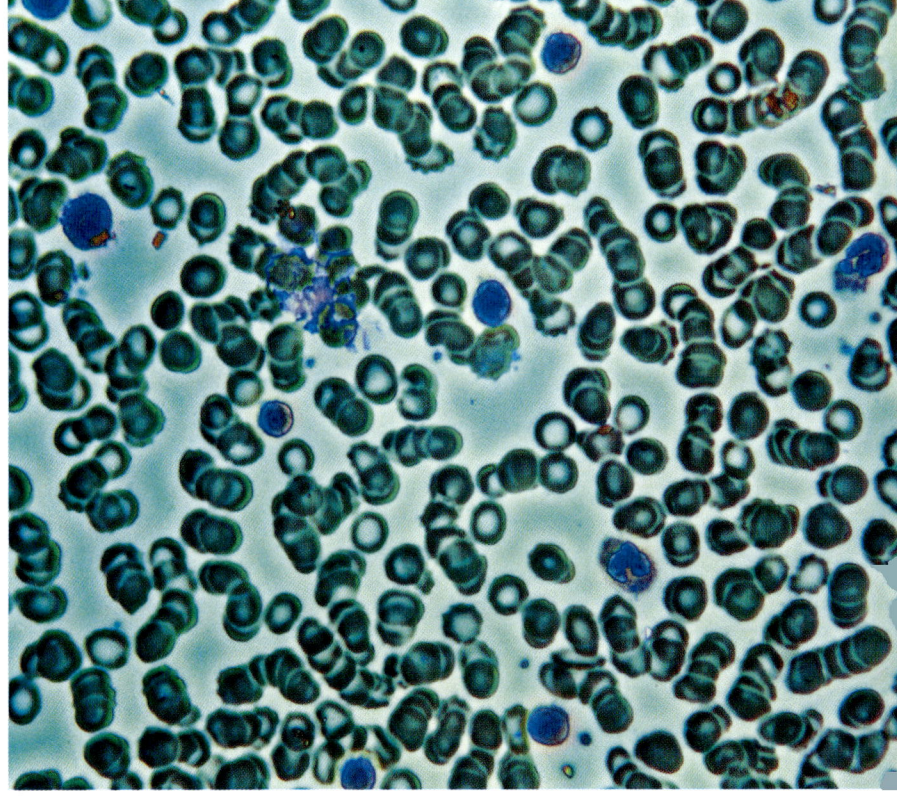

ターをつくった。電子機器に使われるシリコンチップはどんどん小さくなり、トランジスタの大きさは幅 50nm ほどにまで小型化した。マサチューセッツ工科大学の科学者は、ナノサイズの無線アンテナを遺伝子に取り付けて、無線信号で遺伝子発現を操作することに成功した。無線で制御する生物学とは、すごい時代になったものだ。

分数や小数ができて、人間は極小の世界を想像し、原子のように小さなものの視点で物事を理解できるようになった。だが、これにも別の物語がある。2500 年ほど前、ピタゴラスが数について研究していたのと同じころ、まだ若い仏陀が、小さい数に関して"神業"とも思われる発見をした。

これは、仏陀の伝記『ラリタ・ヴィスタラ』(「遊戯の展開」という意味で、韻文と散文で記述されている) に記録されている逸話だ。仏陀は、紀元前 565 年ごろにインド北部 (今のネパール) のカピラヴァストゥという都市で生まれ、当時はゴータマ・シッダールタという名前だった。伝記によると、若いゴータマはアルジュナという数学者と、ある競争をしたとされている。ゴータマの知識の豊かさに感銘を受けたアルジュナは、この世で一番小さい粒子「第一原子」をどのように表わすのかと尋ねた。するとゴーダマは、さまざまな小さいものは、7 の倍数に関連していると説明した。本当の答えは長いので、以下にかいつまんで紹介する。

微小なちりの粒 (renu) 中に、七つの「第一原子 (paramanu raja)」があり、

七つの renu が集まって一片の小さなちり (truti) になり、

七つの truti が集まった一片のちりが風に運ばれ (vayayana raja)、

七つの vayayana raja が集まった一片のちりがノウサギに巻き上げられ (shasha raja)、

七つの shasha raja が集まった一片のちりが

下：極小モーターを電子顕微鏡で撮影し、着色したもの。オレンジ色の駆動ギアの直径は、人間の髪の毛よりも小さく、厚さは 1 枚の紙の 100 分の 1 程度。

雄ヒツジに巻き上げられ（edaka raja）、

七つの edaka raja が集まった一片のちりが雌牛に巻き上げられ（go raja）、

七つの go raja が集まって1粒のケシの種になり（liksha raja）、

7粒のケシの種が集まって1粒のカラシの種になり（sarshapa）、

7粒のカラシの種が集まって1粒の大麦になり（yava）、

7粒の大麦が集まって1本の指骨になる（anguli parva）。

1本の指骨（指の長い骨）の長さを約4cmとすると、仏陀の言う「第一原子」がどれだけ小さいかがわかる。

$0.04 \div 7 \div 7 \div 7 \div 7 \div 7 \div 7 \div 7 \div 7 \div 7 \div 7 = 0.0000000001416 = 1.416 \times 10^{-10}$

これは141.6ピコメートル（1.416オングストローム）で、炭素原子の大きさとだいたい同じだ。2500年前には、原子が存在することすら誰も知らなかったことを考えると、見事な推測だと言える。

上：仏陀の像。仏陀は、小さいものの大きさが7の倍数に関係していると説明した。

〈1〉こそすべて

1 こそすべて
〈1〉の章

人が最初に口にし、学ぶ数は1だろう。昔から、1には常にさまざまな意味が込められてきた。4分の1（クォーター）が四つ集まって1になることを見つけてからというもの、1という数字は「ひとつ」ということを示すだけでなく、「全体」や「統一」、「一体」という意味ももつようになった。

上：「25セント硬貨（クォーター）四つで1ドルになる」。数字の1は、ひとつの全体性も示すほか、いいもの悪いもの含め、さまざまな迷信にも使われている。

　数字の1に関してはいろいろな迷信があるが、中には納得のいくものもある。たとえば、「卵をひとつ割ると、足が1本折れる」という言葉があるが、これは卵を大切に扱うよう不器用な子どもに教えるものだ。「靴を片方しかはかないで家の中を歩くのは縁起が悪い」というのもある。つま先をどこかにぶつけたときには、この言葉の正しさがわかるだろう。また、「お金をひとつのポケットの中にしか入れていないと、お金をなくす」という人もいるが、これも理にかなった言葉のように思える。一方で、いったい誰が考えたのだろうかと首をひねりたくなるような、あまり好ましくない迷信もある。たとえば、「手がひとつしかない人は霊能者である」という言葉。手がひとつしかない人が、からかわれるのに嫌気がさして、いじめっ子を遠ざけるために考えたのだろうか。もっとひどいのは「目がひとつしかない人は魔女である」というもので、迷信というよりも侮辱のように思える言葉だ。1に関連する迷信の中には、動物に関するものもある。たとえば、「1羽のカササギは死の前触れ」や「1頭の白い馬は縁起が悪い」だ。1日という日付に関するものもある。「月の最初の日に髪を洗うと、長生きしない」という言葉は、現代の生活の中でどれだけの頻度で洗髪しているかを考えると、いかにもうそっぽい。結婚を考えている人には、「8月1日と1月1日に結婚するのは縁起が悪い」という言葉があるのを教えておこう。

　数字の1は、こんな不安をあおるだけのものではない。多くの宗教では、1という数字は神との調和に関係がある。1に関する夢は、神からの直接のメッセージだと考えられている。だが残念なことに、それぞれの宗教の信仰者は、神はひとりしかないと信じ、真の信仰者である自分たちだけが神を独占していると考えている。神が5人いると考えれば、それぞれもう少し歩み寄れる余地が出てくるのではないだろうか。1という数字には、妥協の余地はまったくない。それは、ただひとつのものであり、議論の余地のない、独占的な「1」だ。これが、寛容さをなくし、何世紀に

もわたる血塗られたつらい闘いを生んだ。

さいわいなことに、1にはもっといい意味もある。「賢者の石」というのをご存知だろうか。これは、金属を金に変えると考えられている想像上の石で、不老不死の命を与える妙薬とも言われている。17世紀の錬金術学者ウィリアム・グラタコルによると、「本質的にひとつのもの」とも言われていたという（しかしウィリアムによると、「賢者の石」にはおよそ100個の別名があり、「魚の目」や「霧の中にたたずむ男の腹」という変な呼び名もあったらしいので、何世紀にもわたるこの石の探求で「本質的にひとつのもの」が役に立ったとは考えにくい）。

また、「ナンバーワン」という言葉は「最高」を指す場合にもよく使われる。中国の「風水」では、正しい数字を使うと運気が上がるという。数字の1は「陽」の最初の数字で、成長と繁栄に強く結びついている。一方、西洋では、「1」の使われ方は少し異なる。たとえば、トランプでハートの1は「ハートのエース」と呼ぶが、この「エース」という言葉は古代ローマの通貨が語源だと考えられている。古代ローマの硬貨の中で、一番価値が低かったのが「アス」で、「全体」とか「一単位」という意味もあった。「エース」は、西洋では名字に使われているほか、今でも「ナンバーワン」を意味する言葉となっている。

自然数

なぜ人々は、長きにわたって数字の1に深くて神秘的な重要性があると考えたのか。その理由のひとつに、数学者の存在がある。これまでに説明したような、整数や小数、有理数だけが数ではない。自然数や完全数、友愛数、素数など、めずらしい性質をもっている、特別な数もある。こうした性質は一部の数に

上：賢者の石を錬金術でつくる過程を示した図。金属を金に変えると考えられている想像上の石で、「本質的にひとつのもの」とも言われていた。

右：錬金術に関係する多数のシンボルを示す、古い図。『*A Very Brief Tract Concerning the Philosophical Stone*』（フランクフルト、1678年）より。錬金術は化学の前身とも言える擬似科学で、錬金術師が追い求める賢者の石は有名だ。金属を金に変えたり、不老不死をもたらしたりすると言われている。

しかない。数のパターンの中に、奇妙な別のパターンが存在するわけだ。中には、ピタゴラスよりも前に発見された古いものもある。ピタゴラス教団は、こうした特殊な数に大きな魅力を感じていたことだろう。若い仏陀が、のちに仏教となる数多くの真理を学んでいたのと同時期に、ピタゴラス教団は数を通して宇宙を研究し、数が宇宙の基礎となる、つまり本質的には万物が数からつくられていると考えていた。数のパターンを見つけて分析すれば、宇宙の成り立ちを説明できるような深い意味を解読できるかもしれない。彼らはそう考えたのだ。

子どものころには、誰でもまず自然数を習う。自然数とは、1、2、3、4など、指で数えられる数のことだ。負でない数のことを自然数と呼ぶのは、それらがとても自然であり、数の中でも日常目にすることが一番多いからだ。自然数は、数の世界のハトと言ってもいいくらいに、どこにでもある。まわりを見回してみて、自然数に目を向けてほしい。人間がつくったほとんどすべての製品には、そっと自然数がひそんでいる。どこにも書かれていなかったら、もっと近寄ってみよう。木が何本見えるのか？　雲や窓、人の数はどれだけか？　そう思って数えると、頭の中に自然数が現れてくるだろう。

昔から、自然数は1から始まると考えられているが、そうではない時代もあった。古代ギリシャの人々は1を「単位」とし、自然数は2から始まると考えた。2は「多様性」を表わしているからだ。だが、自然数の研究が

進むにつれ、ほとんどの数学者は1が自然数の始まりで、数の中で最も自然な数であると結論づけた。結局、1以外の自然数は、1を足していけばつくれるからだ。1よりも自然な数はない。そう考えられたのは、ゼロを使って数えるのが不自然だということもある。今でもこの考え方に反対して、ゼロが自然数であると考える人もいるが、わたしたちにとっては、考えが一貫している限り、どちらでもいいことだ。

自然数をゼロで始めた場合の利点は、自然数が使う演算子の意味を定義できることだ。たとえば、すべての自然数に関して足し算を定義できる。どうして定義するのか疑問に思う人もいるだろう。足し算なんてわかりきっていると思うかもしれないが、果たして本当にそうだろうか。自然数に1を足すと値が1増えると、どうしてわかるのか。ルールに従わないへんな自然数があったらどうするのか。数学では、当然だと決めつけることはしない。すべてを定義し、はっきりさせる。つまり、何かを数学的に証明して初めて、それが正しいと確信できるのだ。

足し算とは何かを証明するほかに、1は掛

足し算を定義する

足し算を定義するとは、いったいどういうことか。ありとあらゆる足し算をすべて書き出して一覧表にすれば、答えが出るというものでもない。方法のひとつが、以下のような覆せない公理を導き出すことだ。

$a + 0 = a$

$a + S(b) = S(a + b)$

$S(0) = 1$

ここで、Sは後者関数と呼ばれ、「もう1回足す」という意味で、ある数の次の自然数を与えるものだ。aとbは任意の自然数を示す。

後者関数は「数える」という概念を使う。後者関数の観点で足し算を定義することで、これらの公理を使えば、「数えられれば、足し算できる」と数学的に言うことができる。

任意の自然数aに対して、a+1がどのような意味をもつかを知りたい場合、公理を使って、1をS(0)に置き換えることができる（0の次は1だからだ）。

$a + 1 = a + S(0)$

次に、2番目の公理でbを0に置き換えて、同じ式を以下のように書き直す。

$a + S(0) = S(a + 0)$

最後に、3番目の公理でa+0をaに置き換える。

$S(a + 0) = S(a)$

これで、任意の自然数aについて、a+1がS(a)であることを証明できた。

どの演算子（引き算、かけ算、割り算など）も同じように、数学で定義することができる。だから、こうした演算子が、わたしたちのやりたい通りの働きをすることを確信できるのだ。

け算でも重要な役割を果たしている。1にどんな数をかけても、答えはかけた数と同じ数になり、何の影響も及ぼさない。この性質は数学において大切な公理であり真理である。1は「乗法の単位元」と呼ばれている（これに対して0は、足し算の証明の最初の公理に示したように、「加法の単位元」だ）。数学は、なるべく簡潔かつ正しさがはっきりするように、このような公理のもとに成り立っている。

完全数

ピタゴラス教団が見つけて研究した自然数の性質のひとつに、完全数がある。これは、ある数の約数（その数自身を除く）をすべて足すとその数になる自然数のことをいう。一番小さい完全数は6だ。約数である1、2、3を足すと6になるからだ。完全数はたくさんあるものではない。たとえば8の場合は、約数の1、2、4を足した数が7になり、9は約数の1と3を足しても4にしかならない。実際、完全数はとてもめずらしく、1000万までの自然数の中に、以下の四つしかない。

6=1+2+3

28=1+2+4+7+14

496=1+2+4+8+16+31+65+124+248

8128=1+2+4+8+16+32+64+127+254+508+1016+2032+4064

ちなみに、20番目の完全数は、想像できないくらい大きくなり、何と5,834桁もある（このページに収めることすらできない）。

上に示した四つの完全数は、2000年以上前にすでに知られていて、発見されてからというもの、その重要性が議論されてきた。数学

上：サン・パオロ・フォーリ・レ・ムーラ聖堂にあるアウグスティヌスのモザイク。

と哲学、宗教が同じように扱われていたころは、完全数は神に与えられたものだと信じるのが、おそらく自然だっただろう。たとえば、初期キリスト教会最大の指導者であるアウグスティヌス（354～430年）は、著書『神の国』の中でこう書いている。

「6はそれ自身で完全な数である。これは神が万物を6日で創造されたからではない。その逆が真実だ。神が万物を6日で創造された

〈1〉こそすべて

のは、6が完全な数だからである」

　同様に、28 も月の公転周期を表わす完全数として、神に選ばれた数だと考えられた（いま知られている月の公転周期は 27.322 日だ）。

　しかし、完全数をひと言で一番うまく言い表わしているのは、ルネ・デカルトのこの言葉だろう。

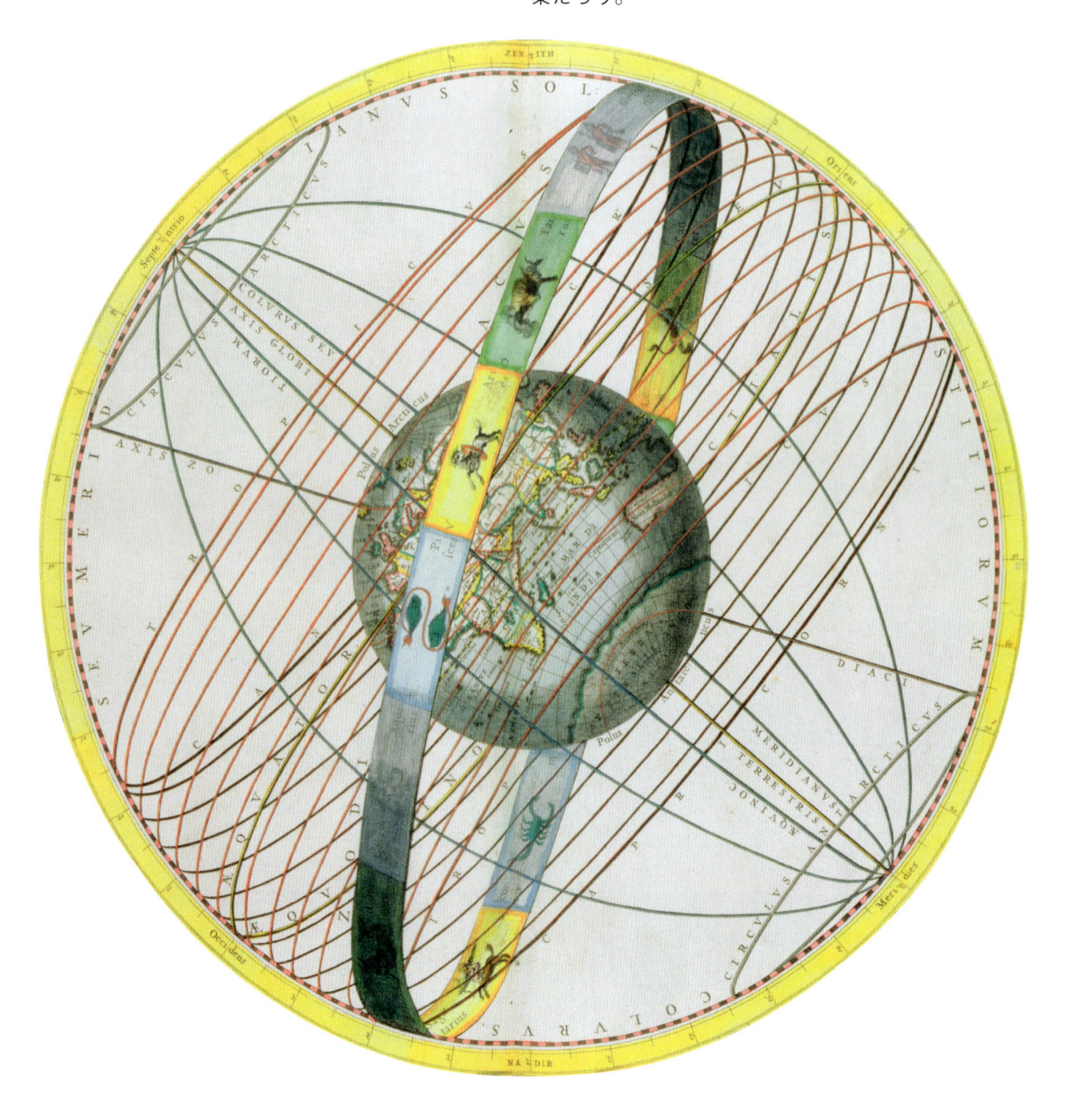

下：地球を回る月の動きは、ホロスコープの計算に使われる。

「完全数は、完全な人間と同じように、めったに存在しない」

友愛数

完全数はとても少ないが、「友愛数」と呼ばれる数ならもう少し多く存在する。友愛、つまり仲がいい数とはいったいどういうものだろうか。これは、約数の和がお互いの数自身になる2数を言う。一番よく知られている友愛数は、220と284だ。

220の約数を足すと：

1+2+4+5+10+11+20+22+44+55+110=284

284の約数を足すと：

1+2+4+71+142=220

友愛数は、長いあいだ完全数と考えられていたが、独特の重要性があるために別の数と見なされるようになった。完全数が宇宙を支える神秘的な柱と考えられていたのに対し、友愛数は一緒になることを運命づけられた、完全なパートナーとして扱われた。ありそうなことだが、2000年前は、恋愛中のカップルが284と220という数字の入ったお守りやロケットを交換したという。誕生日やホロスコープ、身長などに完全数が含まれているものどうしが結婚した事例も多かったそうだ。一説によると、友人とは何かと尋ねられたピタゴラスは、友人とは220と284のように、

上：「現代数論の父」と言われるピエール・ド・フェルマー。

もうひとりの自分であると答えたという。

11世紀には、あるアラブ人が友愛数に関するおもしろい実験をした。ひとりに数字の220が書かれたものを食べさせ、もうひとりに284が書かれたものを同時に食べさせたときに、性欲にどのような影響を及ぼすかを調べたのだ。だが残念なことに、実験の結果は残っていない。

友愛数には大きな関心が寄せられたが、220と284以外のものは長いあいだ見つからなかった。次の友愛数、17,296と18,416は、ピエール・ド・フェルマー（「フェルマーの最終定理」で有名な人物、後ほど紹介する）が見つ

けたと書かれていることが多いが、実際には それより数百年早くイブン・アル＝バンナー というアラブ人の数学者が発見していた。3 番目のペア、9,363,584 と 9,437,056 を見つ けたのは、デカルトだ（「我思う、故に我あり」と 言ったのと同じ人物だが、これももっと前に発見され ていたという説もある）。1747 年までには、著名 な数学者オイラーが 30 以上の友愛数を見つけ た（残念なことに、一部はまちがっていた）。でも一 番驚くのは、1866 年にパガニーニというイタ リアの 16 歳の少年が見つけた友愛数、1,184 と 1,210 だろう。この 2 番目に小さなペア は、2000 年ものあいだ、何人もの優秀な数学 者が研究してきたにもかかわらず、すっかり 見逃されていた。

素数

完全数と友愛数は、約数に着目して決めら れたものだ。約数とは、ある数を割り切るこ とができる自然数だ。すでに説明したように、 6 の約数は 1、2、3 で、いずれも 6 よりも小 さい。でも、その数自身より小さな約数をも たない数があったらどうするのか。ちなみに 1 はすべての自然数の約数なので、除外する 必要がある。1 とその数自体を除いて約数が ない数のことを「素数」と呼ぶ。

素数は、本当に特別な数だ。1 とその数自 体でしか割り切れないということは、完全数 と友愛数は素数ではない。でも、特別な数と 言っても、素数は数多くある。一番小さなも のから 10 個挙げると、2、3、5、7、11、 13、17、19、23、29 となる。もちろん、こ の先もまだまだ続く。素数は完全数や友愛数 ほど見つけにくいものではない。実際のとこ ろ、それらと強い関係がある。

米国の作家スティーヴン・キングの小説 『ダーク・タワーⅢ 荒地』で、登場人物の ローランド、エディ、ジェイク、スザンナ （デッタ）、オイが、唯一残された列車で、崩 壊した都市を脱出しようとする場面がある。 その列車は、知能があって少しいじわるで、 謎かけに正解しないと乗れないというのだ。 その謎とは「わたしを動かしたいのなら、ポ ンプに燃料を注入しなければならん。そして、 わたしのポンプは逆向きに燃料を差すのだ」 というもの。菱形のキーパッドに素数を入力 すればよいと気づいたのは、デッタだった。 それで、彼女は謎を解きにかかった。

「素数ってのは、あたしみたいなもんさ——強 情で特殊な奴ってわけ。つまり、そいつは 1 とそれ自身の数でしか決して割り切れない数 のことなんだ。2 は素数だよ。だって、1 と それ自身の数の 2 でしか割りきれないからね。 しかも、2 は素数の中で唯一の偶数なのさ。 だから、他の偶数はすべて除外していいって わけ」

「わけがわからん」エディが言った。

「それは単にあんたのおつむのできが悪いから さ、白人の坊や」デッタが言った。だが、そ の口調に悪意はこめられていなかった。彼女 は、ほんのしばらくのあいだ、数字の配列で 構成された菱形をじっくり観察していたが、 やがて、木炭の先端で次々と偶数を素早く塗 りつぶし始めた。

「3 も素数だよ。だけど、3 を掛けて得られる 数字は素数じゃない」と彼女は言った。

スザンナは木炭を使って、偶数が除外され

たあとに残った3の倍数を消去し始めた。9、15、21といったぐあいに。
「5と7についても同じこと」とつぶやいた。「あとは、まだ消去していない25のような奇数を塗りつぶしてしまえばいいの」
「ほらね」スザンナは疲れきった声で言った。「この網織物に残っているのが1から100までのすべての素数ってわけ。きっと、これが搭乗口をひらく数字の組み合わせなんだわ」
──スティーヴン・キング『ダーク・タワーⅢ　荒地』（下）（風間賢二訳、新潮文庫）より

上：エラトステネスの横顔。

　こうして門が開き、旅人たちは厳しい旅を続ける事ができた。

　この物語で、スザンナが素数を求めるのに使ったのは「エラトステネスのふるい」という方法だが、エラトステネスは実在した人物だ。紀元前276年、北アフリカのキレネで生まれた学者で、地球の円周や地軸の傾きをかなりの正確さで求めたり、うるう年の入った暦をつくったり、700近くの星を記録したりと、数々の輝かしい業績を残した。「ふるい」とは素数を見つける方法のひとつで、キングの小説に書かれているとおりのものだ。スザンナのように、エラトステネスも1が最小の素数であると信じていたかもしれない。実際、1は長いあいだ、素数であると考えられていたのだ。1は1で割れ、さらにその数自身（これも1）でも割ることができる。だが近年、1は素数に含めないようになった。そうなった主な理由に、ユークリッド（ギリシャ語ではエウクレイデス）という人物の存在がある。

　ピタゴラス教団をはじめとする当時の数学者は、素数の魅力に取りつかれ、深くて神秘的な意味を与えたに違いない。だが、素数の研究を大きく進展させたのは、ギリシャの数学者ユークリッドだった。紀元前325年ごろに生まれ、成人になってからはエジプトのアレクサンドリアで過ごした。その生涯についてはよくわかっていないが、ユークリッドという男がこの世にいたことを示す証拠はあり、数学界での功績はよく知られている（一部では、ユークリッドの功績は複数の数学者のものであるとの見方もある）。それに、ユーモア精神にあふれた人物でもあったようだ。ギリ

シャの作家ストバイオスは、以下のように書いている。

「ユークリッドに幾何学を教わり始めた生徒が、最初の定理を習ったあとに尋ねた。『これを勉強すると何を得られますか』。ユークリッドは奴隷を呼んで、こう言った。『この男にお金をあげなさい。勉強して何かをもらわないと気がすまないみたいだから』」

　数学が発明されてからというもの、生徒たちは数学の先生にこれと同じ質問を繰り返してきたのではないだろうか。

　ユークリッドの最も有名な著作『原論』は、13巻からなり、近代の数学の基礎を築いた。西洋で翻訳、出版、研究された数は、聖書に次いで多いという人もいる（そしてもちろん、聖書よりも古い）。数ある古今の数学書の中でも、匹敵するものはないと言われるほどの名著だ。内容は主に幾何学に関するもので、三角形、四角形、円、比、二次元と三次元の幾何学の重要な概念と性質を定義している。これらの概念は今でも正しい。ユークリッド幾何学は、現代の建築やデザインに欠かせない存在となっている（これについては後の章で触れる）。7〜9巻では、数の原理に焦点をしぼり、

ド：ユークリッドの『原論』のアラビア語訳。

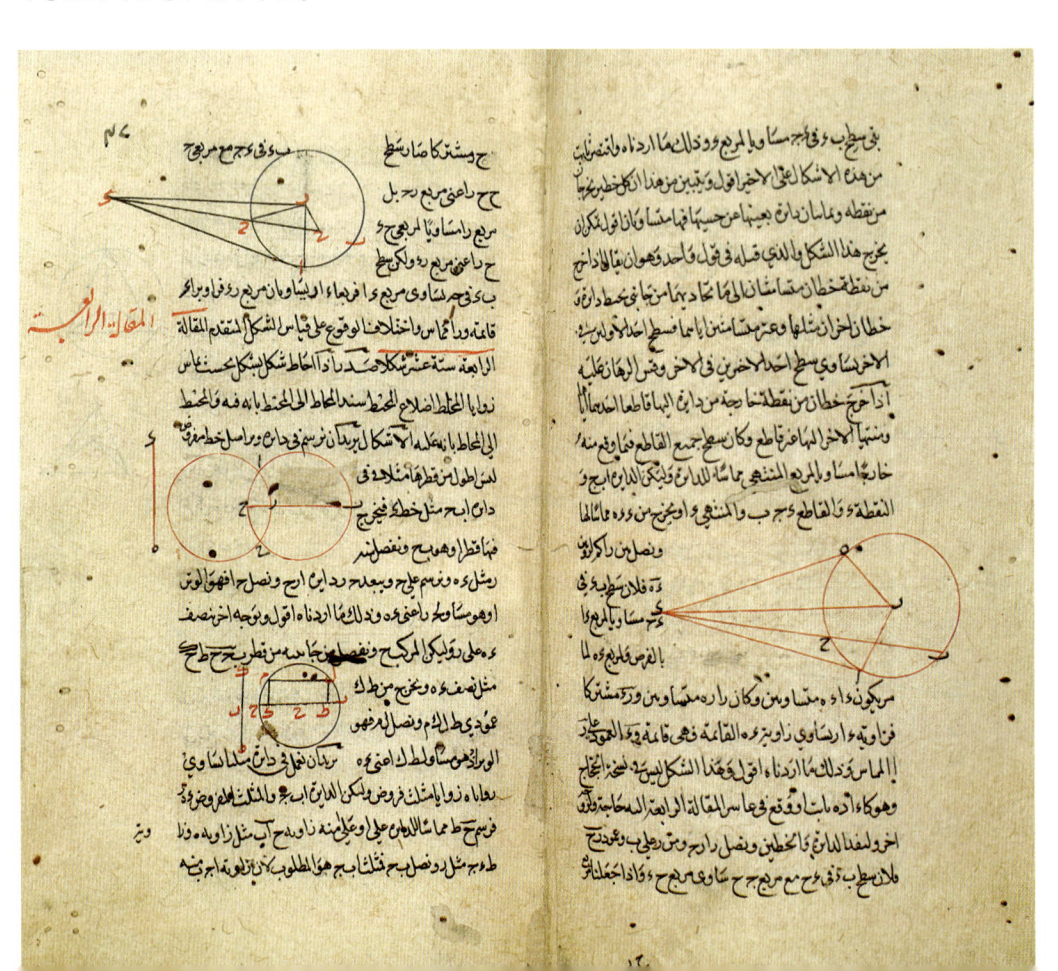

上：天文学者で地理学者のプトレマイオスと、数学者で物理学者のユークリッドのイラスト。

数字の1についても詳しく定義している。

「単位とは、存在するもののおのおのがそれによって1と呼ばれるものである」——『世界の名著9 ギリシアの科学』(中央公論社)の「エウクレイデス 原論」(池田美恵訳)第7巻より

　ユークリッドの徹底ぶりには目をみはる。考えつく限りのあらゆる真理を定義することで、数と形に関する数多くの証明を成し遂げた。しかも、それらは今でも使われている。中でも特に有名な証明に、素数に関するものがある。ユークリッドは、自然数とそれまでに見つかっていた素数についての重要な証明をした。今では「算術の基本定理」と呼ばれているくらい重要なもので、次のようなものだ。

1より大きいすべての自然数は、素数か、素数の積としてひと通りに表わすことができる。

　この意味を理解するには、数をひとつ思い浮かべてみればいい。どの自然数をかけ合わせれば、その数になるかを探してみよう。ユークリッドの定理には、かけ合わせる数は素数だと書かれている(だから、素数を思い浮かべてしまったら何も始まらない)。信用できないって? じゃあ、ここでは72の場合を考えてみよう。72にするには、18と4をかければいい。18は9かける2、9は3かける3だ。4は2かける2。だから、72を素因数の積で表わすと、2×2×2×3×3となる。ご覧のとおり、2も3も素数だ。この定理はどの自然数にも当てはまると、ユーク

上：ユークリッドの『原論』の複製。

リッドは考えた。

　数学者である彼は、この定理が本当であればいいと願っているだけではなかった。願っているだけだったら、単なる理論と呼ばれていただろう。ユークリッドは自分の考えが正しいことを「背理法」を使って証明した。その使用例としてはおそらく最も古いと考えられる。背理法による証明では、何かが常に正しいと主張する際に、それが誤りだとする反例を出し、その反例が矛盾することを示すことによって、主張の正しさを証明する。例として、背理法を使って、すべての物事が常に正しいとは限らないということを証明してみよう。

すべての信念は平等に正しく、否定できない、というのがわたしの理論である。

ハリーは、スパゲッティの怪物が太陽のまわりを回っていると信じている。

わたしは、スパゲッティの怪物の存在を否定する。

しかし、わたしの理論では、ハリーの信念は正しいし、自分の信念も正しい。つまり、お互いに反対のことを信じている。ハリーは自分が正しいと考え、わたしは彼がまちがっていると考えている。二人とも正しいということはあり得ない。ゆえに、わたしの理論はまちがっている。

　ユークリッドは、1よりも大きいすべての自然数が素数の積であることを証明するために、反例を考えてみることにした。つまり、自然数の中には素数の積では表わせないものもあると考えた。そうした数はもしかしたら複数あるかもしれないが、ひとつでも見つかれば、理論がまちがっているのが証明される。だから彼は、一番小さい数を選ぼうとした。この仮説の数は、少なくとも二つのほかの数の積、$a \times b$で表わされ、どちらか一方でも素数であってはならない。ユークリッドは素数の積でない一番小さな数を考えた。そうすると、aとbは素数の積でなければならない（そうでないと、一番小さな数を選んだという事実と矛盾する）。しかし、aとbが素数の積

ならば、aとbをかけた数は素数の積である。だから、反例は矛盾する。これがユークリッドの証明だ。

彼は同じ背理法を使って、素数が無限にあることを証明した（最後の数よりも少しだけ大きな数を見つけられないということはあり得ない、ということを証明した）。

ユークリッドはまた、素数と完全数（ある数の約数をすべて足すとその数になる自然数）に大きな関係があることを示した。2倍ずつ増えていく数を足してできる素数に、その最大の約数をかけると、完全数になる。たとえば素数の7は以下の数列の和だ。

1+2+4=7

（合計）×（最大の約数）=7×4=28（完全数）

素数の31からも、同様に完全数がつくれる。

1+2+4+8+16=31

31×16=496（完全数）

11個の完全数すべてがこの形をとることを示したのは、別の数学者オイラーだ。なんとユークリッドが示してから2000年後のことである。今でも、奇数の完全数があるかどうかはわかっていない。ぜひ、この難問に挑戦してみてほしい。

こうして素数を使って完全数を見つけることはできたが、一方で、算術の基本定理をよく見ると、1は除外されている。1は役に立つ数ではなく、実際、定理にうまく当てはまらないことから、およそ300年前に、1を素数から除外することで決着したのだ（ときどき、まちがっている説明はあるが）。だから、1が素数に含められないように、「1より大きいすべての自然数」という条件が定理に付け

下：執務中のレオンハルト・オイラー。

加えられた。キングの『ダークタワー』に出てくる列車は、ブレインに古いコンピュータを使っていたのだろう。もしこの条件を知っていたとしたら、登場人物たちは謎かけに答えられなかったかもしれない。

素数と暗号

　素数をコンピュータで計算するのはそれほど難しいことではないが、ある程度の時間はかかる。「エラトステネスのふるい」は、非常に大きな素数を求めるのには向いていない。だから、ほとんどの場合、新しい素数を求めるには、小さな素数を使う（たとえば、ある数が素数かどうかを確かめるのに、それよりも小さな素数で割り切れるかどうかを調べる）。今では、いい素数生成法がいくつかあるが、例外的に見つけにくい特別な素数もある。「強素数」と呼ばれるものだ。ある素数が、その両隣の素数の平均値よりも大きい場合に、その素数のことを強素数という。たとえば7番目の素数、17を考えてみよう。6番目と8番目の素数、13と19を足すと32になり、その平均は16だ。17は16よりも大きいので、強素数ということになる。ほかに「安全素数」というものもある。これは、別の素数に2をかけて1を足した数のことだ。巨大な数が素数かどうかを確かめるとき、特に強素数や安全素数の場合は、強力なコンピュータでも求めるのにかなりの時間がかかる。

　以上のような理由で、現在のインターネットのセキュリティシステムでは、こうした"強くて安全な"素数が使われている。最高性能のコンピュータを使っても導き出すのに何年もかかるほど、大きな素数だ。素数はコンピュータの暗号化技術の基礎であり、世界中でファイルの暗号化に使われている。今度オンラインショップで買い物をするときには、高セキュリティの決済システムが安全なのは素数のおかげだということを忘れないように。

1 に限りなく近い数

　数字の1は素数ではないとすることで決着したが、まだまだ1に悩まされることは多い。たとえば、人を煙に巻くような、1をめぐる難題がある。ひとつのリンゴを三等分すると、3分の1のリンゴが三つできる。ということは、3分の1に3をかけると、答えは1になりそうだ。でも、本当にそうだろうか。

　分数で表わせば、結果は明らかだ。

1/3 × 3=1

　ところが、小数を使って同じ式を表したらどうなるだろうか？

0.33333333... × 3 = 0.99999999...

　ここに難題がある。なぜ、両者の結果がわ

ずかに違うのだろうか。小数にしたことで誤りが生じ、まちがった答えが導き出されたのだろうか。それとも、0.99999999…（以下、9が無限に続く）は、1の別の表わし方なのだろうか。

　答えはない。「はい」とも「いいえ」とも言える。何だか奇妙に思えるだろうが、0.99999999…は1だ。ちょっと面倒な表記だけれども、1を表わしている。これを証明する方法はいくつもある。一番わかりやすいのは、簡単な代数を使う方法だ（右のコラムを参照、詳しい説明は次章で行なう）。

　単に「1」と書いたほうが楽なので、ふだんはそうしている。たとえば、「小さい」という概念を表わすのに「ちっぽけ」や「ちっちゃい」とも言えるように、そもそも1の書き方はいくつもあるのだ。0.99999999…、1/1、43/43、（10−5）／（26−21）——表記はいくらでもあるが、これらの意味はたったひとつ。「1」である。

0.99999999… = 1 となる理由

　まずは10倍してみる。

0.99999999… × 10 = 9.99999999…

　この答えから最初の数を引く。

9.99999999…
− 0.99999999…
= 9.00000000

　1の位が9−0で、小数点以下がすべて9−9なので、答えが9になるのはわかるだろう。

　次に、少し変えてみよう。0.99999999…に新たな名前をつける。ここではaと呼ぶ。

　aを使って上と同じ計算をすると、以下のようになる。

$10a - a = 9$

　10個の集まりから1個を引くと9個になる。だから、以下のように書き直せる。

$9a = 9$

　9個の何かが9であるとしたら、両辺を9で割ると以下のようになる。

$a = 1$

　最後に、aが何だったかを思い出して式を書き直すと、以下のようになる。

0.99999999… = 1

無理数をめぐる騒動

⟨√2⟩の章

数は、宇宙という織物に編み込まれた優雅な模様だ。素数、完全数、自然数、分数——こうして言葉にしてみると、数がいかに多様な側面をもっているかがよくわかる。公正かつ正確な事柄、筋の通った物事、生活の中にあるすべての割合は、こうした数を使って完璧に表わすことができる。少なくとも、ピタゴラス教団はそう考えていた。だが、それはまちがいだった。

ピタゴラス教団は、早い段階でまちがいに気づいていたが、内容があまりにも衝撃的で教義から外れていたので、真実は表に出なかった。皮肉なことに、真実はピタゴラス教団の偉業のひとつ、ピタゴラスの定理から計らずも明かされることになった。以下がその定理だ。

直角三角形の斜辺の2乗は、ほかの2辺の2乗の和に等しい。

　これは、形の中にひそむ数の秩序と単純さを示す、ピタグラスらしい定理だ。たとえば、直角をはさむ2辺の長さが3cmと4cmの直角三角形があるとする。ピタゴラスの定理を使えば、一番長い斜辺が5cmであると導き出すことができる。

3×3＋4×4＝5×5

　これは、どんな直角三角形にも当てはまる。2辺の長さがわかっていれば、ピタゴラスの定理を使って、残りの辺の長さを計算できるのだ。一見、完璧な定理のようにも思えるが、とても大きな問題がある。ここで、1辺が1メートルの正方形を考えてみよう。ひとつの角から向かい側の角に向けて対角線を引くと、短い2辺の長さがそれぞれ1メートルの直角三角形が二つできる。それでは、斜辺の長さは何メートルなのか。ピタゴラスの定理を使えばこうなる。

1×1＋1×1＝a×a
（aは、求める長さ。1×1は1で、1足す1は2だから、計算は簡単だ）

2＝a×a

　これでわかったことは、斜辺aの長さを2乗すると2になるということだ。それならaの値はいくつか。1×1＝1なので1よりも大きいことは確かだ。また、2×2＝4なので2よりも小さいこともわかる。となると、答えは分数になる。7/5はどうだろう。2乗すると1.96になる。707/500なら、2乗すると1.999396だ。7072/5000の場合は、2.00052736となり、2を超えてしまう。
　ここで衝撃の事実を明らかにすると、2乗

して2になる分数はない。自然数にも有理数にも当てはまる数がないとなると、新たな種類の謎の数があるに違いない。不自然で、紙に書けず、決して知ることのできないミステリアスな数。そうした数のことを「無理数」と呼ぶ。

ピタゴラス教団にとっては、この概念全体が恐ろしいことだった。だが、これだけではすまなかった。短い辺の長さがそれぞれ2mだとしたら、2乗して8になる数を探さないといけない。3mだったら、2乗して18になる数が必要だ。だが、どの数も、整数としても分数としても書けなかった。いったい無理数はいくつあるのか。こうした数でない数を頻繁に登場させることは、ピタゴラス教団の信仰に対する攻撃のようなものだったのだろう。だから彼らは、いかにも宗教集団がやりそうなことをした。つまり、真実を表に出さず、この「口にできない数」を存在しないことにしたのだ。

だが結局、真実は明らかになった。ピタゴラスの死後、教団の人気は下降線をたどった。謎に包まれ、他者を受け入れない教団に対し、クロトンの村人は怒りを募らせ、ついに村から追い出そうと暴動を起こしたのだった。弟子のひとりだったヒッパソスが、秘密のいくつかを明かすべきときが来たと判断し、無理数の存在を公表した。決して口外しないという誓いを破った彼は、すぐに追放されたが、逃亡生活は長くは続かなかった。幾何学の教師になろうと決めて、航海に出たところ、海で溺れて、そのまま帰らぬ人となってしまったのだ。神を裏切った報いを受けたという人もいれば、ピタゴラス教団の誰かに殺されたのだという見方もある。

ピタゴラス教団自体も、長続きはしなかった。イタリアのほかの都市にも勢力を広げたが、ピタゴラスの死から数年で、教団は複数の派閥に分かれ、政治結社化した。紀元前460年には、教団の会議場がすべて燃やされて破壊された。残った記録によると、クロトンの「ミロの家」では50人以上のメンバーが殺されたという。

ピタゴラス教団が誰もいなくなった今では、航海に出たヒッパソスの身に何が起こったのかを知ることはできない。だが、無理数の存在は秘密にするにはあまりにも大きすぎた。いったん公表されると、忘れ去られることは決してなかった。

無理数とは何か

現在では、無理数についてはよく理解され

ている。無理数という名の果てしない無秩序な大海原の中では、自然数や分数は秩序という名の小島でしかないのだ。

　有理数は無限にある（ある数に常に1を足すことができるということから証明される）。だが、無理数はそれ以上にたくさんある。隣り合った自然数や分数のすき間のそれぞれには、無理数が無限に横たわっているのだ。さらに、隣り合った無理数のあいだには、また無限の無理数がある。

　いったい無理数とは何なのだろうか。先ほどの短い2辺が1mの直角三角形で考えてみると、斜辺の長さは2の平方根、つまり$\sqrt{2}$だ（単に「ルート2」と呼ばれることも多い）。その値を最後まで書き記すことはできないが、出だしは以下のようになる。

1.41421356237095…

　数字は無限に続き、規則性もない。有理数とは似ても似つかない数だ。たとえば3/7だったら、以下のように規則性がある。

0.428571428571428571…

　このようにすべての有理数には規則性があるが、無理数にはまったくなく、規則性とは無縁だ。無理数は、あらゆる規則性のすき間を埋める数だ。

　このような知識は、数学者のゲオルク・カントールに負うところが大きい。カントールは1845年にロシアのサンクトペテルブルグで生まれた。数ある業績のひとつに、「数えられること」（可算、可付番）の証明がある。数の無限集合に大きな関心をもち、それらが数えられるかどうかを確かめたいと考えた。無数のものの集合を数えるのは無限の時間がかかるかもしれないが、少なくとも理論的には可能だ。だがカントールは、単に数えられな

上：ドイツの数学者、ゲオルク・フェルディナント・カントール。彼は「数えられること」の証明に大きく貢献した。

いものもあることを発見した。たとえば、無理数の集合は数えられない。その理由は、直感的にはわかる。何かを数えるためには、1、2、3、4、5……のように番号をつけられないといけないからだ。仮に整数の数を数えようとした場合、無謀な試みではあるけれど、できないことはない。一番目は1、二番目は2、三番目は3、四番目は4、五番目は5……のように数えられるからだ。一方で、無理数の場合はどうだろうか。無理数は、文字にすることもできないのに、どうやって次に何が来るのかを知ればいいのか。$\sqrt{2}$にわずかな数を足せば、次の無理数になるのか。でも、その両者のあいだにもほかの無理数があるはずだ。カントールは、無理数は単に数えられないものだということに気づき、それを証明した。

変に思えるかもしれないが、無限のものの集合どうしの中にも、数の多い少ないがある。有理数と無理数はどちらも無限にあるが、無理数のほうが数が多い。

無理数や無限集合に関する証明だけでなく、カントールはシェイクスピアにも夢中だった。シェイクスピアの劇を実際に書いたのは、同時代の哲学者フランシス・ベーコンだと信じていて、晩年は、これに関する調査や論説の出版、講演に明け暮れていた。1911年、カントールは、スコットランドのセント・アンドリューズ大学の創立500年の式典に、国外の著名な数学者として招かれた。関係者の期待を裏切って、彼はスピーチで数学のことではなく、フランシス・ベーコンとシェイクスピアについて話した。カントールの伝記作家によれば、「この訪問では、言動がおかしく、ベーコンとシェイクスピアの問題について延々と話していた」という。

カントールは生涯の大半にわたってうつ病に苦しみ、療養所で過ごしていた時期もある。1917年に72歳でこの世を去ったときにもそうだった。妻には、療養所を出たいと何度も手紙を書いていた。こうして悲しい最期を遂げたが、仲間の数学者ヒルベルトは、カントールの功績をこのように讃えている。「数学

下：カントールが夢中になっていた、ウィリアム・シェイクスピア。

上：エジプトのナイル川は毎年氾濫して、重要な土地の境界線を消した。毎年行なわれる土地の分配は"geometry"と呼ばれ、のちに英語で幾何学を意味するようになった。

の天才が生み出した最上の結果であり、知的としかいえない人間が成し遂げた最良の業績のひとつである」

世界を測る

無理数が認識されるようになるとすぐに、三角形や正方形、円といった図形を数で表わせるようになった。無理数は、距離を測ったり、惑星の動きを推測したりするときに、とても重要な概念だ。線や、線で描いた図形を数で表現するという、新たな数の使い方が発展していった。

古代文明では、線や図形は常に重要で、領地や畑の測量に欠かせなかった。特に、ナイル川沿いに住んでいたエジプト人にとっては、死活問題とも言えるものだ。毎年、洪水が起こるたびに畑や土地の境界線が消えてしまったからだ。土地の境界線をきちんと引き直すことは、ギリシャ語の"geo"（地球）と"metrein"（測る）から"geometry"と呼ばれるようになった。線や図形を数で表わすという考えが広まるにつれて、この言葉も広く知られるようになった。今では、geometryは英語で「幾何学」を指すようになり、線や多角形に関連する言葉になった。

線や単純な図形は、昔から当たり前のように使われてきたので、その研究史は古く、概念の多くは紀元前800年ごろの数学者たちによって研究されていた。たとえばピタゴラス教団は、三角形の研究をして、ピタゴラスの定理を証明した。ピタゴラス教団の影響を受

上：死ぬ直前のソクラテスが毒の入った杯を受け取ろうとしている場面を描いたジャック・ルイ・ダヴィッドの絵画『ソクラテスの死』。

けていたと思われる重要な数学者のひとりに、ヒッポクラテスがいる（医師のヒッポクラテスとは違う人物だ）。紀元前470年ごろにギリシャのキオスで生まれた彼は、あまり好意的に見られている人物ではない。アリストテレスによると、ヒッポクラテスは最初、商人として働いていたが、お金の管理が得意でなく、ビザンティウム（現在のイスタンブール）の税関の役人に金をだまし取られた。また、光は観察者の目から出るものだと考え、彗星や天の川は、周辺の惑星や星から出た水蒸気が引き起こした目の錯覚だと主張した。常識があったのかどうかはともかく、ヒッポクラテスには、初めて本格的な幾何学書『原論』を著したという功績がある。

　幾何学に貢献した人物はほかにもいる。紀元前427年にギリシャのアテネで生まれたアリストクレスだ。彼は、「広い」という意味

の「プラトン」というニックネームで知られている。それが、広い肩幅を指しているのか（レスリングで鍛えていた）、広いひたいを指すのか、幅広い能力を指しているのかはわからない。プラトンは一時期、軍隊と政界に身を置いていたこともあり、有名なギリシャの哲学者ソクラテスとは、おじが親友だったこともあって、親しかったようだ。紀元前399年、70歳の師ソクラテスが「青年に害を及ぼす」罪と不敬罪（神に対する敬意がなく、務めを果たしていない罪）で死刑に処されると、当時27歳だったプラトンはこの出来事に動揺し、政治家として活躍することをあきらめた。ソクラテスは民主制反対を公言していたし、男の生徒と性的関係をもっていたらしい。原告のひとりの息子とも関係があったことと、公判でいっさい反省の色を見せなかったことが、死刑の宣告につながったのかもしれない。とはいえ、プラトンは師の死にショックを受け、アテネからエジプトを回る旅に出た。

紀元前387年、アテネに戻ったプラトンは、アカデモスという男の土地に、高等教育の学園を建てた。地主の名前からつけた「アカデメイア」という名称は、その後「アカデミー」として高等教育機関を指すようになった。アカデメイアはイタリアのピタゴラス教団の影響を受けて、哲学と宗教の一環として数学を教えていた。学習内容のひとつ「プラトンの立体」は、土、火、空気、水といった要素を構成すると考えられる原子の形を示す。土は立方体、火は四面体、空気は八面体、水は二十面体の原子からなるとされ、5番目の立体、十二面体は宇宙の形だと考えられた。

プラトンは哲学に対して数多くの重要な貢献をした。数学は精神を鍛える一番の方法だという彼の信条は、何百年にもわたって学者に影響を及ぼしてきた。アカデメイアの扉の上には「幾何を知らざる者入るべからず」という言葉を掲げたという。

プラトンは大きな影響力をもっていたが、文章はあまり明確ではなく、考えを対話調で書くことも多かった。この方法が学習には一番いいと考えていたようだ。アカデメイアの教育課程は、15年という長く厳しい道のりだった。最初の10年は、平面や立体の幾何

下：プラトンの五つの立体。『*Philosophia Pyrotechnia*』に収録されたダヴィソンの彫刻より（パリ、1642年）。

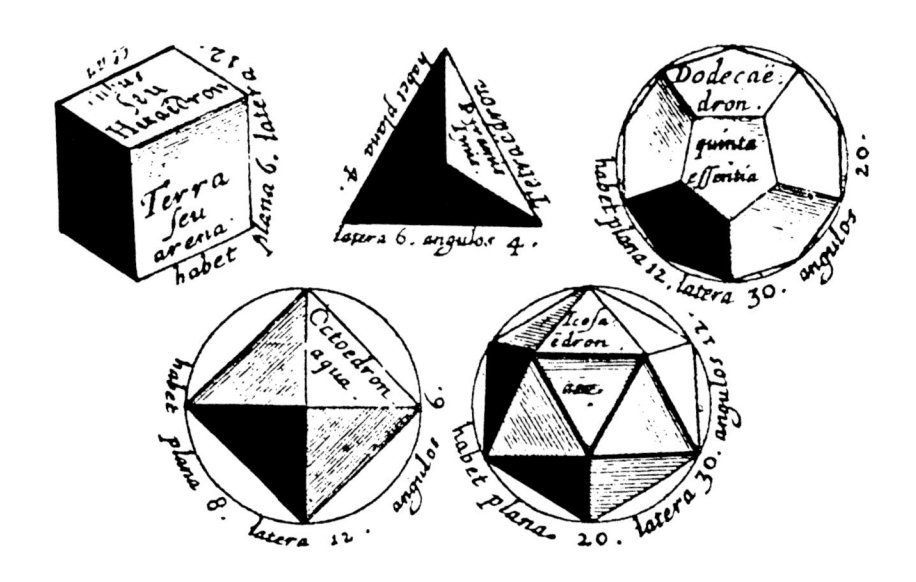

学、天文学、和声など、科学と数学を学ぶ。残りの5年はもっと高度な内容になり、対話や問答の技法である「弁証法」を学ぶ。卒業するころには、物事の根本的な性質について問答できるようになる。この目的は、確固たる真理に基づいてすべての知識を構築することだ。

今だったらアカデメイアで学んでみたいと思う人はほとんどいないかもしれないが、プラトンの生徒の何人かは著名な数学者になり、幾何学の分野で大きな貢献をした。アカデメイアは何と900年間も続いたが、529年、キリスト教徒の大帝ユスティニアヌス1世によって、異端者の施設だとして閉鎖され、その長い歴史を閉じた。

プラトンは偉大だったが、幾何学の分野で最も成功し、重要な業績を残したのはユークリッドだ（〈1〉の章で触れた、素数に関する定理「算術の基本定理」をつくった人物）。だが、ユークリッドの『原論』は、13巻すべてが本人の著作というわけではないようだ。現在では、最初の数巻の内容はキオスのヒッポクラテスによるもので、ほかの巻の内容にはプラトンの生徒が複数かかわっていると、広く信じられている。

ユークリッドの仕事が画期的と考えられるのは、自分ですべてを考え出したからではなく、当時わかっていたあらゆる数学的知識をわかりやすく本にまとめたからだ。13巻からなる本に、幾何学で必要な基本的概念と、現在の数学の大半の基礎となる公理を、初めて明確に定義した。こうした定義の多くは、現在では当たり前すぎるものもあるが、今でも通用するし、とても重要なものだ。たとえば、「同じものに等しい二者は、互いに等しい」という公理がある。これは当たり前すぎるようにも思える。わたしは、友だちのジョンと同じ数のリンゴをもっている。あなたも、ジョンと同じ数のリンゴをもっている。だから、わたしとあなたのもっているリンゴの数は同じ。これを式で書くと、こうなる。

a＝cかつb＝cなら、a＝b。

重要なのは、ユークリッドの定理の正しさが、はっきりしていることだ。そうでなければ、今の数学自体が成り立たなくなってしまう。常に正しいとは限らない基本的真理をつくっても、あまり意味はない。たとえば、「二つの数の和がその積より大きくなることはない」というのはどうだろう。2＋3は2×3よりも小さいから、一見、もっともらしく見える。だが、この「真理」はすぐに崩れる。1＋3は1×3よりも大きいし、分数や負の数になると、悲惨な状況になる。だから、ユークリッドの偉いところのひとつは、どの真理が本当に正しいのかを示したことだ。

彼はまた、点と線の定義もした。たとえば、「任意の点から別の点に1本の直線を引くことができる」という定義。言い換えると、起点と終点があれば、そのあいだに1本の直線を引けるということだ。また、「すべての直角は等しい」や「2本の平行線は決して交わらない」という定義も示した。こうした功績から「ユークリッド幾何学」という言葉が生まれ、不変かつ論理的な幾何学として今も使われている。ユークリッド幾何学では、正方形は常に四つの直角からなり、ある場所に描いた図形を別の場所に移動しても、形は変わらない。だが、だからといってユークリッドがす

上：ラファエロの『アテネの学堂』（1509年）。プラトンとアリストテレスが中央に立っている。

べて正しいということにはならない。実際には、ユークリッド幾何学の誤りを説明するための、新たな幾何学をつくり出す必要があった。ユークリッドがどのようにまちがっていたのか、重力にユークリッド幾何学を適用できないのはなぜかを本当に理解できるようになったのは、アインシュタインが空間と時間に関して奇妙な発見をしてからだった（詳しくは、後半の章で説明する）。とはいっても、ユークリッド幾何学のほとんどは正しい。彼の業績と証明は、これまで人間がつくってきた設計

無理数をめぐる騒動

左：ユークリッドによる線と点の定義は、後世の幾何学に革新をもたらした。ハンス・ホルバイン（子）の手による、ドイツの数学者ニコラス・クラッツァーの肖像画には、角度の実験をする様子が描かれている。

や機械、建物に対して使っても、何の問題もないほど優れているのだ。

数で世界を動かす

　幾何学はすぐに、数学者や科学者、技術者にとって欠かせない「道具」になった。おそらく幾何学を使った好例として最も古いのは、アルキメデスの業績だろう。入浴中に、あふれ出た水の量で物体の体積を測ることを思いつき、「ユリイカ（わかった）！」と叫びながら裸で街路を走っていったことで有名な人物だ。彼は、幾何学にも夢中だった。

　アルキメデスは、ユークリッドがこの世を去る10年ほど前に生まれた。主に数学を研究し、アレクサンドリアに住むユークリッドの後継者たちと親しく、自分で考え出した最新の数論の複写を渡すほどの仲だった。だが、彼らはアルキメデスの研究成果を自分たちのものとして利用していた。アルキメデスはほどなくして気づいたが、憤慨して怒るということはせず（ちなみに、後の数学者ベルヌー

イは同じようなことをされて怒った）、逆にそれを楽しみに変えていたようだ。ぼろを出させようと、偽の（わざと誤りを含ませた）理論を二つ送り、それでも彼らが自分たちのものにしてしまうか試してみた。この話について、アルキメデスは著書『螺旋について』の序文の中で、このように書いている。

「どんなことに関しても発見したとみずから称しながら、ただ一つの証明をもすることのできない連中に、じつは成りたちえないことを発見したといわせて、あとから化けの皮をはぐのに役だつこともあるでしょうが」──『世界の名著9　ギリシアの科学』（中央公論社）の「アルキメデスの科学」（三田博雄訳）

　このようにアルキメデスは頭の切れる人物で、生前から数学者として有名だった。数を神秘的なものと考えたピタゴラスなどとは違い、アルキメデスは自分のまわりにある体系や幾何から発想を得ていた。著書『方法』では、このように書いている。

「若干のことがこの機械的方法によってはじめて私に明らかになりましたけれども、この方法による考察はじつはほんとうの証明を提供してくれるわけではありませんので、あとから幾何学によって証明しなければならないのです」──『世界の名著9　ギリシアの科学』（中央公論社）の「アルキメデスの科学」（三田博雄訳）

　アルキメデスは、風呂に入るのも忘れるくらいまで、幾何学に熱中していたようだ。ローマのある作家は、このようなエピソードを書いている。

「アルキメデスはよく、召使いに無理矢理、風呂に入らされ、体を洗われて、香油を塗られていた。しかしそんな最中でも、幾何学のことが頭から離れず、かまどの灰に図形を書いていた。さらに、香油を塗られている間でも、自分の裸の体に指で線を書き、幾何学の研究をする喜びで、我を忘れて、恍惚とした表情を見せるのであった」

　学術的な研究だけでなく、アルキメデスは数多くの発明をして、実用面でも大きく貢献した。そのひとつ、らせんポンプは「アルキメデスのらせんポンプ」として現在でも知られ、筒の中のらせんを回すことで水を汲み上げる。この方式は今でも世界中のポンプで広

下：アルキメデス

く使われているほか、その原理は、水や空気を押して進む船や飛行機のプロペラでも使われている。さらにアルキメデスは紀元前212年、故郷のシチリア島がローマに侵略されたとき、その防衛に大きな役割を果たした。友人で親戚のシチリア島シラクサの王、ヒエロン2世から頼み込まれて、敵の戦艦を破壊する機械を設計した。これらの機械については、古代ローマの伝記作家プルタルコスが詳しく描写している。アルキメデスと戦ったローマの司令官の伝記には、このように書かれている。

「アーキミディースがかかる戦闘機械を設計して作成したのは、重要な価値があるものとしてでなく、単に幾何学を応用した娯楽(なぐさみ)なのであった」——『プルターク英雄伝3』鶴見祐輔訳、潮文庫

だが、単なる娯楽と言われた機械は、伝説的な活躍をした。プルタルコスが描いた戦闘の様子は、まるでアクション映画のようだ。

「……そのときアーキミディースが彼の設計した戦闘機械を回転すると、あらゆる種類の飛び道具が、ただちに陸上部隊めがけて投射され、そして巨大な石塊が信じがたいほどの物音をたてて、すさまじい威力をもって、落下してきた。何人もこれにも抵抗しえない。彼らの列隊を破壊しさって、ふるるところ、死骸の山を築くのであった。

その間に、海上方面には、囲壁から、幾本ともない巨大な棒が現われてきて、ローマの戦艦に高所から絶大の重量あるものを落下させて沈没させた。またその棒のあるものには、

下：アルキメデスのらせんポンプ。

上：アルキメデスが発明した恐ろしい戦闘機械は、侵攻するローマ軍からシチリア島を守るのに使われた。中には、鶴のくちばしのような鉄製の手で戦艦をつり上げる装置もあったという。

尖端に鶴のくちばしのような恰好をした鉄製の手が装置してあって、戦艦をつかんで空中たかくつりあげた。船首をつかんであげたときには、垂直線になると、船尾から海底深く沈めるのである。またある戦艦は、囲壁内にある仕掛けに引き寄せられ、引きまわされたあげく、周囲の下から突出している鋭い岩石にたたきつけられて、乗っている戦士の大多数は殺されてしまった。そのほか、戦艦が非常に高くつりあげられ（それは、見ているのも怖ろしかった）乗員が全部海中に落下するまで、くるくると振りまわされ、最後に岩石に打ちつけるか、あるいは海中に落とされることが、ひんぴんとして起こった。」──『プルターク英雄伝3』鶴見祐輔訳、潮文庫

アルキメデスは、てこの原理や複数の滑車を組み合わせることを考え出していたから、こうした並外れた武器が実在していたとしても不思議ではない。彼は、滑車を使えば、荷物を積んだ船をひとりの男だけで動かせることを、ヒエロン2世の前で実演したという。てこの原理を言い表わすために、「われに支点を与えよ。そうすれば地球を動かしてみせる」と発言したとも言われている。だから、ローマの船をひっくり返すことなど、アルキメデスにとってはたいしたことではなかったのかもしれない。

数が数でなくなるとき

　正確に製図や設計をしたい人にとって、幾何学はなくてはならないものだ。だが、現在のように柔軟に使えるようになるには、千年もかかった。数学における数の使い方に新たな道を開いたのは、アラビアの数学者、アブー＝ジャファール・ムハンマド・イブン・ムーサー・アル＝フワーリズミーだろう。780年ごろにバグダッドで生まれ、古代ギリシャの哲学書や数学書（アルキメデスやユークリッドの著作など）を翻訳する「知恵の館」の学者だった。おそらく彼は、こうした古代の文献から知識を得て、代数学書『アル＝ジャブルとワル＝ムカーバラの書』を執筆し、数学者として知られるようになった。数学の実用的な面を重視していた彼は、自分の研究がふだんの生活の中で役立つことを、以下のように説明している。

　「……算術の中で最も簡単で役立つのは、男ならば遺産相続、分配、訴訟、商売などの他者との取引の場面である。土地の測量、運河の掘削、幾何学上の計算など、さまざまな物体が関係している場面でも必要になる」

　アル＝フワーリズミーは、図形に関する方程式を熱心に研究した。ただし、現在のような表記は使っておらず、文章を使って問題を説明し、図を使って解いた。

　彼は、方程式内の未知の要素を求めるのに、幾何学を利用した。方程式を簡略化し、図を描きやすくするために、二つの方法を使った。ひとつは、完成を意味する「アル＝ジャブル」、もうひとつは「釣り合い」を意味する「アル＝ムカーバラ」だ。これは現在、代数

上：ロシアの切手に描かれた、数学者アル＝フワーリズミー。図形に関する方程式を研究した。

演算として知られているもので、アル＝ジャブルを使うと、$X^2 = 40X - 4X^2$ を $5X^2 = 40X$ に書き換えることができる。また、アル＝ムカーバラを使うと $50 + 3X + X^2 = 29 + 10X$ を $21 + X^2 = 7X$ と簡略化できる。

　何百年ものあいだに、二つ目の言葉（「アル＝ムカーバラ」）が失われ、ひとつ目の「アル＝ジャブル」が変化して、このような数学のことを英語で「アルジェブラ」、日本語で「代数学」と呼ぶようになった。未知の数を示す

図形に関する方程式を解く

「……ひとつの平方と10個の根を足すと39単位になる。この方程式で求めたいのは、ある数の平方と、その根の10倍を足すと39になる数だ。

こうした方程式を解く方法は、根の半数を用いることだ。ここでは根の数は10個なので、その半分の5を用いる。5の2乗は25。それに39を足すと64になる。64の平方根8から、もともとの根の半数である5を引くと3が残る。ゆえに、求めたい平方の根は3となり、平方自体は9となる。」

現在では、同じ問題を以下のように書く。

$x^2 + 10x = 39$

では、xの値はいくつだろうか。

左のアル゠フワーリズミーの説明は、あまり明解ではないかもしれないが、何とか内容が理解できるくらいのものではある。幾何学を用いた彼の証明法は的確だ。いくつかの正方形を描くだけでxの値を求められることが示されている。

まず、正確な図形を描く必要がある。一辺の長さがxの正方形を中央に描く。この面積は$x \times x$（x^2）だ。方程式のとおりに$10x$を足すには、面積が全部で$10x$の四角形を描く必要がある。そうするには、辺がxと10/4の四角形を四つ加える（10/4 × 4 × x = $10x$だからだ）。この問題では、これら五つの図形の合計面積が39とされている。

次に、一辺が10/4の小さな正方形を四つ加えて、ひとつの大きな正方形をつくる。追加した面積の合計は、4 × 10/4 × 10/4 = 25だ。したがって、大きな正方形の面積は39 + 25 = 64となる。この大きな正方形の一辺の長さを出すには、64の平方根を求めればいい。8 × 8 = 64なので、平方根は8だ。最後に、図から辺の長さは10/4 + x + 10/4 = 8となる。整理すると、$x + 5 = 8$となるので、xの値は3である。

面積＝39　　　面積＝64

のにアルファベットを使うが、演算子は通常のものを用いて、通常の数と同じように扱う。数学にとって、これは大きな進展だった。実体がわからない数でも、文字として表わして計算できるようになったからだ。代数は、話し言葉でいえば「あれ」というようなものだ。まず「量はあれの2倍」であると言っておいてから、「あれ」の値を求めればいい（数学では「あれ」とは言わず、「量は$2x$」と書き、xの値を求める）。

アル゠フワーリズミーの幾何学的証明は、文字が表わす値を求める方法としては、ごく初期のものだ。代数は数学の中で広く使われていて、ほかにもいろいろな方法がある。これまでの章の中でも、すでに代数が何度か使われていることに気づいた人もいるだろう。使わずにすますのは難しいほど重要な発明なのだ。コンピュータのプログラミングでも、

計算に主に使われる変数として、中心的な役割を果たしている。文字をひとつだけ使う代数とは違って、プログラミングでは単語をそのまま使うことがよくある（だから、英語で「あれ」を意味する"thingy"といった単語も変数に使える）。代数学を考え出したアル＝フワーリズミーは、今昔を問わず、数学界に大きな影響を与えた人物のひとりとなった。

方程式の登場

　代数がすばらしい発明であるのは、ふつうでは書き記せない数を書けるようになるからだ。これでついに、無理数の問題が過去のものとなった。$x=\sqrt{2}$ と書くだけで、無理数を通常の数のように扱えるようになったのだ。だが、代数の使い道はこれだけではなく、幾何学的な図形の定義にも使えることに、あるフランス人が気づいたのは、アル＝フワーリズミーから800年後のことだった。

　そのフランス人、ルネ・デカルトは1596年にフランスのラ・ハイエ（現在では彼の名をとって「デカルト」と呼ばれている）に生まれ、何年にもわたって哲学と数学を学んだ（そのころ、彼は精神病を患っていて、朝11時まで睡眠が許されていた——その習慣は、ほとんど生涯にわたって続いた）。卒業すると、ヨーロッパ各地を旅して回った。最終的にオランダに落ち着き、物理と数学を研究し始めたが、ガリレオが宗教裁判で終身刑に処されてからというもの、自分の研究を発表することに一抹の不安をおぼえていた。だが結局は、自分の科学的研究の論文を発表。光学と気象学、幾何学の三つに関する付録も添えられていた。光学に関する研究はそれほど目新しいものではなく、気象学に関する研究の大半はまちがっていた（たとえば、水を一度沸騰させると、凍るのが速くなると考えていた）。そんな論文の中でも特に重要な研究は、代数と幾何学を組み合わせて、解析幾何学をつくり出したことだ。ひとつの文字を数の代わりに使えるなら、二つの文字 x と y で空間内の点を表わせる、また複数の文字で線や円などの図形を表わせるのではないかと考えたのだ。こうして生まれたのがデカルト座標だ。二つの文字（x、y）を使うと、x で点の水平方向（x 軸上）の位置、y で点の垂直方向（y 軸上）の位置を示すことができる。

　今や、こうした形式の幾何学は、自然科学や工学の分野には欠かせなくなった。図形の問題を解くのに、図形そのものを描くよりも、代数を使って計算したほうが速く正確な結果を導き出せる。

　デカルトは哲学者であると同時に、数学者でもあった。彼が数学を愛したのは、真実を絶対的に知ることができるのは数学だけだと考えていたからだ。「我思う、故に我あり」という有名な言葉のほかに、デカルトは「私をもってすれば、何もかもが数学に変わる」とも言ったという。ユーモアのセンスもあったようだ。現在では哲学と解析幾何学で有名なデカルトだが（「デカルト主義」や「デカルト座標」という言葉があるくらいだ）、後世の人々に以下のような期待もしていた。

「私がここに述べた事柄についてだけでなく、各自がみずから発見する喜びを残しておくためことさら省略した事柄についても、後世の

代数を使って幾何学的図形を定義する

デカルトは、直線を $y = mx + c$ という形の式で示せることも説明した。この式が意味するのは、直線の傾き m と、直線が縦の y 軸と交差する点 c がわかっていれば、直線の横の位置 x それぞれについて、縦の位置 y を求められるということだ。

たとえば、$y = 3x - 1$ という式の場合、x の値を 1、2、3 とすると、y の値は以下のようになる。

$y = 3 \times 1 - 1 = 2$

$y = 3 \times 2 - 1 = 5$

$y = 3 \times 3 - 1 = 8$

こうして式から、直線上の3点、(1, 2)、(2, 5)、(3, 8) が求められた。デカルト座標がわかっていれば、点どうしを結ぶことで直線を描ける。

だが、解析幾何学の優秀なところは、わざわざ図を描かなくても、問題が解けることだ。たとえば、この直線と X 軸が交わる点を求めたい場合、実際に図を描いて目で確かめることもできるが、式を使って $y = 0$ のときの x の値を求めてもよい。代数のルールに則って計算すれば、答えは出る。

$0 = 3x - 1$

$3x = 1$

$x = 1/3$

よって、求める点の座標は (1/3, 0) だ。同様に、式を使って、以下のように曲線を定義することもできる。

$y = x^2$

また、以下のように円を定義することも可能だ。

$(x - h)^2 + (y - k)^2 = r^2$

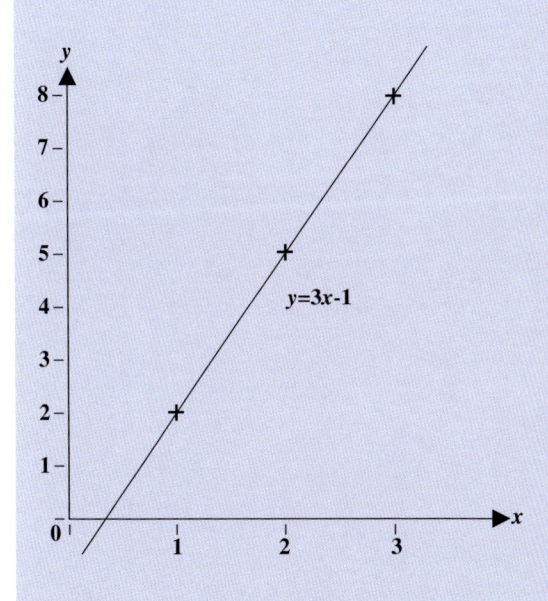

人々が私に感謝してくれることを期待したい」
——『デカルト著作集1』(白水社)の「幾何学」(原亨吉訳)より

余白に書かれなかった証明

デカルトはいつもユーモアがあったわけではなかった。彼が議論を闘わせ、信用を傷つけようとした男のひとりに、フランス人の弁護士、ピエール・ド・フェルマーがいる。フェルマーは時間を見つけては数学を研究し、幾何学にいくつかの貢献をしたものの、成果を公表することにはとても消極的だった。当時、名の知られていた数学者たちと文通をしていたが、あるとき筆がすべって、デカルトの研究を「暗中模索している」と評してしまった。それからというもの、デカルトに嫌われ、自分の説が正しく彼がまちがっているようなときにも、あの手この手で評判を傷つけられる仕打ちを、彼から受けたのだった。

1章で触れたように、フェルマーは数論に興味があり、友愛数を再発見したことでも知られている。だが、その名を一躍有名にしたのは、彼が書かなかった証明だった。それが発見されたのは、フェルマーの死後、息子のサミュエルがディオファントスの著作『算術』(古代の重要な代数書のひとつ)の翻訳を、父のメモとともに出版したときだった。フェルマーが余白に書き残したメモのひとつに、このようなものがあった(詳しくは、次ページのコラム参照)。

上:『*Portraits Des Grands Hommes*』の1ページ。机に向かうデカルトの姿を、デフォンテーヌが描いた。

「わたしはこの命題の真に驚くべき証明をもっているが、余白が狭すぎるのでここに記すことはできない」——サイモン・シン『フェルマーの最終定理』(青木薫訳、新潮文庫)

この謎のメモは、フェルマーがこの定理を正しいと考えていただけでなく、常に成り立つことを証明していたことを示唆している。余白がなくて書ききれなかっただけだった。それから300年間、この「フェルマーの最終定理」を証明できた者は現れず、この何気ないメモは東西の数学者たちを悩ませ続けた。フェルマーは本当に証明していたのか？　確

フェルマーの最終定理

　フェルマーは、有名なピタゴラスの定理から派生した式について述べている。

　よく知られているように、ピタゴラスの定理とは、直角三角形の辺の長さの計算に使えるシンプルな式だ。つまり、辺の長さをa、b、cとすると、$a^2 + b^2 = c^2$という関係が成り立つのだ。フェルマーは余白に、これと似たような式を書き留めていた。

$$a^n + b^n = c^n$$

　フェルマーの最終定理では、nが2よりも大きい場合に、この方程式の整数解を求めるのは不可能だとされている。これは意外な事実だ。n＝2の場合は、簡単に式の答えを求めることができる。たとえば、a＝3、b＝4、c＝5の場合が、その答えのひとつだ。

$$3^2 + 4^2 = 5^2$$

　これは、有名なピタゴラスの定理でもある。

　しかし、nを3以上に変えてみると、どうやっても解が求められない。それは不可能なのだ。

かに、彼は研究成果を正しく記録しないことが多かった。だが、何百人の数学者をもってしても解けなかったのはどうしてか。

　現在、広く信じられている見解としては、フェルマーが証明を考えついていたとしても、十中八九まちがっていたか不完全だったかのどちらかだろうということだ。なぜなら1994年、イギリスの数学者アンドリュー・ワイルズが、ついにフェルマーの最終定理を証明したからだ。ワイルズが数学者人生のほとんどを費やして成し遂げたその証明は、150ページにも及ぶものだった。

　長きにわたって数学者の想像力をかきたてたフェルマーの最終定理をめぐる物語は、ワイルズによる証明が発表されると、『Fermat's Last Tango』というミュージカルにもなるという、珍しい偉業も成し遂げた。デカルトが生きていたら、おもしろくは思わなかっただろうが、自分が望んでいたことを宿敵フェルマーが成し遂げてしまったという皮肉は気に入ったかもしれない。わざと残さなかったものが、後世の人々の注目を集めたのだから。

無理数が発見されても、人々は数が存在の本質にあるという考えを信じ続けた。それどころか、無理数の性質、つまりさまざまな幾何学的形状を記述してくれるように見える神秘的な不可知の数という性質は、この自然界にはさらに魅力的な特別な数があるのではないかという考えを生む元となった。ひょっとしたら、世界のすべての形状を記述する無理数があるのではないか、と。神はその魔法の数を何度も繰り返し使うことによって、生命の形状のうちに手がかりを残してくれたのではないだろうか。

黄金のファイ
〈ϕ〉の章

哲学者や数学者の多くは、何百年ものあいだ魔法の数の存在を信じていた。今なお信じる人もいる。なぜなら、そんな不思議な無理数のうち、少なくともひとつは知っていると考えるからだ。今、われわれはその数を φ、つまりファイと呼ぶ。その値は約 1.61803398874989484882……（すべての無理数がそうであるように、繰り返しのパターンをもたずに果てしなく続く）。

古代ギリシャの彫刻や建築、さらにはエジプトのピラミッドでも、数々の測定値や長さの比に、このファイが見いだされる。人体はファイに等しい比率から成っていて、美しく目に快いものにはみなファイが宿ると主張する者もいる。今ではこの数は特別のものとみなされ、黄金分割、黄金比、あるいはたんに黄金数と呼ばれている。

ウサギで数学？

ファイがある種の形状を定義するのに非常に重要であることを考えると（あとの章で見ることになるとおり、パイが円を定義するうえで重要なのと同じことだ）、それが古代の建築や芸術作品にしばしば現われるのは、意図してというより、偶然符合したからではないかと思える。現代の哲学者たちの中には、プラトンはファイを知っていただけでなく、自分の哲学的思考に組み込んだのだと主張する者もいる。だがあいにく、プラトンは暗号のような不可解な書き込みをすることが多く、

前ページ：オウムガイの殻。自然界に存在する対数らせん形のみごとな一例。

上：レオナルド・ダ・ヴィンチ画『モナリザ』。黄金比の原理を用いて描いたと考えられている。

そのため自分の数学に不思議なファイの値が潜んでいることに気づいていなかったのかもしれない。一方、レオナルド・ダ・ヴィンチは有名な絵画『モナリザ』に完璧な均斉を見いだす手がかりとして、黄金比を用いたという主張もある。この話のほうには信憑性がある。というのも、ダ・ヴィンチは数学者ルカ・パチョーリに数学を教わり、1509 年に彼が出版した全編が黄金比についての著書『神聖比例論』の中のイラストを描いているからだ。パチョーリは確かにこの数が特別なものであると信じていて、著書の中でファイについて次のように書いている。

「……神を適切に定義することができず、言葉

上：ルカ・パチョーリ師と数学用具。ヤコポ・デ・バルバーリ画。

によっては理解もできないのとまさに同じで、われわれのこの割合をわかりやすい数によって明示することはとうていできず、有理数によって表現することもできないようだ。どこまでいっても神秘であり秘密のまま、数学の言葉では無理数と呼ばれる」

最初にファイの研究をしたのは、今からおよそ2千年前、ピタゴラス教団のヒッパソス（彼は不審な溺死を遂げた）、あるいは彼の同僚テオドラスだ。ただし、最初にファイの見つけ方の定義を書き記したのは、われわれにはおなじみのユークリッドだった（次ページのコラム参照）。なにしろ、ユークリッドは算術の基本理論およびユークリッド幾何学をまとめた13巻の大著をものした男だ。

ユークリッドが生まれてから1,500年近くたって、レオナルドというもうひとりの数学者がイタリアのピサに生まれた。「グリエルモの息子」または「ボナッチオの息子」と呼ばれ（「温厚な」という意味）、レオナルドはその死後、フィボナッチ（「ボナッチオの息子」つまりフィリウス・ボナッチの略）の名で知られるようになった。

父親の仕事の都合でフィボナッチは北アフリカで教育を受け、そこで使われていた新しいアラビア数字と位取り記数法を理解するよ

ユークリッドの比

ユークリッドは「黄金比」という語を使っていない。この用語はもっとあとになって使われるようになったものだが、その数値の計算法の説明はしている。点Aから点Bへの直線上に点Cがあるとすれば、3点間の距離の比がAB：AC＝AC：CBとなるとき、黄金比が構成される。

ユークリッドは、この比が多くの幾何学図形のうちに見つかることも記している。たとえば、5角形のそれぞれの頂点から頂点へ対角線をひくと、対角線どうしが黄金比で交わる。ここでもまた、交点で分割された対角線の距離の比はAB：AC＝AC：CBとなる（ただし、対角線AB以外のすべての対角線で同様のことが成り立つ）。

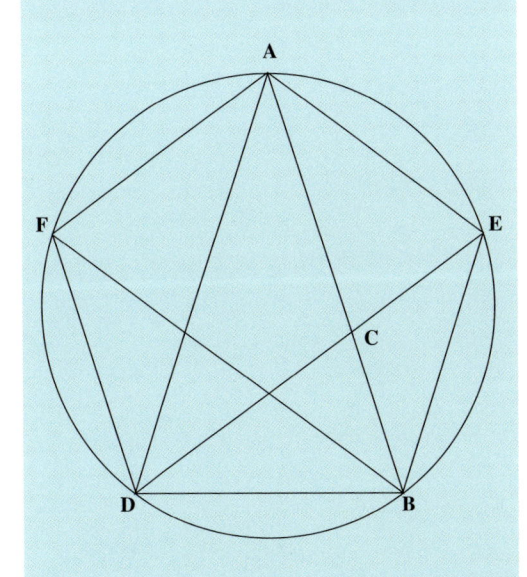

上：フィボナッチ。フィボナッチ数や黄金循環フィボナッチ数列でその名を知られる。

うになった。0から9までの記号を用いるやり方が、ヨーロッパで依然として使われていたローマ数字よりはるかに優ることをすぐに悟った彼は、この新しい表現形式の記数法をヨーロッパにもたらすにあたって大きな影響力をもつに至った。『算盤の書（*Liber Abaci*）』という本を書いて積極的に紹介したのだ。彼はこの本を学者ではなく商人向けに書き、数の書き方や、利益、損失の計算法、通貨間の換算法、金利の計算法の例を示している。数学問題もふんだんにとりあげていて（本人が知ったらさぞかし意外に思うだろうが）、その問題のひとつのためにフィボナッチの名が後世に残ることとなった。彼を有名にしたパズルとは、次のようなものだ。

ある男がひとつがいのウサギを、四方が壁に囲まれた場所に入れておいた。最初のひと組のウサギが2カ月後から1カ月ごとにひとつがいずつ子をもうけていく。新しいひと組も生まれて2カ月めから1カ月ごとに子を生むようになるとしたら、このひと組から始まって1年後には何組になるだろうか？

壁を這いのぼるクモや野ウサギを追いかける猟犬を題材にしたパズルもあるというのに、人々の想像力をとらえたのはこのウサギのパズルだった（下のコラム参照）。そのわけは、解答の中に見つかるはずだ。

このフィボナッチ数列は、着々と輝きを増してファイを照らし出す明かりのような振る舞いを見せる。この数列の数が大きくなるに従って、ファイの真の値が見えるようになっていく。ファイは無理数だとわかっているので、割り算をして正確なファイの値が出るような二つの整数は存在しない。それでも、フィボナッチ数列の生み出す数は、隣り合う数どうしを割るとファイに限りなく近づいて

フィボナッチ数列

パズルでは、ひとつがいのウサギからスタートして、それぞれのつがいは2カ月めに成熟して子を生むようになる。ウサギは何組いるだろうか？ 各月の答えを書き出してみると、以下のようになる。

1, 1, 2, 3, 5, 8, 13, 21, 34, 55, 89, 144, 233, …

説明のため、自分がウサギの群れのなかに立っているのだと考えよう。最初は1組。1カ月後は、まだ最初の1組だけだ。2カ月後、最初の1組に新しい1組を加えて、2組になる。3カ月後、最初の1組に新しい1組、そして最初の1組が生んだ新しい1組で、3組になる。4カ月後、前月からいる3組に、生まれて1カ月以上たったつがいが生んだもう2組を加えて、5組となる。こんな具合に続いていき……

すぐに、この数列にはパターンがあることがはっきりしてくるはずだ。それぞれの数は、前の2つの数の和になっている。

この数列はフィボナッチ数列という名で知られるようになった。独特なのは、数列中のそれぞれの数値をひとつ前の数値で割って得られる値のせいである。

$3/2 = 1.5$

$5/3 = 1.666…$

$8/5 = 1.6$

$13/8 = 1.625$

$21/13 = 1.61538…$

$34/21 = 1.619047…$

$55/34 = 1.617647…$

$89/55 = 1.61818…$

さあ、1、2ページさかのぼって、ちょっとファイの値を見直してみていただきたい。お気づきだろうか？ 数列のもう少し先まで進んで、並んだ2つの数の商を求めてごらんあれ。

等角らせん

等角らせんは、対数らせんともいう。こちらは、ゼロ（0）の章に登場したヨハン・ベルヌーイの兄、ヤコブ・ベルヌーイ（ジャック・ベルヌーイともいう）が命名した（対数については後出の章で詳しくみていく）。このらせん形は、長辺と短辺の長さの割合が黄金比になる長方形を、次々と正方形に分割していき、それぞれの正方形の1辺を半径とする円弧を4分の1ずつ描けばできあがる。

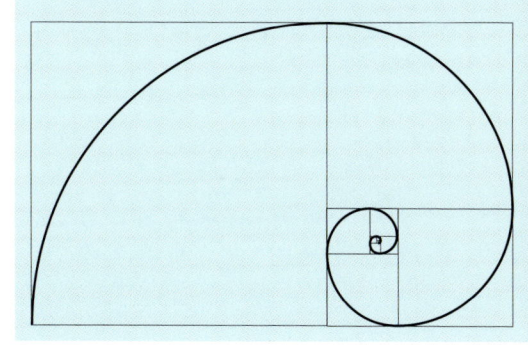

いくのだ。

　フィボナッチにはほかにも数学についての重要な著書かいくつかあるが、その業績は何世紀ものあいだにあらかた忘れられてしまった。幾何学と数論に貢献した彼が今なお記憶されているのは、前述のウサギによるところが大きいのである。

　ファイが見いだされるのは、ウサギの繁殖や五芒星形といったパターンの中ばかりではない。哲学者であり、デカルト派と解析幾何学の創始者でもあるデカルトは、等角らせんという特別な種類のらせん形に注目した最初の人物だった。先に五芒星形でみたように、このらせん形にもファイが含まれ、それゆえ多くの数学者、生物学者、哲学者たちが続く

上：ジャック（ヤコブ）・ベルヌーイとヨハン（ジャン）・ベルヌーイ。兄弟で幾何学を論じている。

数世紀にわたって、たとえば貝殻やカタツムリの殻など、自然界に見つかるらせん形と比較していくことになった。自然の形状をよく見れば見るほど、こうしたらせん形がよく見つかる。ファイを計測できるような巻貝のらせん形はもちろん、植物の形、花弁や種子のパターンなどの図でまるまる一冊埋め尽くされた本が、何冊も出版されてきたほどだ。そして、ファイが生命の基本となっている数だという証拠は、もっとあると言われている。

この世界の外側へ

　フィボナッチが生まれてから400年後の

上：天文学者ヨハネス・ケプラー。フランス、ストラスブールのルーヴル・ノートルダム美術館に展示されている油彩画（1627年の作）。

1571年、神聖ローマ帝国（現ドイツ）、ヴュルテンベルクに、またひとりの数学者が生まれた。ヨハネス・ケプラー。信仰に篤い人物だったが、彼の考えはそのころ、やや異端であるとみなされた（そして教会を破門されることになる）。惑星の動きなどの現象を、神秘的な意味をもつ重要な数や幾何学形状によっ

て説明することができると考えたのだ。たぶん意外なことではないだろうが、ケプラーはファイが特に重要であると信じていた。「外項対内項比への線分分割」と呼んで、こう言っている。

「幾何学にはすばらしい宝がふたつある。ひとつはピタゴラスの定理。もうひとつは外項対内項比への線分分割。ひとつ目をたとえるならば、黄金の巻尺であろうか。二つ目は貴重な宝石と呼んでいいかもしれない」

ファイが黄金比あるいは黄金分割と呼ばれるようになり、ピタゴラスの定理の三角形は切り磨かれた宝石を思わせることを考えれば、ケプラーの比喩は逆にすると、もうちょっとしっくりしたところだろう。とはいえ、彼には知るすべがなかった。

ケプラーは大学でギリシャ語、ヘブライ語、数学を勉強し、最初の年に数学以外のすべてでトップの成績をあげた。だからといって、やがて偉業をなしとげることとなる天文学と数学の道へと進むことを、ためらいはしなかった。そして、惑星の動きを説明しようとする、ケプラーのもっとも重要な研究が始まる。彼はコペルニクスの革新的な説を最初に支持したひとりだった。（月を入れて）六つの惑星が地球を周回していると考えるのではなく、（地球を入れて）六つの惑星が太陽のまわりを軌道を描いて回り、月だけが地球を周回していると考える説である。ケプラーが惑星の進路を計算するためにとった方法は、驚くほどプラトン学派的だった。それぞれ別の立体の内部におさまる五つの幾何学的立体で、惑星の軌道を完璧に説明できると考えたのだ。

あらゆるものをひとつにまとめあげたように見えるこの研究に、ケプラーは満足していた。プラトンの立体、惑星の動きの実測値、

右：初期のコペルニクス的世界体系を表現したもの。太陽のまわりで惑星が円形軌道を描いていると想定している。ケプラーが惑星軌道を研究するもととなった。

ケプラーによる宇宙の謎の解明

　ケプラーは、惑星が太陽の周囲の円周上をたどっているに違いないと考えた。もっと正確には、太陽を真ん中にした、目には見えない大きな球体のまわりを転がるように動いていると。太陽の周囲に適切な半径の球体を描いて（ここで言う半径とは、太陽からその惑星までの距離）、惑星がこの先どう動いていくかを算出することができた。問題は、それぞれの惑星が太陽からどのくらいの距離にあるか、つまり、各惑星をどのくらい大きい球体に載せて考えたらいいのかだった。そのために、プラトンの五つの正多面体を用いて、惑星どうしの間隔を規定した。

　まず、いちばん遠い惑星である、土星の行路用の球体を描く。土星の球体の内側に、頂点がその球体にぴったり接する立方体を描く。その立方体の内側に、端がその立方体の内側にぴったり接する球体をもうひとつ描く。木星がこの球体の行路をたどる。木星の球体内には四面体、その内側にまた別の球体を描く。火星がその球体の行路を転がる。火星の球体内に十二面体、その立体の内側にまた別の球体。地球がこの行路をたどる。地球の球体内には二十面体、その立体の内側にまた別の球体。金星がこの球体の行路をたどる。最後に、金星の球体内に八面体を描き、その内側に水星の行路となる最後の球体を描くのだ。

　さらにはプラトンの立体内部に繰り返し現れる、ファイやピタゴラスの定理の直角三角形までも統合できたからだ。ユークリッドは、凸面の正多面体が5種類しかありえないことを証明していた。そしてその五つの正多面体が、六つの惑星の軌道のあいだにぴったりとはまりこむのである。ケプラーはこれを、神が数学を中心に世界を創造したことを明確に示すものだと信じていた。

　ケプラーは研究の成果を『宇宙の神秘』という最初の著作にまとめた。しばらくは、その神秘を彼が解き明かしたように思われた。プラトンの立体を用いた彼の模型は、驚くべき正確さで実際の惑星の動きに一致していたのだ。最大誤差が10パーセント未満で、今日でもかなり上出来のモデルと言える。

　だが、それではケプラーには不十分だった。惑星の動きをもっとよく理解できるような、完璧なモデルがほしかったのだ。彼は研

上：ケプラーがつくりあげた模型。惑星軌道についての彼の説を実演説明するもの。

究を続け、火星の軌道をさらに詳しく調べたほか、光学器械や望遠鏡の研究にも取り組んだ。まもなく彼は、最初のアイデアが一見簡潔で精密なものに思えたにもかかわらず、正確でないことに気づいた。観測結果は、火星の軌道が楕円であって円ではないことを示していたからだ。ある考えを正式に認める、あるいは論破するために、その考えが正確かどうかを実際の測定と照合するときに出るものを現在では「観測上の誤差」と呼んでいるが、これはその最初の一例だった。この実測値との照合という過程を経ることが今では科学の中心となっており、それによって身のまわりの現象の説明が妥当かどうかを確認すること

ケプラーの法則

ケプラーは、すべての惑星は太陽の周囲の楕円軌道をたどるのだと悟った（今で言う「ケプラーの第1法則」だ）。また、軌道周回速度がその惑星と太陽との距離に左右されることも知った。惑星が太陽の近くをさっと通り過ぎるときは現に周回速度が上がり、その相対速度の変化は、楕円軌道を等面積の扇形に切り取って計算することができる。惑星が太陽から最も遠い位置にあるとき、惑星から太陽まで直線をひき、1時間後にもう1本直線をひいて扇形部分をつくる。さて、それから先はその惑星がどの位置にあろうと、また惑星から太陽まで直線をひき、最初の部分と面積が等しい扇形ができるように第2の直線をひくだけでいい。その第2の直線が軌道と交わる点が、1時間後のその惑星の位置になるはずだ。これはつまり、惑星が太陽に近づいているときは、当該面積の幅の広がった扇形部分をずっと速く移動することになるということを意味する。太陽から遠く離れているときには、同じ面積で細い扇形となるため、惑星の移動速度は遅くなるのだ。現在ではこの考え方を、「ケプラーの第2法則」と呼んでいる。

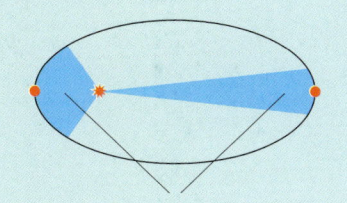

しばらくして、ケプラーは第3法則を見いだす。どの2つの惑星でも、それぞれの公転周期の2乗の比が、それぞれの軌道の平均半径の3乗の比に等しいというものだ。数式に表わすと次のようになる。

$$\frac{P1^2}{P2^2} = \frac{R1^3}{R2^3}$$

P1は惑星1が太陽を1周するのにかかる時間（その惑星の1年の長さ）、P2は惑星2が太陽を1周するのにかかる時間、R1は惑星1の太陽からの平均距離、R2は惑星2の太陽からの平均距離である。

この短くもあざやかな方程式からわかるのは、太陽から遠ざかるほど惑星の1年の長さがどんどん延びるということだ（その惑星の周回速度はずっと遅くなる）。この方程式を利用して、惑星の時間と距離を正確に算出することができる。たとえば、P2を地球とすれば、1年で太陽を周回し、太陽からの平均距離が1AU（AU＝天文単位、9,290万マイル／1億4,950万8,057メートル）、水星の平均距離が0.3873AUであるから、次のようになる。

$$\frac{P1^2}{1^2} = \frac{0.3873^2}{1^3}$$

これを計算すると、P1は0.0580955の平方根、0.241地球年となる。したがって、水星は88日で太陽を1周するわけだ。

ができる。ケプラーはりっぱな科学者だった。自説がわずかにまちがっていることをデータがはっきり示した時点で、その考えについて本を書き、初期の業績を築いた説を断念した。そしてついに、ケプラーは惑星の動きを確実に表現する数学的法則を見つけ出すのである（81 ページのコラム参照）。

　ケプラーの法則は感動的な業績だった。なにせ彼は、惑星運動の原因が引力であることを知らなかったのだから。ニュートンが数年後にそれを見つけ出し、ケプラーの法則を改善して、さらに精度の高いものにすることができたのだった（ニュートンについては後出の章で詳細を語る）。

　ほかの業績ほどは知られていないが、ケプラー晩年の仕事のひとつに、おそらくサイエンス・フィクションとしては世界最初のものと思われる物語の著作がある。人生の終わり

下：科学と芸術に支援を惜しまなかった後援者、皇帝ルドルフ 2 世を相手に、惑星運動について発見したことを論じ合うヨハネス・ケプラー。

上：ケプラーの著作『夢（ソムニウム）』に描かれる、月世界とその住人たちの油彩画。

近くになって、彼は『夢(ソムニウム)』という本を書いた。悪魔の助けで月に送られた研究者が描かれる、架空の物語だ。ケプラーの想像力は驚くべきもので、地球からの出発は「まるで火薬の爆発で発射されたかのように放り出され、山々や海の上を飛んだ」とある。この一節を読むと、ケプラーは地球を脱出するのに大型ロケットが必要だろうと考えていたように思えるのだ（念を押すが、これはまだ引力などまったく知られていない、航空機が発明されるはるか以前に書かれたものだ）。彼はまた、いったん十分な速度に達すると、「ほぼ全面的に自分の意志だけで運ばれていくので、最終的には身体というかたまりがひとりでに目的地へとおもむくことになる」とも書いている。これなどは慣性という概念のように思えるだろう。どうもケプラーは、宇宙空間を越える月への旅には、ロケットで十分速度まで加速する必要があること、さらに、その速度は維持されてやがて減速が起こることを、理解していたようだ。これは、1970年代に現実の月着陸船が月に到達したのと、まさに同じである。ほかにも、主人公が月旅行のあいだに直面する困難を数々描いており、月への旅がどんなに厳しくとも可能であると、彼が真剣に考えていたことがわかる。

主人公が月に到着すると、今度は物語の場を借りて惑星の動きを解説し、月から観測すると地上で月を見ているのとそっくりに地球が昇ったり沈んだりすることを、正確に予想している。また彼は、月世界で生きる生命体についても推測した。月に生息する生き物は異常なまでに巨大に成長する。そして、望遠鏡で観測した月には都市が見えないところから、遊動生活をしているのだろうと考えた。

「われわれの知っているラクダがもつ脚をはるかに凌ぐような能力の脚を使うものたちもいれば、翼に頼るものたちもいる。後退する水を船に乗って伝っていくものたちも。あるいは、何日か足留めの必要があるならば、洞穴にもぐりこむ。たいていのものは水にもぐる。非常にゆっくりと息をするものばかりだ。そのせいで、水に入ると底にずっととどまっている」

別世界の生命体の様子を描いたものとしては、この文章が史上初に違いない。ケプラーの想像力は驚くべきもので、自分の考えている月面の風景に適合する新しいタイプの生きものを創作している。特筆すべきは、彼がこれをダーウィンと進化論がこの世に登場する何百年も前に書いたことだ。

したがって、NASAが新型宇宙船にケプラーにちなんだ名前をつけたのは、いかにもふさわしいと言える。ケプラー計画(ミッション)のうちには、高性能宇宙望遠鏡でほかの恒星まわりにある地球規模の惑星を探索することが含まれている。その宇宙船は2008年に打ち上げ予定だ。ヨハネス・ケプラーが知ったら大いに喜んだことだろう。

そんな不合理(アブサード)な

ファイの値を算出するまた別の方法としては、5の平方根に1を足して2で割るというものがある。5の平方根というのがまた永遠に続く無理数なので、これを正確に表記するのは非常に困難だ。小数点以下10桁まで書き記したとしても、算出したファイの値は小数点以下10桁まで正確だということにしかならない。そのため(最終章でみるように)、一般的には以下のように表記する。

$(1+\sqrt{5})/2$

数学ではちょっと行き詰まったとき、別の表記法を用いる。ある数の平方根が無理数になる場合、それを全桁書き表わすことはできない。そういうときのひとつの選択肢としては、xなどの文字を使ってそれらの数を表わしておき、代数で計算処理する。ただし、代数というのはじつは計算を解くことができない数のためのものだ。平方根として求められた結果には、(多少は)それとわかる値がある。ただ、書き表わすことはできない。解には、平方根の記号を使って不尽根数(サード)という数を書くことになる。

サード、つまり「不尽根数、無声音」という用語は、無理数の「無理(不合理な)」と同じ意味で使われ始めた。9世紀に、ギリシャ語の「不合理な(alogos)」がアラビア語では「耳が聞こえない、口がきけない(asamm)」と翻訳されたものらしい。アラビアの数学者たちは、有理数は聞き取れて無理数は聞き取れないと考えたがったのだ。その訳語がのちにラテン語に翻訳されたとき、「耳が聞こえない、無言の(surdus)」となった。

現在、不尽根数とは、以下のような形式で書く以外に書き表わすことのできない無理数と考えられている。

すなわち、$\sqrt{5}$

ある数学者が数の新しい表記法を考え出すと、すぐにほかの大勢の仲間たちが、それを応用する新しい公式を考え出す。だから驚く

不尽根数

公式1：√ab ＝√a √b
例：√12 ＝√4 √3 ＝ 2√3

公式2：√(a/b) ＝√a / √b
例：√(3/4) ＝√3 / √4 ＝√3 / 2

公式3：a√b ＋ c√b ＝ (a＋c) √b
例：5√5 ＋ 4√5 ＝ 9√5

実は、不尽根数とは記数法の1形態なのだ。

指数もよく使われる。こんなふうにだ。

xの2乗はこうなる：$x^2 = x \times x$

xの2乗の逆数はこうなる：$x^{-2} = 1/(x \times x)$

xの平方根はこうなる：$x^{1/2} = \sqrt{x}$

xの立方根はこうなる：$x^{1/3} = \sqrt[3]{x}$

指数を使うやりとりには、これ以外にもまだ公式がある。きっと、数を書き表わすのはかんたんだと思っていたことだろう……

ほどのことではないが、不尽根数も、一連の公式を使ってうまく計算処理することができる。

ケプラーの23年前、1548年に生まれたベルギー人、シモン・ステフィンの尽力にもかかわらず、今、不尽根数は非常に人気があるというわけではない。ステフィンはヨーロッパへの10進小数の導入を推進し、著述の中で、分数だろうと負の数、実数、不尽根数だろうと、すべてのタイプの数を平等に数として扱うべきだと主張した。

ステフィンは非常に実際的な人物で、連邦共和国（ネーデルランド北部7州）軍の補給局長となり、風車や閘門、港の建設に助言をした。また、軍の侵攻の道すがら、堀の水門を開いて低地を氾濫させる方法も編み出した。彼は数学で大きな業績をあげ、流体静力学から音楽、天文学まで多岐にわたるテーマの著作が11冊ある。小数は、彼の力添えがあったからこそヨーロッパにもたらされたのである。しかも、ガリレオより3年早く、重さが異なっていても物体は同じ速度で落下することを発見している。オランダのデルフトで、教会の高い塔から、片方がもう一方の10倍も重い鉛の球2個を落として、そのことを発見したのだった。

不尽根数は、数の表現としてはもうあまり人気がない。ステフィンの主張は顧みられず、黄金数ファイに不尽根数が宿るという事実にもかかわらずだ。実際に応用するときには、指数（または不正確だが小数の近似値）を使って無理数を表わす。コンピュータの世界ではそのほうが簡単だから、というのが主な理由だ。

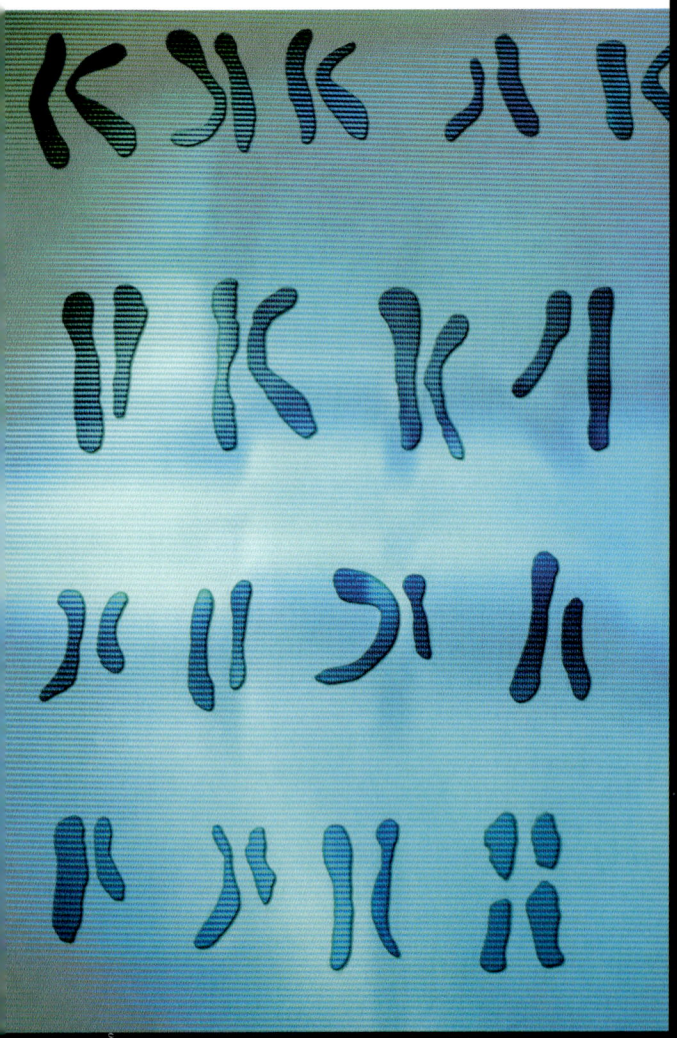

きっぱりと２分割
グッド・アンド・イーヴン
〈２〉の章

　１と２のあいだにはたくさんの数が存在する（この本で〈２〉の章が７番めの章になっているのは、そのせいだ）。しかし、数千年前には２が最初の数だと考えられていた。１というのはたんなる単位であって、２が「ものの集合」を意味する最初の数だったのだ。２はまた、存在する偶数の中で最初の数でもある。なぜなら、「偶数」の定義は「２で正確に割り切れる」ことだからだ。

上：2は悪魔の数。オルヴィエト大聖堂のサン・ブリッツィオ礼拝堂（チャペラ・デラ・マドンナ・ディ・サン・ブリッツィオ）にある連作フレスコ画より、ルカ・シニョレッリ作『地獄の亡者たち』に登場する悪魔。

　偶数であることには、たいくつな数学的定義とはまた別の意味が、つねにつきまとう。偶数は正確に2等分できる。ということは、どちらにつくかわからない、不安定なものだと言える。そして「2」は、偶数の中でも最も重要な数であると、多くの宗教や哲学で信じられてきた。たとえば中国では、2という数が陰（受容的で収斂性のある女性的エネルギー）と陽（創造的で膨張性のある男性的エネルギー）という二極の力の本質をとらえていると信じられている。2は最初の陰の数ではあるが、広東語で言うと「やさしい」という意味の「易」と同じ音に聞こえる。そこで、よくほかの縁起のいい数の前に2をくっつけて、もっといい数にする。たとえば、広東語で23は「すくすく成長する」、26は「楽々もうかる」、29は「労せずして満腹」というふうに聞こえるのだ。ただし、24は「あっさり死ぬ」に通ずるので非常に縁起が悪い。2,424という数が非常に縁起が悪いのは言うまでもない。

　昔のキリスト教徒は2が悪魔を、あるいは魂と神との分割を表わすと考えた。ゾロアスター教徒は、2を永遠に互角のまま決着がつかない善と悪との戦いの象徴と信じる。そしてロシアでは、ひとに花を贈ろうとするなら、本数が間違いなく奇数になるようにしなくてはならない。偶数だと弔いの花になってしまうのだ。ほかにもまだまだ、気のきいたものやかなり突飛なものなど、迷信がたくさんある。たとえば、片方の靴下に穴が二つあいているのは縁起がよくないが、二人の人間が同時にくしゃみをすると縁起がいいと考えられる。二人の人間が同じポットからお茶をつぐのは縁起がよくないが、ひと株のキャベツの根本から2本の芽が出ると縁起がいい。卵に関しても、さらにいくつかの迷信がある——

上：ゴットフリート・ヴィルヘルム・ライプニッツの半身像。哲学を発展させた数学者。

ひとつの卵に黄身が二つ見つかると家族に不幸があるが、偶然二つの卵が割れたら心の友が見つかるだろう。その心の友が、友人がどこにでも卵を落とすのを気にしないでくれますようにと祈るばかりだ。

世の中には10種類の人間がいる
── 2進法を理解する人と
理解しない人だ

　コンピュータは、数を取り扱うにかけてはこの世で最も優秀な存在だ。しかし皮肉なことに、コンピュータ内で2という数が使われることは決してない。2以上のどの数も使わないのだ。コンピュータの操作する数は、0と1だけ。その理由は、コンピュータが数を数える方式が、私たちが慣れ親しんでいる10基数の10進法ではなく、2基数の、つまり2進法だからだ。と言っても、数を表記する別の方法というだけのことだ。2進法だろうとそこに存在する数はなんら変わりなく、ただたくさんの1と0を使って書き表わされる（あるいはコンピュータのメモリに保存される）だけなのである。

　2進法の起源は大昔にまでさかのぼるが、2進法を詳しく研究した最初の人物は、おそらく1646年にザクセン（現在のドイツ）で生まれたゴットフリート・ライプニッツだろう。哲学と詩に深い関心を寄せ、ラテン語で詩作をした人物でもある。また、政治から発明や数学に至るまで幅広く多岐にわたる興味をもった。1678〜79年ごろからはハルツ山地の鉱山から排水するための風力稼動のポンプや歯車装置を数々設計したものの、ひとつとして建設を実現させられなかった。加算を繰り返して乗算を実行することのできる自動計算機の開発にも取り組んだが、作動する模型をつくるのに20年以上かかった。またライプニッツは並はずれて筆まめで、さまざまなアイデアを展開させる過程で数学者、哲学者、エンジニア、政治家たち600人以上と手紙をやりとりしている。ヨハン・ベルヌーイ（ゼロ(0)の章で登場した議論好きな人物）とは友情をはぐくんだが、いくつかの数学的アイデアを最初に考えついたニュートンなどとのあいだでは、長きにわたる確執があった（後の章で詳しくみる微積分法がそのひとつだ）。あふれる創意に気配りが追いつかなかったのかもしれない。カイルという名の数学者から剽窃だと

2進法で数える

15まで数えるには、2進数字または「ビット」が4桁必要になる

0000	0
0001	1
0010	2
0011	3
0100	4
0101	5
0110	6
0111	7
1000	8
1001	9
1010	10
1011	11
1100	12
1101	13
1110	14
1111	15

　基数が何であれ、数字の使い方に変わりはない。ディジットが少なく（あるいは多く）なるだけだ。だから、基数を10とすれば、0から9まで10個の記号を使って、どんな数でも最初の4ディジットで10の3乗、2乗、1乗、0乗、つまり千、百、十、一を表わす。基数が2なら、0と1というたった二つの記号を使って、最初の4ディジットで2の3乗、2乗、1乗、0乗、つまり8、4、2、1を表わす。

　(ゼロ(0)の章を読み返してみていただきたい。2進法の数え方はそろばんの珠の扱いに似ている。)

非難されたときは、「ばかな人間に返答することはお断りだ」と発言している。

　人間関係で物議をかもしはしたものの、ライプニッツは数学の分野で多くの重要な発見をした。彼が発展させた2進法は、一種の哲学となった。彼は、この世界の森羅万象を表現するには、2進法、つまり陰／陽、オン／オフの性質をもつ、男／女、明／暗、正／邪といった相反する要素を介してのほうが、より精密で明快になると考えたのだ。生命も思想も一連の2進法命題に還元することができると提唱し、さまざまな数を果てしなく続く1と0の2進数の並びへと、とりつかれたように変換しはじめた。晩年の彼は、2進数は天地創造を表わしていると——1は神を象徴し0は無を描くものだと、信じるようになっていた。

数の模様を織りなす

　2進法のもつオン／オフの性質には、何年かのちになって、絹織物師で発明家のフランス人、ジョセフ・ジャカールも注目した。彼は1752年にフランスのリヨンで生まれ、父親が他界すると、2台の織機を継承して細々とながら機織り業を続けようとした。商売がうまくいかないのは、金を稼ぐ手段を使うことよりも、織機の設計を改善することのほうに興味をもっているからだった。やがて家業をあきらめざるをえなくなって、石灰製造者となり、その後はあちこちの戦争で戦った（その途中、自分のそばにいたところを撃ち殺されて息子を失う）。戦役からもどると、ジョセフは工場労働者になり、余暇は自分の改良型織機を設計・建造して過ごした。

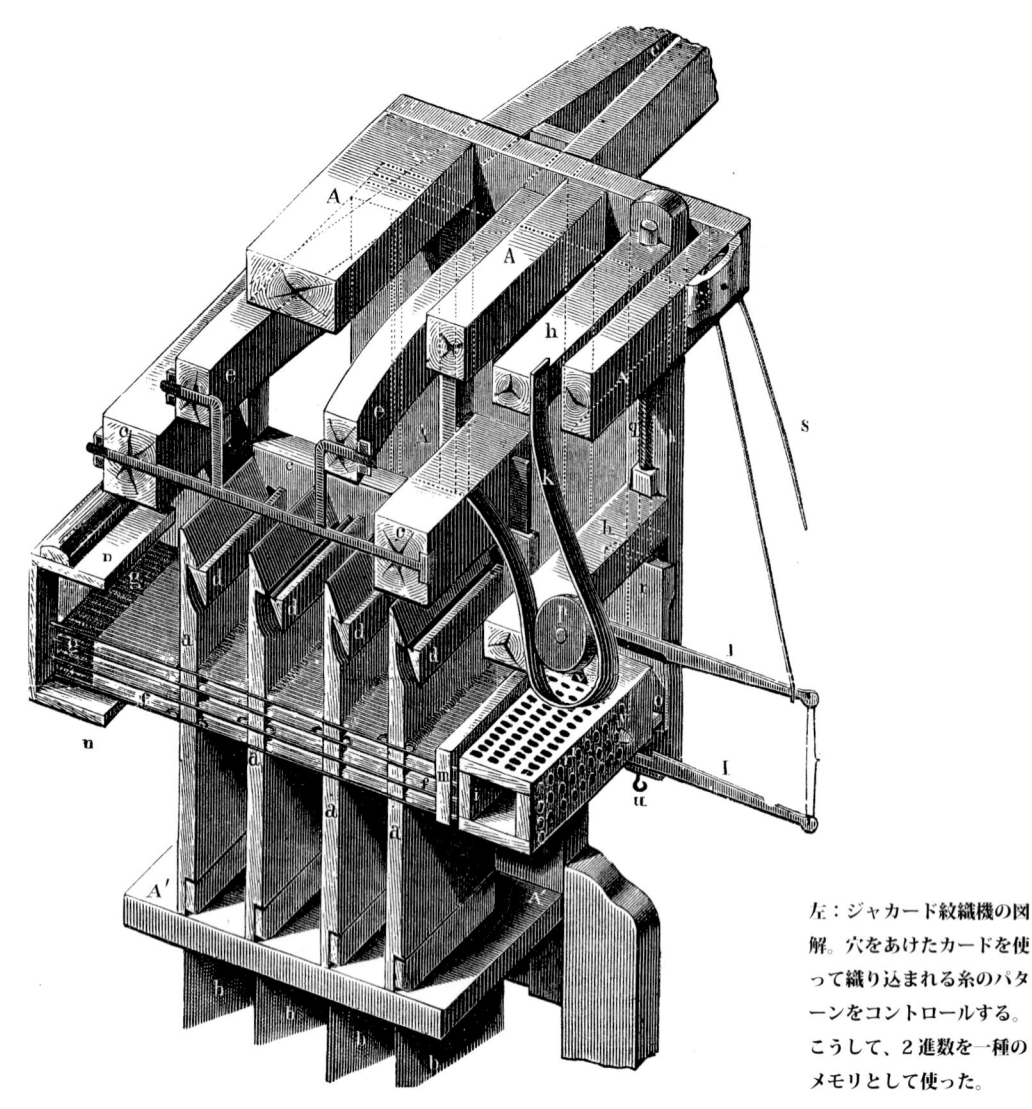

左：ジャカード紋織機の図解。穴をあけたカードを使って織り込まれる糸のパターンをコントロールする。こうして、2進数を一種のメモリとして使った。

　彼の設計は革命的だった。織り込まれる糸のパターンをコントロールする穴をあけた大判ボール紙を使って、「プログラム」することができるようになっていたのだ。これにより、込み入った模様の織物だろうと誰にでも織れるようになった。だが、絹織物師たちにとっては大打撃で、この発明に猛反対した。それでもこのジャカード紋織機の利点はあまりにも大きくて廃止させられず、この発明は公共財産だと宣言された。ジャカールは大金と、その後のジャカード紋織機すべての特許権を得た——1812年にフランスで稼動していた織機は11,000台を数えたという。

　ジャカールが発明した織機はあくまでも機械的なもので、数学的な演算は実行しなかったが、その穴をあけたカードは2進数を一種のメモリとして使った最初の例であった。カードにパンチ穴をあけることによって、穴で1、穴なしで0という2進数字を記憶していたのだ。のちに、このアイデアの便利さが判明することになる。

　ジャカールが生まれてから39年後、チャールズ・バベッジという男がイングランドのロンドンに誕生した。子ども時代のチャールズは病気がちで、デヴォンシャーに移され、牧師にめんどうをみてもらって教育を受けた。

上：ジャカード紋織機を発明した、ジョセフ・マリ・ジャカール。

右：ディファレンス・エンジンの生みの親、チャールズ・バベッジ。

のちに裕福な父親が彼を私立学校へやり、さらには家庭でも教育したので、ケンブリッジのトリニティ・カレッジで学びはじめるころには、数学の課程が彼にはものたりなく感じられたという。当時の重要な数学的考え方であるニュートンやオイラーのものは残らず教わり、とりわけライプニッツの考え方に感銘を受けた。そして、学部学生のころすでに、いくつもの偉業を成し遂げた。たとえば、国外の重要な研究を翻訳する協会を設立したり、微積分の歴史を発表したりしたのだ（ニュートンとライプニッツのあいだの確執についての執筆もした）。

バベッジは22歳で結婚し、ロンドン暮らしにもどった。ほどなく自分自身の数学研究を著わし、王立協会を始めとするいくつもの威信高い協会の会員(フェロー)に選ばれた。中には自分が創立に力を貸したところもあった。次のように書いているところからすると、彼は王立協会をあまりよく思っていなかったにもかかわらずである。

「王立協会の評議員会というのは、任務を互選し合っておいては、この協会の経費で会食して、ワインを飲みながらお世辞を言い合い、互いにメダルを授け合うような人間の集まりだ」（それから200年たってもたいして変わりはないという意見もあるかもしれないが。）

バベッジは、歴史上の数学者の中でも特に強い印象を受ける人物、というほどではないだろう。彼はいくつかのアイデアを発表しているが、残念ながら間違っていたものもある。

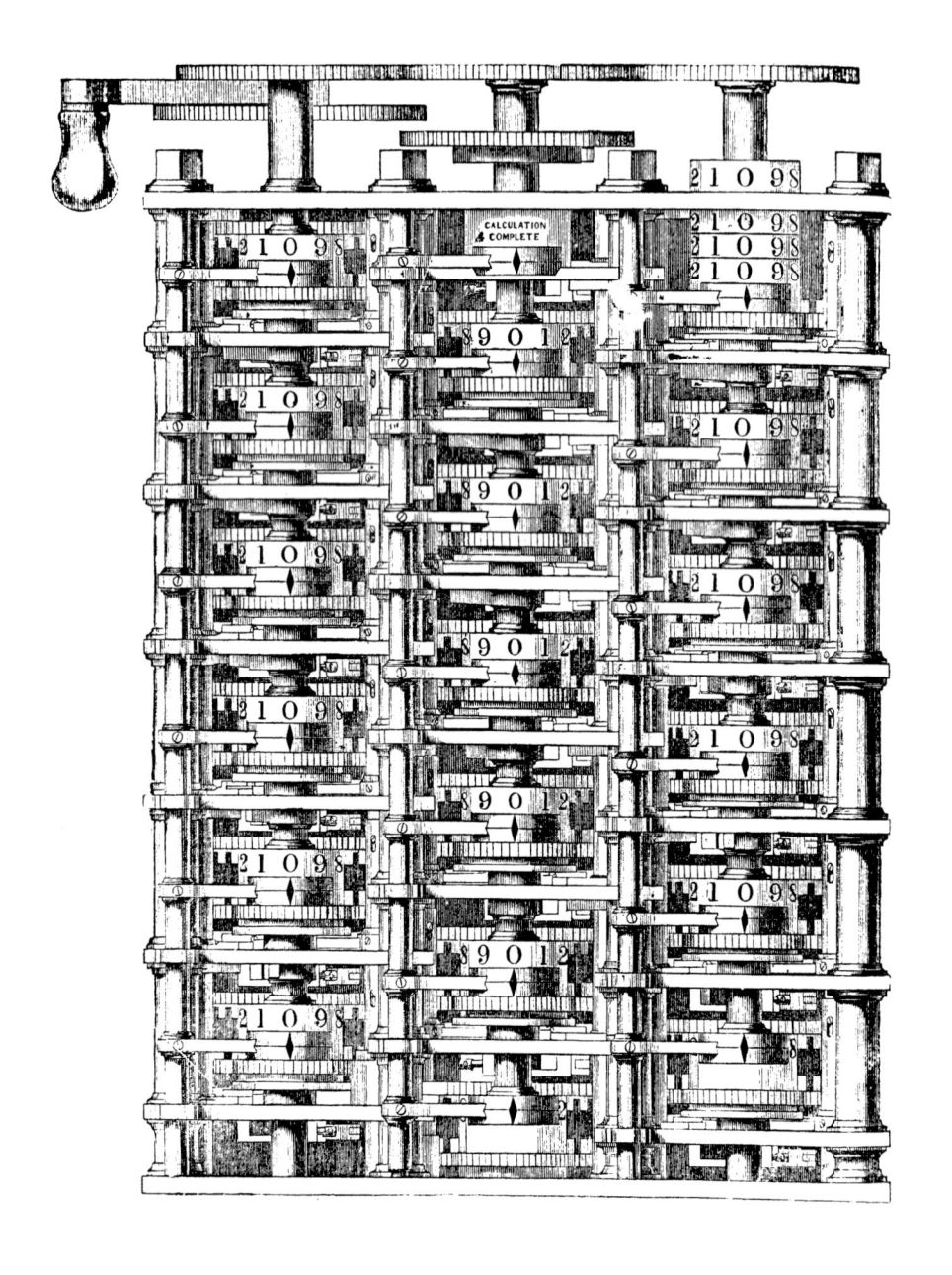

だが、弱冠二十歳のときに得たアイデアのおかげで有名になった──数学的計算処理を自動的に行なう機械である。この機械のことを、のちに彼はディファレンス・エンジン（階差機関）と呼ぶようになる。計算による 差 をもとの数に加えることによって、数表をつくりだすからだ。このアイデアは、とてつもなく役に立つ可能性を秘めていた。複雑な計算、たとえば天文学や設計の分野、あるいは大砲の弾道計算などでは、計算処理の能率を上げるために数表を頼りにすることが多いのだ。二つの巨大な数の積は、すでに計算した数表から見つけ出すほうが、毎回新たに計算するよりもずっと早くすむ。ただ、そういう表を人手で計算していると、まちがいがありがちだった。つまり、その表を使ったら誰でも計

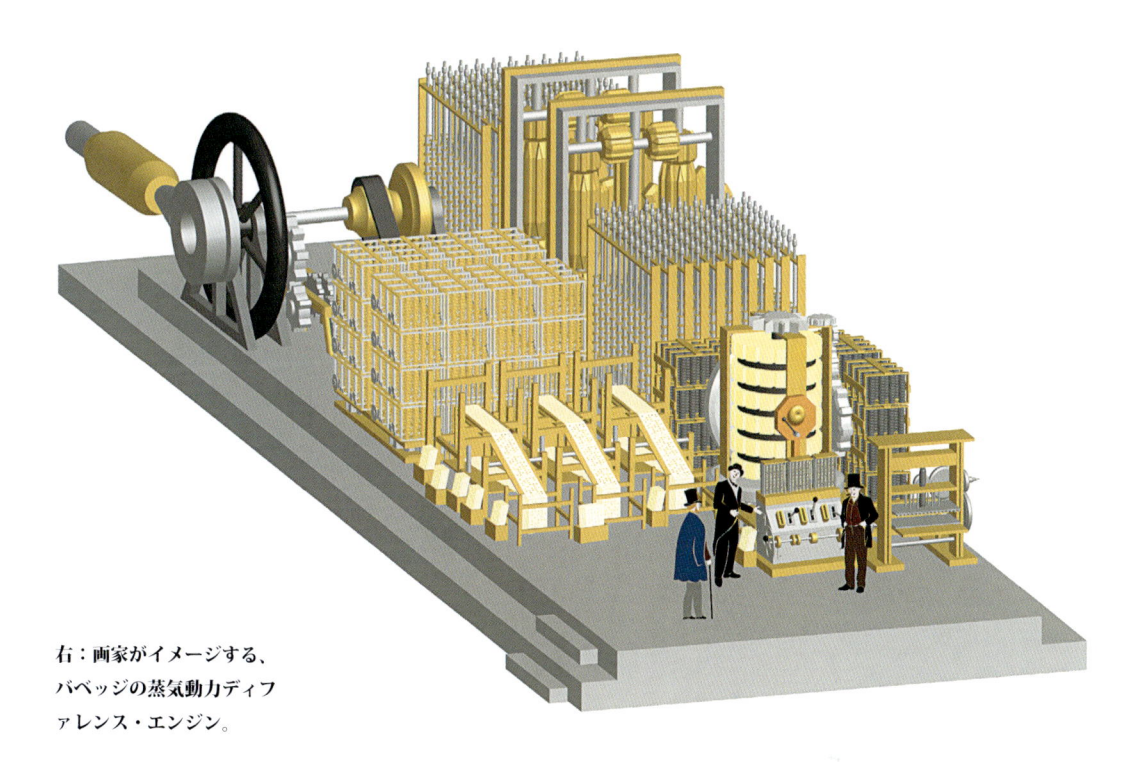

右：画家がイメージする、バベッジの蒸気動力ディファレンス・エンジン。

左：バベッジのディファレンス・エンジンの一部を描いた木版画からのイメージ（1889 年）。

算をまちがえてしまうことになるのだ。バベッジはまだ大学の学部学生だったころ、機械ならはるかに正確な表を手早くつくりだすことができるのではないかと気づいた。そして 1822 年、30 歳のバベッジは、ディファレンス・エンジンの試作品を完成させた。

　このディファレンス・エンジンは多くの人々を感心させ、格段に大きいものを設計、建造するようにと、英国政府から何度か多額の資金を与えられた。このマシンは階差の数が 6 で（これまでに見たものは 2 だ）、20 桁以上の数どうしの計算をしようというものだった。ところが、このプロジェクトはあまりにも巨大なものとなり、何年もかけて政府の（そしてバベッジ自身の）金を吸い込んでいったのに、結局ディファレンス・エンジン 2 号機は完成しなかった。その後、バベッジ生誕 200 年の年にロンドン科学博物館が、彼の計画に沿って作業し、自動印刷機を備えた完全に作動するディファレンス・エンジンを建造したのだった。現在も博物館に行けば、しっかり動いているのを見ることができる。

　バベッジはディファレンス・エンジンの建造に苦労しながら、自分の研究も続けていた。そして、機械的な計算マシンはたんに数表をつくりだすだけでなく、理論上はどんな計算でもできるのだということに気づいた。つまり、ユーザーの要求どおりの計算をするようプログラムできる、汎用計算マシンを考えていたのだ。彼の設計を見ると、まさに巨人（ゴリアテ）のような機械だったことがうかがえる。長さ 30 メートル、幅 10 メートルで、動力は蒸気機関。ジャカード紋織機で使われたのと同じパンチカードでプログラムされ、みずからパンチカードを出すのはもちろん、プリンターが数を出力し、曲線プロッターがグラフ

を描き、計算が完了するとベルの音で知らせてくれるのだ。電子式のものでなくまったくの「機械」でありながら、これはまさに現在のコンピュータに通ずるものと言える。現在のコンピュータと同じようにプログラムを実行し、そのプログラムにはループや条件付き分岐、算術演算が可能で、つまり、考えうるどんな計算でも実行させられるということだ。バベッジはこれをアナリティカル・エンジン（解析機関）と呼んで、こう書いている。

「アナリティカル・エンジンが完成すれば、それはきっと科学の未来の道すじを案内してくれることだろう」

しかし、彼の設計と理論によるアナリティカル・エンジンは、ついに登場することがなかった。これほどの飛躍的な前進をするには、当時の技術力ではまるで及ばなかったのだ。もっと単純な、ディファレンス・エンジンのようなものでさえ、誰もつくることができなかったのだから。また、ディファレンス・エンジンとは違って、現代でもこのマシンをつくろうとする者はいない。それでも、チャールズ・バベッジは今なおコンピュータの父とされている。100年あまりたってから初の電子式コンピュータが組み立てられたとき、その設計は驚くほど彼のものに似ていたのだ。2進数を入出力できるパンチカードを使う点も、まったく同じだった。

論理的に考える

2進法はつねにコンピュータの核心にあったが、それは2進数がパンチカードに刻印し

バベッジのディファレンス・エンジン（階差機関）

これ以上ない精密な歯車や車輪を使ったバベッジのディファレンス・エンジンは、二つの階差を使った一連の計算を行なうことができた。言い換えるなら、スタートとなる数を与えると、第二の階差を使って第一の階差をつくり、第一の階差を使って次の数をつくり出すことができたのである。

つまり、もし第一の階差が0で、第二の階差が2、スタートの数が41だとすると、次のように新しい数を反復計算していく。

0 2 41
2 2 43
4 2 47
6 2 53
8 2 61

これからわかるように、第二の階差（2番目の数）が、ひとつ前の第一階差（1番目の数）に加えられている。その結果できた1番目の数が、その前の3番目の数に加えられ、それが繰り返されていくのだ。

このように結果を足していくだけで、マシンが数式 $n^2 + n + 41$ の計算を行なえることを、バベッジは示したのだった。

ただ、高速で計算できるわけではなく、5分間に新たな60個が処理できるという程度のものだ。とはいえ、人間が計算するよりもはるかに正確なのだった。

やすいからというだけではない。2進法のオン／オフ、真／偽といった性質は、論理学の中枢でもあり、コンピュータは非常に論理的な装置なのである。

　ジョージ・ブールは、靴職人の息子として1815年に生まれた。彼が並はずれた頭脳の持ち主であることは、幼少のころから明らかだった。父親は彼に数学を教える一方、友人にはラテン語を教えてくれるよう頼んだが、息子を地元の商業学校へやるのが精いっぱいだった。そこでジョージは、ギリシャ語を独学した。かなり高い水準まで学んだため、校長は14歳でそんなにギリシャ語をうまく訳せるはずがないと言って、カンニングを疑ったほどだった。2年後、ブールは教師になり、父親の商売が破綻したあとの家族の生活を支えることとなった。驚くべきことに、彼は19歳のころにはもう、自分自身の学校をイングランドのリンカーンに開校したのだった。4年後にはもうひとつの学校の経営も引き受け、24歳のころには、自分で全寮制の学校をはじめていた。

　そうした学校経営で手いっぱいだろうと思いたいところだが、ブールはそれと同時に数学を学んでいた。すぐに明らかになったのは、大学教育を受けていないにもかかわらず、彼が数学において想像力に富み、非常に独創的だということだった。34歳でコーク（アイルランド南西部の都市）のクイーンズ・カレッジの数学教授となり、残る生涯はその地にとどまった。不幸にしてそれはたった15年間のことなのだが、それでも、彼の名を後世に伝える画期的な業績をあげるにはじゅうぶんな期間だった。その代表がブール論理である（次ページのコラム参照）。

　ブールは同僚たちに天才だと思われていた。同僚のド・モルガンのこんな言葉がある。

「ブールの論理体系は、天才と根気を併せもっ

上：ジョージ・ブール。

ていることを証明するたくさんのもののうちの、ひとつにすぎない。……数値計算のツールとして考案された代数の記号的操作が、思考の各行為を表現するにも、すべてを包含する論理学体系の文法と辞書をもたらすにも適しているなどとは、証明されるまでとても信じられないだろう」

　1864年、自宅からカレッジまでの2マイルをいつものように歩いていた彼は、どしゃ降りの雨でずぶぬれになった。服がぬれたままで講義をして、おそらく肺炎だったのだろう、具合が悪くなった。運命は不思議なよれ方をするもので、彼の妻は妻で、ぎょっとするような論理をもっていた。病気を治すに

ブール論理

　ブールの理解したところでは、論理演算子 AND、OR、NOT さえあれば、論理回路上にどんな文（ステートメント）でも書ける。ここで言うステートメントとは、たとえば次のようなものだ。I will take my umbrella when it's raining and it's either overcase or it's calm. ……「雨が降っている」AND「雲が多い OR 風がない」とき、傘を持って出かける。あるいは電子回路のステートメント。My circuit Q will output 1 when input A is 1 and either inputs B or C are 1, otherwise it sill output 0. ……「入力 A が 1」AND「入力 B OR 入力 C が 1」のとき、回路 Q は 1 を出力、それ以外なら 0 を出力する。この二つのステートメントは、論理的にまったく同じである。

　またひとつ数学的処理の書き表わし方が出てきたことから、予想どおりかもしれないが、書き表わしたものをどうすれば操作できるかについて、さらにいくつもの公式がある。ここに挙げたのはブール代数からのもので、それによってどんな論理的表現でも、意味をまったく変えずに簡約したり変換したりできる。わかりやすい一例として、真理表（ある命題についていくつかの条件下での真偽を表にしたもの）をつくり、それを利用して、対応するブール代数表記をしてみよう。先の例に戻って、傘を持って出かけるかどうか決定することを Q とする。Q が 1 なら傘を持ち、Q が 0 なら傘は家に置いたまま出かける。三つの条件があるわけだから、それにも A（雨が降っている）、B（雲が多い）、C（風がない）と標識づけをしよう。可能性のある A、B、C の値それぞれについて、Q（傘をどうするかという決定）の値があるはずだ。それらをすべて表にするには、2 進法で数える必要がある。

A B C	Q
0 0 0	0
0 0 1	0
0 1 0	0
0 1 1	0
1 0 0	0
1 0 1	1
1 1 0	1
1 1 1	1

　さて、Q が 1 になるのは三つの場合だけだとわかる。A＝1、B＝0、C＝1 のとき、A＝1、B＝1、C＝0 のとき、A＝1、B＝1、C＝1 のときだ。

　もしこういう知識がなかったら、次のように書くところだろう。

　「雨が降っている」AND「NOT 雲が多い」AND「風がない」とき、OR「雨が降っている」AND「雲が多い」AND「NOT 風がない」とき、OR「雨が降っている」AND「雲が多い」AND「風がない」とき、傘を持って出かける。

　もっとブール代数に近いかたちで書くこともできる。

Q = (A and ～B and C) or (A and B and ～C) or (A and B and C)

　ただし、便利な簡略化規則があって、次のような表現にまで徐々に簡略化することができる。

Q = A and (B or C)

　ずっとわかりやすくなっただろう。いや、わかりやすいばかりでなく、こちらのほうが回路にしやすい。電子工学では、トランジスタが AND、OR、NOT の論理ゲートとしてふるまう。1 と 0 は電流がオンかオフかだ。コンピュータはそういうトランジスタ論理ゲートが何百万と集まってできている。だが、ブール代数を使えば、回路を定義する論理表現が簡単に使えるし、必要なゲート数を減らすこともできる。例に挙げたように、10 個の論理演算子を使わずに簡略化してから二つの演算子だけにするというのは、トランジスタの数の少ない、より速く能率的なコンピュータということなのだ。

は、その原因となったものが効くと信じ込んでいた彼女は、臥せっている夫にバケツで何杯も冷水を浴びせたのだ。当然ながら、ブールはついに回復することがなかった。

数学の土台を解体する

2進数、パンチカード、自動計算機、ブール論理がそろって現代コンピュータの設計へつながっていった一方で、数学界全体をおびやかすような発見が、コンピュータの背景にある理論をつくりだした。

ブールの死から6年後、バートランド・ラッセルがウェールズに生まれた。彼は4歳のころ両親をともに亡くしていたので、祖母に育てられた（二人の無神論者に息子を育ててほしいという父親の遺言に反することだった）。そしてラッセルは、ケンブリッジのトリニティ・カレッジで数学と倫理学の教育を受けた。彼の倫理観と個人的信念は、成人してからの人生を通じて重要な役割を果たすことになる。二つの世界大戦に積極的に反対運動をして、いくつもの大学でさまざまな仕事を辞めさせられ、その信念ゆえに刑務所暮らしさえしたのだった。だが、ラッセルはメリット爵位もノーベル文学賞も授与されているし、1955年には友人のアルバート・アインシュタインとともにラッセル＝アインシュタイン宣言を発表して、核兵器削減を呼びかけた。長い一生のあいだ、時の政権に受けがよかろうが悪かろうが、その強い信念と倫理観を貫き通し、それが公人としての名声を高めることとなったのだった。

強い倫理観をもちながらも、ラッセルのおもな研究分野は数学と論理学だった。彼は、数学が論理学に還元することを証明してみせた——つまり、数学上のあらゆる研究成果は論理学表現に書き換えられるということだ。これはすばらしい発見だった。その上に数学が築き上げられている基本的な真実を、私たちがくまなく理解する助けとなるからだ。ところが彼は、続いてパラドックスを発見する。真であると同時に真ではないというものもあるのだった。〈1〉の章でみたように、否

右：このような電子回路が、ブール論理という数学を頼りにつくりだされる。

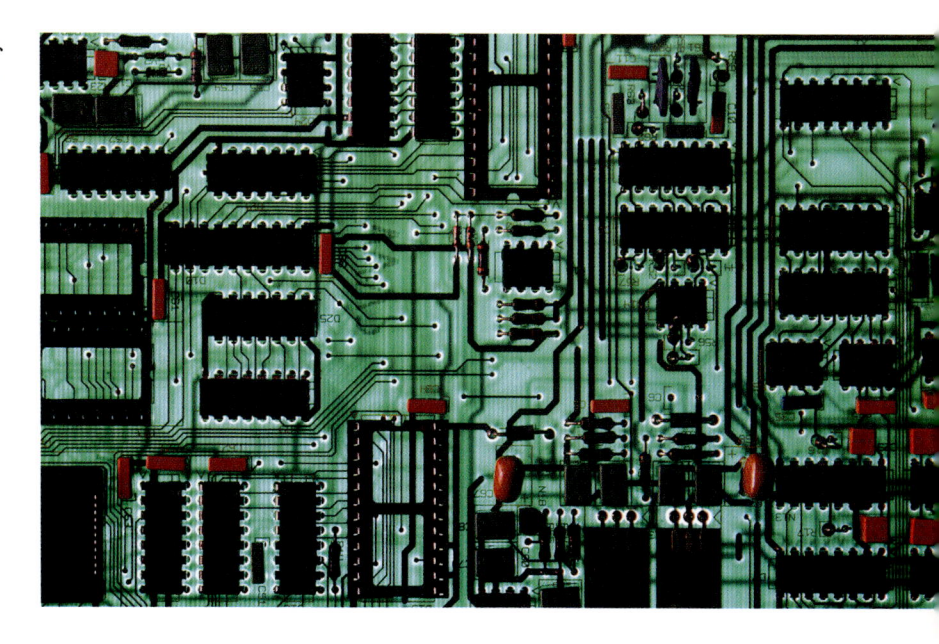

左：スウェーデンのストックホルムでスウェーデン王グスタフ6世アドルフからノーベル文学賞を授かるバートランド・ラッセル（1950年）。

定による証明はこの種のものを頼みにしている——同時に真でもあり偽でもあるらしいものがあるとすれば、その証明は不完全に違いないということを意味する。ところが、ラッセルのパラドックスは、数学全体が不完全だと示唆しているように思える（次ページのコラム参照）。これでは何もかもぶちこわしではないか！

数学者たちが心底ぞっとしたのは、これで数学の土台にある疵のように見えたものが、はっきりとつきとめられたからだった。何世紀にもわたって、数学上の概念も証明も、すべては一連の基本的な土台となる真実の上に築き上げられてきた。ところが、ラッセルのパラドックスは、もはやどの証明も信用できないと言わんばかりだ。デカルトが信じていたように、数学とは真実を完全に知ることのできる唯一の分野であるという考えは、もう妥当とは言えなくなってしまった。

この研究は、この問題を確定しようとする動きを引き起こした。ところが、ラッセルのパラドックスを取り除くどころか、事態は悪化する。1931年、ひとりの数学者が、数学はつねに不完全であることをきっぱりと証明したのだ。その数学者の名を、ゲーデルという。

クルト・ゲーデルは、1906年、オーストリア＝ハンガリーのブリュン（現チェコ共和国のブルノ）に生まれた。子どものころリウマチ熱を患い、8歳のときに医学書を何冊も読んでその病気のことを調べた。それ以来、健康状態について強迫観念にとりつかれ、自分は心臓が弱いと思い込んでしまった。彼を教えた有名な車椅子の数学講師、フルトヴェングラー（彼は身体に麻痺があって、板書する助手を使っていた）にも救えなかった強迫観念である。

やがてゲーデルはウィーン大学に職を得るが、第二次世界大戦が始まるとユダヤ人として迫害された（彼はユダヤ人ではないのにだ）。それに、戦わなくてはならなくなるかもしれないことが恐ろしくもなってきた。そこ

で妻とともに米国へ逃れ、1948年にアメリカ合衆国市民となった。面接の際、ゲーデルは審査官に、合衆国憲法に論理の抜け穴を見つけた、これでは独裁者の台頭を許してしまいかねないと思われる、と伝えようとした。幸い、友人のアインシュタインとモーゲンスターンが彼をなだめて落ち着かせ、審査官は耳を貸さなかった。

ゲーデルの最も忘れがたい研究は、ゲーデルの不完全性定理として知られるようになる。第一にしておそらく最も名高い定理が、以下である。

基本的な算術の真であることを証明する、無矛盾の論理形式に合ったどんな理論に対しても、真である算術概念を組み立てることは可能であるが、その理論で証明することはできない。つまり、ある表現力をもった無矛盾の

ラッセルのパラドックス

ラッセルのパラドックスは、床屋のパラドックスとよく似ている。次の問題を考えてみてほしい。

自分ではひげを剃らない人にだけ、ひげ剃りをしてやる床屋がいる。彼は自分のひげを剃るだろうか？

彼が自分のひげを剃らないなら、そういう自分のひげを剃らなくてはならない。しかし、自分のひげを剃るとしたら、そういう自分にひげ剃りはしてやらないだろう。道理にかなうのは、彼が自分のひげを剃ると同時に自分ではひげを剃らない場合しかない。だが、論理的にそんなことはありえない。だからこそパラドックスなのだ。

ラッセルのパラドックスはこれと似て、集合、あるいは群に関するものだ。たとえば、カップの集合があってソーサーの集合があるとすれば、組にしてカップ・アンド・ソーサーの集合にもできるだろう。言い換えれば、「集合」という考え方は有用な数学的概念であり、ほかの集合に含まれるいくつかの集合というかたちに分類することもできる。加算や減算など基礎計算を証明するものの多くが、数の集合という考え方を利用して成り立っているため、集合論は数学の基礎にある土台となっている。ラッセルは、ある集合がそれ自身に属するという場合もありうるということを発見した。一例を挙げれば、「空集合でないすべての集合の集合」がある。何らかの集合があったとすると、それはこの集合に属する。この集合には要素があるのだから、それ自身が「空集合でない集合」であり、ということは「空集合でないすべての集合の集合」に含めなくてはならない。ゆえに、それ自身に属する。つまり、集合論の言葉で言うと、その集合はそれ自身の要素である。

ここまではいい。パラドックスではなく、ただちょっとばかり不思議な考え方というだけだ。ところが、ラッセルは非常に特殊な種類の集合を考えついた。それは文句なしに数学に受け入れられる、しかし道理にかなわない集合だった。ラッセルのパラドックスはこうだ。

それ自身の要素ではないすべての集合の集合がある。その集合はそれ自身の要素だろうか？

この集合は、それ自身を含んでいない場合のみ、それ自身を含むことになる。しかし、それ自身を含んでいないなら、それ自身を含むことになる。床屋のパラドックスと同様、道理にかなう解法はたったひとつ、その集合がそれ自身を含むと同時にそれ自身を含まない場合しかない。だが、論理的にそんなことはありえない。身長6フィートを超すと同時に5フィートの背丈に満たない、というようなものだ。そんなことはあるはずがない。

きっぱりと2分割

理論はどれも不完全である。

単純に言えば、数学を用いてすべてを証明はできないということだ。証明することのできない真実もある。

これは数学界にとって、青天の霹靂だった。

何千年にもわたる、何百人という数学者たちによる探求は、決して報われないということではないか。土台のいちばん底にある公理公準から、てっぺんにある複雑きわまりない証明に至るまで、疑う余地なく真であると示すことができる完全無欠の数学体系を作り上げることは、決してできないのだ。数学の土台がどんなに完璧に用意されているかに関係なく、決して証明できない真実がつねにあるという。このゲーデルの出した結果は証明され、全世界が、数学は絶対確実なわけではないということを受け入れるしかなかった。ちょう

左：第1回の「自然科学の業績に対するアルバート・アインシュタイン賞」をゲーデルに手渡す、アインシュタイン。一緒に写っているのは、ルイス・シュトラウス（中央）とジュリアン・シュウィンガー（右）。

ど、無理数の値を完全には書きとめられないのと同じで、何かを数学的に証明することができないこともある——それについて私たちができることなど何もないのだ。

一方ゲーデル自身は、体調についての強迫観念は決してぬぐい去れなかった。数学の世界での貢献が、医学を理解する助けとなることもなかった。たまたま医者である彼の兄弟が、こう書いている。

「彼は何ごとにつけても非常に個性的な確固たる意見をもち、ほかの意見に納得することはまずない。残念ながら、生まれてこのかたずっと、数学ばかりでなく医学においても自分がつねに正しいと信じているので、医者にとってはたいへん扱いにくい患者だ。十二指腸潰瘍で大出血してから、その後の生涯を通じて厳格すぎるほどの食事療法を続け、そのせいで体重がゆっくりと落ちていった」

晩年のゲーデルは、病原菌を心配するあまりどこへ行くにもスキーマスクをかぶり、食器具の清潔さに異常なまでの気をつかった。そして、72歳で死亡。毒を盛られていると思い込み、食べることを拒否していたので、死因はおそらく栄養失調だったのだろう。

それはすじが通らない（ダズ・ノット・コンピュート）

それぞれの個人的信念はともかくとして、ラッセルとゲーデルはどちらもが、数学に関して一種の地すべりを起こさせたのだった。次に証明できないと判明するのは、いったい何なのか？　それが、1912年生まれのロンドン子、アラン・チューリングの心をつかんだ問題だった。彼はこの問題に取り組む中で、現代のコンピュータに隠された理論を考えついた。

チューリングは、数学の問題にひどく奇抜な答えを出したりするので、学校であまり楽しい思いをしたことがなかった。自分なりの勉強のしかたを押し通したり、勝手な実験をしたりして教師たちを激怒させながら、それでも学校の数学関係の賞はどういうわけか彼がほとんどひとり占めした。ケンブリッジ大学のキングズ・カレッジに進んで数学を修め、ラッセルとゲーデルの研究について学んだ。すでにみごとな研究結果を出していた彼が24歳の若さで発表したのは、決定可能性と論理についての考え方だった。論理的な、または算術に基づいた文（ステートメント）が真であるかどうかを全称的に（いかなる既知の例に対しても）示すことはできないと、チューリングは証明してみせたのだった。またしても「完全なる数学」には命取りとなるものだったが、

それよりももっと重要なのは、チューリングの証明の組み立て方だった。彼は、あるマシンが長いテープを読み、読み取った命令に従い、テープのさまざまな箇所まで巻き戻してはテープに記号を書き込む、と想像した。不思議な、テープの読み取り・書き込み・巻き戻しマシンである（次ページのコラム参照）。

このチューリング・マシンには、数学的な想像力の飛躍という以上の意味があった。概念上の計算マシンなのだ。チューリングはまた、ほかのどんなチューリング・マシンのふるまいでも模倣することができる万能マシンというアイデアも考えついた。そういう万能マシンがあること、そしてそのマシンは適切な命令を受ければ考えうるどんな計算も実行することができることを、彼は証明した。これが私たちの必要とするもの——真の汎用計算機である。

万能チューリング・マシンは、あらゆる電子式コンピュータにとって、理論上の青写真となった。コンピュータはどんなふうにふるまう必要があるのかについて教えてくれ、実際にコンピュータを設計、製造する助けになった。この理論のおかげで、どんなコンピュータも、ほかのどのコンピュータのふるまいだろうと（十分な時間とメモリを与えられれば）完全に模倣することができるということが、わかった。そうしたことが最初の電子式コンピュータがつくられる前にもうわかっていたのは、チューリングのおかげである。

上：アラン・チューリング。第二次世界大戦中には、暗号、ジャーマン・エニグマの解読に協力した。

自分が具体化に力を貸したコンピュータ化社会を、チューリングはついに見ることがなかった。彼はケンブリッジとプリンストンで研究を続けたのち、1938年、政府の最高機密である暗号解読プロジェクトの仕事に起用された。そして第二次世界大戦が勃発、ブレッチリー・パークで働きはじめ、ドイツ空軍および海軍でメッセージを送るのに使われていた暗号、ジャーマン・エニグマを解読する、機略と才気にあふれた手法を開発した。彼の尽力のおかげで、この戦争ではほかのどの戦争のときよりもたくさんの兵士の命が救われたのではないかと言われている。

戦後、チューリングはケンブリッジ大学に戻り、次いでマンチェスター大学に職を得て、

そこで研究を続けた。ロンドンの国立物理学研究所のために電子式コンピュータ構想を生み出していたのだが、さらに先へ進んで、人工知能や相互作用する化学物質が引き起こす成長パターンといった先進的な主題について研究するようになった。チューリングは、生物や人間の脳を計算処理装置とみなしていた。あるライターはこう書いている。

「……彼は、機械と脳とのあいだにある相違と類似に関する議論にかかわるようになった。力と機知をこめて表現されたチューリングの意見によれば、どこに相違があるのかばかりを言うのは、その二つのあいだには越えがたい隔たりがあると思っている人たちのすることだという」

1943年、ベル研究所のカフェテリアでも、持ち前のかん高い声でこう言う彼の姿があった。

「いや、高性能の脳を開発することに興味はない。私が追求しているのは月並みな脳でね、たとえばアメリカ電信電話社の社長程度のだよ」

今日でも、チューリング・テストはコンピュータ用知能検査として最も有名なものである。コンピュータの前に座って、オンラインで二人とチャットしていると想像しよう。本当は話しかけている一方は人間で、もう一方はコンピュータだと気づかず、また双方の

チューリング・マシン

チューリングが考えた特異な紙テープ印字マシンは、「チューリング・マシン」として有名になった。彼はその仮想のマシンを使って、数学には論証不能の問題もあることを示してみせた。この小さなコンピューティング・マシンが、紙テープに印字された記号に従って計算を実行していると考える。そこで彼は疑問を投げかける。このマシンがエンドレス・ループに取り組んで永久に計算を続けるか、あるいは計算をやめて答えを出すか、見分けることは可能だろうか？ マシンはいかにも永久に計算しつづけそうではないだろうか。たとえば、テープが点Aで「点Bまで巻き戻せ」と指示し、点Bでは「点Aまで巻き戻せ」と指示していれば。

チューリングは、そのマシンが停止するかどうかを見分けることが可能ならば、別のマシンにも見分けさせられるはずだと考えた。理論上、その仮想マシンはどんな数学的計算でもやってのけられるのだから。そこで、第2のチューリング・マシンを考える。そのマシンは第1のマシンを審査して、第1マシンが停止しないとしたら停止して、「停止しない」と出力するか、第1マシンが停止したならば永久にただ動きつづける。

さて、ここからの手際があざやかだ。チューリングは考えた。第2マシンが自分自身に目を向けて、計算をやめるかやめないか判断しようとしたらどうなるだろう。急にパラドックスに陥る。マシンが永久に動きつづけるとしたら、そのマシンは止まる。止まるとしたら、永久に動きつづけることになる。これは論理的に不可能であるから、決定不可能なチューリング・マシンも存在することが証明される。チューリング・マシンが停止するかどうかは見分けられないということだ。これはいかにもはっきりしない、ありそうもない状況のように思えるかもしれないが、おびただしい数の論証不能な、あるいは計算できない問題があると、判明した。以来ずっと、コンピュータ・プログラマーにとって問題になっているのである。

上：1926年当時のバッキンガムシャー、ブレッチリー・パーク。連合国側の暗号解読本部があった。ジャーマン・エニグマ、ローレンツという暗号が解読された。

区別もつかないまま、どちらの相手とも広範囲にわたる会話ができるとしたら、そのコンピュータは知性があると言え、チューリング・テストに合格するのだ。現在までのところ、いくつかのコンピュータ・プログラムが、このテストにかろうじて合格している──ただし、話題をかなり狭い範囲に限定した場合だけだ。話し合うことがらを無制限にしてチューリング・テストに合格したプログラムは、まだない。

チューリングがこういったことを考えていた時点では、インターネットなど存在しないし、コンピュータといえば部屋ひとつぶんの大きさで、しかも現代のポケット電卓ほどの性能しかなかった。彼の先見の明のすばらし

さがわかるだろう。

　1952年、チューリングは、当時の英国では違法だった同性愛行為で逮捕された。逮捕のあと、ブレッチリー・パークでの保全許可(セキュリティ・クリアランス)が剥奪され、政府は彼に危険人物の疑いをかけるようになった。いたましいことに、1954年に電気分解の実験中、シアン化物中毒を起こして、彼はたった42歳で世を去ってしまう。シアン化物は、そばにあったかじりかけのリンゴについていた。自殺だったというのが通説だが、母親は事故だったと言い張った。

　アップル・マッキントッシュというコンピュータ製造業者は、このできごとにヒントを得て、かじりかけのリンゴをロゴマークにしたという俗説がある。だが実際のところは、もとになったロゴは頭にリンゴを載せたニュートンを描いたものであって、チューリングとは関係がなかった。

コンピュータ・アーキテクチャの設計

　チューリングはコンピュータの理論的な土台を用意し、バベッジは最初の機械式コンピュータを設計したが、かつてつくられた最

下：第二次世界大戦中、ドイツ軍が使っていたエニグマ暗号機。

初の電子式コンピュータが設計されるには、ひとりの天才の出現を待たなければならなかった。1903年、ハンガリーのブダペストに生まれた、ヤーノシュ（ジョン）・フォン・ノイマンだ。彼は並はずれた能力をもつ早熟な子どもであり、父親はよくパーティで彼を見せびらかしたものだった。電話帳の1ページまるまるを数秒のうちに記憶し、名前と住所、電話番号を正確に暗誦してみせることができ

上：ロバート・オッペンハイマーとフォン・ノイマン。初期のコンピュータの前で（1952年）。

たのだ。まもなく、学校では数学に驚くべき才能を発揮したが、生計を立てられるようなことを勉強してほしいという父親の願いで、ブダペスト大学では化学を専攻することにした。だが空き時間にはよく数学の課程に出席して、たちまちのうちにその非凡な才能を認められた。彼を教えたある数学者は、のちにこう語っている。

「ジョニーは、恐ろしいほど頭がいいと思わされた、唯一の学生です。講義の中で未解決の問題をもちだしたりすると、講義の終了後、彼はすぐに私のところにやってくるんです。紙きれにちょいちょいと書きつけた、完璧な解答を携えてね」

フォン・ノイマンは勉強を続けて数学の博士号を取得し、博士課程修了後もさまざまな大学で研究を続けた。20代半ばには、実力ある数学者たちのあいだで「若き天才」として有名になり、ほどなくしてプリンストンへ移り住み、新設されたプリンストン高等研究所の教授陣に、アルバート・アインシュタインら傑出した数学者たちとともに名を連ねたのだった。天才には珍しく、社交生活も大いに楽しむ人間で、ジョニー・フォン・ノイマンのパーティといえば伝説的だった。彼が生涯になし遂げた業績は枚挙にいとまがないが、流体力学を説明する、とてつもなく複雑な方程式の研究論文もあった（水の流れを予測するものだ）。まもなく、その方程式を分析するにはなんらかのかたちでコンピュータの助けが必要だと気づき、EDVACの設計図を作成した――これが歴史上最初につくられた電子式コンピュータである。バベッジの設計に似ていたが、機械式の歯車ではなく電子管（真空管）を使う装置だった。EDVACには四つの論理素子（ロジカル・エレメント）がある――すべての仕事がおこなわれる中央演算ユニット（セントラル・アリスメティック）（CA）、次に起こることを決定する中央制御ユニット（セントラル・コントロール）（CU）、数を保存するメモリ（M）、キーボードやプリンターなどの入力（インプット）／出力（アウトプット）装置（IO）だ。このフォン・ノイマンの論理的構造（アーキテクチャ）は、世に知られるようになるとともに、それに続くほとんどすべてのコンピュータのひな型（テンプレート）として使われてきている。

フォン・ノイマンは伝統的なコンピュータを設計したばかりではなく、セルラー・オートマタもつくりだしてもいる。並行処理（パラレル）コンピュータの一種で、複雑系の解析や模擬実験に今なおよく使われているものだ。彼は博士課程在籍中に偶然、アラン・チューリングという人物を指導したことがあった。チューリ

右：EDVACコンピュータのデモンストレーションをするテクニカル・ディレクターのT・カイト・シェイプレス。

ングが1936～38年に博士課程にいたときのことだ。そしてチューリングと同様、フォン・ノイマンも戦争に協力して、水素爆弾開発につながる数学と物理の研究をした。

　天才なのに——いや、天才だからこそ、というほうが当たっていそうだが——52歳で末期の癌に侵されていると知らされたときの反応は、ほめられたものではなかった。ジョニーをよく知る人々の痛切な言葉の中に、こういうものがある。

「自分は治る見込みのない病気だと知ったとき、論理的な頭の持ち主である彼は、自分がやがて存在することをやめるということは考えることをやめてしまうことなのだ、と悟った。……内心に挫折をかかえた彼を見ていると、胸が張り裂けそうだった。すべての希望がついえ、避けられない、しかし受け入れることもできない、そんなふうに思える運命と闘い……そこにいたいだいていた護符をそれまでずっと信頼することができていた、そんな彼の精神が、どんどん頼りにならなくなっていく。そして、精神がすっかり崩壊するときが訪れた。彼はパニック状態になり、抑えられない恐怖に、夜な夜な悲鳴があがった」

　友人のエドワード・テラーはこう語る。
「自分の精神がもう機能しなくなるというときのフォン・ノイマンの苦しみは、私がこれまで見てきたどんな人間の苦しみよりも深かったのではないでしょうか。
　フォン・ノイマンの不死身の意識、平たく言うと生きたいという願いが、動かしがたい事実と闘っていました。最期まで死を怖れる気持ちが大きかったようです。……業績も実力の大きさも、もう救いにはならない、過去には必ずそれに救われてきたのに。ジョニー・フォン・ノイマン、すごく充実した生き方を知っていた彼も、死に方は知らなかったんです」

　フォン・ノイマンは1957年、闘いに敗れた。享年53歳。その研究は世界のあらゆるコンピュータの中に生きているが、彼の初恋の相手が数学だったのは、いつまでも変わらない。彼自身の言葉から——

「数学がシンプルだということをみんなが信じないとしたら、それはただ人生がどんなに複雑かよくわかっていないからだ」

情報革命を起こす

　現代のようなコンピュータだらけの世界で生活を送っていると、どのコンピュータの中にも機械類が隠れていることは忘れがちだ。自分のまわり行き渡っている何十億もの電子装置（フォン・ノイマンが設計に力を貸したもの）には、目もくれない。私たちがそれを無視してもさしつかえないのは、それらの装置がみな同等の仕事をするとわかっているからだ。処理速度の速いものもあれば、巧みな技や多くのメモリを使うものもあるが、どれもみな万能チューリング・マシンであることに変わり

上：クロード・E・シャノン博士と電子ネズミ。ベル研究所にて。このネズミは「特大(スーパー)」メモリを備え、たった一度試走しただけで迷路の道順を学習できる。

はない。私たちはコンピュータのことを考えるよりも、むしろ四六時中、情報のことを気にかけて過ごしている。

　ちっぽけな携帯電話でデジタル写真を撮って友だちに送ることができ、その友だちがそれをオンラインにのせることもできれば、世界中の誰でもそれをダウンロードできる。そんな世界では、情報というのは非常に明白な概念のように思えるかもしれない。情報革命は、私たちの世界をすっかり変容させてしまった。経済はインターネット上の電子的交

渉に依存するようになり、各国政府は国民たちと意思疎通するためにもインターネットに頼り、あらゆるコミュニケーション機器のおかげで、私たちは地球上のどこにいようと望む相手に電話や面会ができる。2004年、エヴァークエストというコンピュータ・ゲームの経済規模が膨らんで、世界第77位の経済大国になったと報じられた。エヴァークエストはヴァーチャルなソフトウェア世界であり、物質的なかたちではまったく存在しないというのにだ。今いちばん金のある最も好調な企業のいくつかは、ソフトウェアを販売しているか、全面的にオンライン事業を展開しているかのどちらかである（マイクロソフト、イーベイ、グーグルなど）。

情報とは何かを私たちに教えてくれたのも、いまひとりの天才だった。クロード・シャノン、1916年、米国ミシガン州ゲイロード生まれ。フォン・ノイマンほど数学に抜きん出ていたわけではないが、マサチューセッツ工科大学（MIT）時代には電気リレー・ベースのコンピュータなど、実用的アイデアに集中したのち、ニュージャージーのAT&Tベル・テレフォンの研究所に職を得た。そこで彼は、情報というテーマで画期的な成果をあげることになる。

彼は2進数字（バイナリ・ディジット）に「ビット」という名前を付け、ビットが情報の基本単位となることを示した。考えうるかぎり最も単純なオン／オフ二つの状態しかない2進数で、あらゆることが表現できることを示したのだ。電子式コンピュータがまだ設計・建造の途中だった時代にあって、これは感動的な洞察だった。彼の研究を通して私たちは、ほかのビットを利用してエラー修正を実行させたり、伝達過程で情報が失われないことを確実にしたりする方法を学んだ。また、情報の圧縮のしかたも学んだ。それが音楽用のMP3やデジタル・テレビ、デジタル画像用のJPEGといった、圧縮フォーマットにつながったのである（次ページのコラム参照）。

シャノンはやがて、教授としてMITに戻る。そこでの彼は、誰が見ても創意に富んだ茶目っ気のある人柄の人物だった。一輪車に乗ってジャグリングしながら廊下を通ったりしたのだ。あるときはホッピング［訳注：竹馬に似た一本棒にばねを付けた玩具］の電動化に取り組んだし、二人乗り一輪車などの変わったものを次々に発明した。同僚によると――

「そんなことをしているのは何か画期的な研究の一部なのか、ただおもしろがっているだけなのか、誰にもわかりませんでした。……あとのほうで発明された、ハブの中心がずれている一輪車のときは、みんな廊下に出てきて、アヒルみたいにひょこひょこ上下しながらそれを乗り回す彼を見物したものです」

シャノンは研究を続け、（おかしな自転車を発明する合い間に）人工知能について考察したりチェスを指すプログラムを生み出したりした。そして、初の自律的なコンピュータ制御ロボットをつくりだした――迷路を通り抜けることのできるネズミのロボットだ。晩年の彼は、コンピュータとそこから生ずる情報が世界を変えていく様子を見て、謙虚にこう言っている。

「情報理論は、ひょっとしたら実際の業績を超

えてふくらんでしまったのかもしれない」

　シャノンは2001年に死亡したが、最後の数年間はアルツハイマー病を患っていた。

　今私たちは、情報とはコンピュータ内を流れる血液だと理解している。電子計算機の力でこの情報が生成、変換、保存され、インターネットや無線電話網の巨大なネットワークに流される。1と0の想像を絶する巨大な2進数以外の何ものでもない情報が、夜となく昼となく流される。コンピュータの処理速度が速くなり、ネットワークのキャパシティが大きくなるにつれ、情報の流れもどんどん大量になっていく。誰もがコンピュータにモデムをつないで使い、1秒間に48,000ビット程度しか送受信できなかったのは、それほど昔のことではない。今では1メガビット、さらには16メガビットのブロードバンド・ネットワークがあり、1秒間に16,000,000ビット以上を流すことができる。この現代の世界で、情報は猛烈な力だ。かつて情報といえばただの数を意味し、次いで私たちはそれがテキストをも意味するのだと気づいた。今や情報は音声や動画であり、まもなく3次元のかたちになる。将来はいったいどうなるのだろう？

　かつて、「時は金なり」という警句があった。もうそんなことはない。今では「情報は金なり」なのだ。2を基にした光速で流れる数が、世界を支配するのである。

ランレングス・エンコーディング

　データ圧縮技術のわかりやすい例としては、ファクシミリの機械に使われている、ランレングス・エンコーディングというものがある。白黒の画像をファックス送信するとしよう。そのページの微小な点を一度にひとつずつ、左から右へ、上から下へとスキャンすれば、ずらずら連なる文字列に書き表わすことができる。bはそこに黒い点があるという意味、wは白という意味だとする。ほとんどの文書には黒よりも白の部分のほうがずっと多い（画像でもテキストでも）。そのため、それぞれ黒点や白点に対応するビットの列には、おそろしくたくさんのwが並ぶことになる。おそらく、以下のような具合に。

wwwwwwwwwwbwwbwwwbwwbwwwww
wwwwwbwwwwbwwwbwwbwwwwbbw
wwwwwwwwww

　ランレングス・エンコーディングとは、こういう列を短い符号（コード）に置き換える。ひと続きに8つ並ぶwを8wと置き換えて書けば、8文字でなく、たった2文字ですむ。この考え方で、上の例は次のように書き換えられる。

10wbwwb4wbwwwb11wb4wb3wbwwb5wbb10w

　もちろん、情報はこのような文字ではなく2進数として記憶装置に入れられるのだが、考え方は同じである。上のようにすると、同じ情報を表わすのに少ないディジットですみ、ひいては送受信速度を上げ、より多くの情報をたくわえることができる。つまりファックスやeメールのやりとりが速くでき、MP3プレーヤーにもっとたくさん曲を入れられ、テレビのデジタル・チャンネルが増えるということだ。

偉大なる発明
対数の底（e）の章

2004年、絶好調のインターネット検索エンジン、グーグルを運営する企業が、将来の事業拡張のために資金を集める意向を発表した。よくある10億ドルとか15億ドルというきりのいい数字を出すのではなく、彼らが調達するつもりだと世界に伝えた金額は2,718,281,828ドル。なぜそんな特殊な数なのだろうか？ 実はこれ、数学的な冗談なのだった──数学でこれは、eという数なのだ。

もうひとつeが使われている裏にも、グーグルがいる。会社が合衆国じゅうの広告掲示板に、謎のメッセージを載せているのだ。

{first 10-digit prime found in consecutive digits of e}.com
（eの連続ディジットのうち首位10ディジット).com

　このパズルを解き、結果としてわかったインターネット上のサイトを訪れた人々は、さらに難易度の高いパズルを見つけた。最終的にすべてのパズルが解けると、その聡明な最優秀の人々にグーグルの仲間にならないかと呼びかける、インターネット・ページとなるのだ。
　eも、数学の本質に宿る不思議な無理数のひとつである。その値（小数点以下20桁まで）は、2.71828182845904523536。この数は、黄金比ファイや円周率パイほどもてはやされてはこなかった。√2という無理数のように殺人の原因となったこともないし、2進数のようにコンピュータの発明につながったわけでもない。しかし、eは非常に重要な数で、それが発見され利用されたことから、きわめて重要な数学上のアイデアがいくつも生まれた。コンピュータが発明される前、計算を正確に実行するためにはeの力に頼っていたのだ。eなくしては、過去数世紀にわたる科学と技術の進歩は、ありえなかっただろう。もしeが見いだされていなかったなら、複雑な機能のマシンをつくるため、いまだに苦労していたことだろう。自動車も旅客機も、そしてコンピュータもなかっただろう。読者のみなさんは、このような本を読むどころではなく、製粉所や炭鉱で働いていなければならなかったかもしれないのだ。

計算機を使わずに計算する

　eの物語は、ネーパー（Neper）という、その研究が新しい数学上の定数と関係があるなどと考えられもしなかった男から始まる。
　ジョン・ネーパー——現代の表記ではネイピア（Napier）——は、1550年、スコットランドのエジンバラで裕福な家庭に生まれた。スコットランドのセント・アンドリューズ大学で学び、またヨーロッパ大陸に渡って神学も勉強した。24歳のころには、妻とともに建ったばかりの城へ移り住み、一族の広大な地所の運営に専念した。発明と数学がネイピアの趣味となったが、神学の勉強をしていないときの彼は、塩を利用して土壌改良をするという斬新な農業改善手法を実験した。また、数学上のある手段を考案し、それを「対数（ロガリズム）」と呼んだ。複雑な計算を格段に簡略化する方法だった。彼の言葉（1614年にラテン語で書かれ、その2年後、英語に訳されたもの）によると——

「（敬愛すべき数学の徒による）掛け算や割り

算、また二乗根、三乗根を求めるといった計算は、数学の中でもこのうえなくやっかいであり、これほどカルキュレーターをわずらわせ、うんざりさせるものはない。時間をかけて根気よく計算するよりほかないわりには、間違いを犯しやすくてあてにならないのは、困ったものだ。そこで私は、こうした足手まといな計算をしなくてすむような確実かつ簡便な計算法を見つけて、わずらわしい作業から人々を解放したいと思うに至った。そして、その目的のためにさんざん考えたあげく、ついに、（おそらく）今後とも扱えるであろう、簡潔にしてすばらしい規則を見いだしたのだ。とりわけ、何よりも有益なのは、困難で根気のいる掛け算、割り算、根の開方において、作業そのものから、掛けたり割ったり根を求めるべき数自体を除くことができ、足し算と引き算および2と3による割り算で行なえることだ」

左：スコットランド人数学者、ジョン・ネイピア。1600年。**対数と数学的計算装置の発明者。**

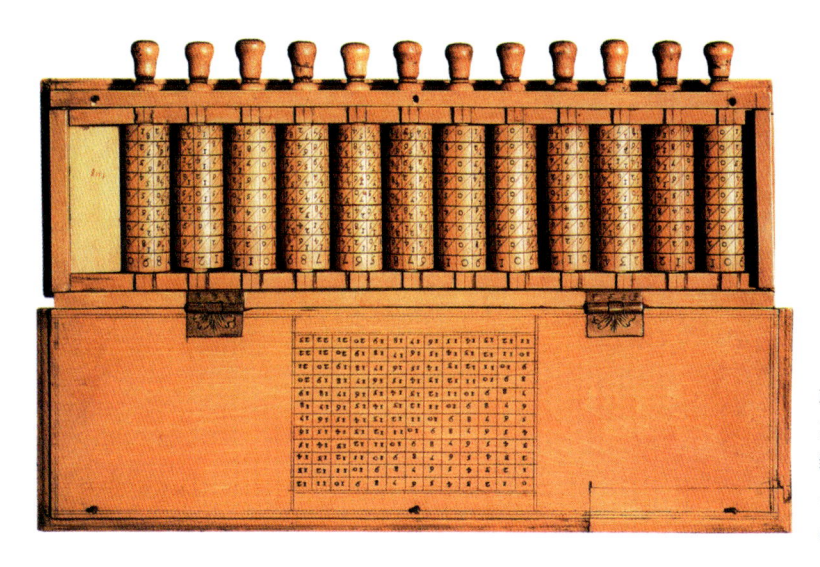

左：ジョン・ネイピアが1617年に生み出した計算装置。「ネイピアの計算棒」とも呼ばれる、乗算表を刻んだ筒(シリンダー)でできている。

　ここで「カルキュレーター」と言っているのは、もちろん、計算をする人間のことである。電子計算機(エレクトロニック・カルキュレーター)など、400年近く前のこの当時、まだ想像もできなかった。それでも、現代のカルキュレーター（計算機）に目をやれば、ネイピアの発明が見つかる。「log」（ログ）というボタンがあれば、それがネイピアの対数(ロガリズム)だ。数学的計算処理を簡便にするために彼が考案したものなのである。

　ネイピアは、対数が非常に独特のある性質をもつことに気づいた。対数は掛け算のような難しい演算を足し算に変換する。また、割り算を引き算に変換する。その他、根や累乗のようなやりにくい演算も、掛け算に変えて平易なものにする。計算がすべて手作業で行なわれていた時代に、この魔法のような簡略化は、コンピュータの発明にも匹敵する重大事だった。対数表と数を足したり引いたりする能力さえあれば、複雑きわまりない計算を迅速かつ正確に処理することができるようになったのだ。

　対数はきわめて重要なものとみなされ、世界中の多くの国々でたちまち関心を呼び、活用されるようになった。対数がなかったらケプラーは惑星の運動を理解できなかっただろうし、ニュートンが重力を理解することもなかっただろう。その後の数学者たちはみな、自分たちの研究で対数を重用した。200年のちに、数学者ラプラスが対数の重要性を認めるこんな発言をしている。

　「……（対数が）労力を削ってくれたことで、天文学者の人生は2倍に延びた」

　ほどなく、対数表は使いやすいように計算尺という器具のかたちになった。目盛りのついた小さな滑動板を、それぞれの対数に比例した間隔をあけて配された数に沿ってスライドさせると、対数表と同じように計算を簡略化することができるのだ。計算尺は、小型電卓が開発される1980年代まで使われていた。読者の祖父母や親の世代の人が（あるいは読者本人が）まだお持ちかもしれない。大事にとっておいていただきたいものだ。

自 然 曲 線

　ヤコブ・ベルヌーイ（ジャック・ベルヌーイともいう）はヨハン・ベルヌーイ（ゼロ（0）の章に登場した）の兄で、1654年にスイスで生まれた。ヤコブは一家の中で最初に、父親の願いに逆らって哲学と神学に専念せず、数学を勉強する道に進んだ。弟もそうだが、ヤコ

対数（ロガリズム）

ロガリズムというと難解に聞こえるが、ごくシンプルなことを指しており、基本的な数学上の操作から生まれたものだ。同じ数を何度も繰り返し掛けるとき、$10 \times 10 \times 10 \times 10 \times 10$ のように書くこともできるが、10^5 と書くほうがずっとかんたんだ。

前出の章でみたとおり、このような指数はさまざまな種類の数を書き表わすのに使うことができる。

$10^5 = 10 \times 10 \times 10 \times 10 \times 10 = 100{,}000$

$10^{-5} = 1 / (10 \times 10 \times 10 \times 10 \times 10) = 0.00001$

$10^{1/5} = \sqrt[5]{10} = 1.58489\ldots$

最後の計算結果は、10 の 5 分の 1 乗なので、約 1.58489。この数を 5 回かけあわせると、10 になる。

では、新しいことを試してみよう。電卓があれば、1.584893192461114 と打ち込んで、log キーを押してみてほしい。答えは……0.2、または $1/5$ だ。0.00001 と打ち込んで log キーを押すと、答えは -5。100,000 と打ち込んで log キーを押すと、答えは 5 になる。

言い換えれば、log というのは単純に累乗演算子の逆元のことだ。

$\log 10^{1/5} = 1/5$

$\log 10^{-5} = -5$

$\log 10^5 = 5$

ごくかんたんなことではなかろうか？

10 以外の数を使うとしたら、log 演算子とともに底となる基数を指定する。

$\log_{10} 100{,}000 = 5$ なぜなら、前出のとおり $100{,}000 = 10 \times 10 \times 10 \times 10 \times 10 = 10^5$

$\log_3 81 = 4$ なぜなら $81 = 3 \times 3 \times 3 \times 3 = 3^4$

log 演算子の伝えるところは、基数を何乗すれば所定の数値を得られるかである。代数で言うと：$\log_a a^b = b$

対数は、指数の便利な性質ゆえに非常に役に立つ。

$10^3 \times 10^4 = 10^{3+4}$

計算してみると、本当に正しい。この場合だけでなく、どんな数でも成り立つ。普遍的な書き方をすると、こうだ。

$10^x \times 10^y = 10^{x+y}$

ネイピアが天才的だったのは、対数の逆算を利用して左辺のかけ算を右辺の足し算に変えることができると気づいたところだ。

$\log (x \times y) = \log x + \log y$

ゆえに、$x \times y$ がやっかいならば、それぞれの数の対数をとり（対数表から探し出す）、それを足して、答え（またはいちばん近い対数）を対数表から探し出して答えを出す。たとえば、つぎのようなかけ算をしたいとしよう。

2.34 × 3.45

対数表で 2.34 と 3.45 の対数を探すと——

0.3692 と 0.5378

そのふたつの数を足す（もとの数をかけあわせるよりはずっとかんたんだ）。

0.9070

対数表を見ると、近似の対数は 8.07 である。
ゆえに、適度に正確な計算結果は次のようになる。

2.34 × 3.45 = 8.07

まるで、掛け算ではなくて対数の足し算で答えを見つけたようではないか。まったく同じ要領で、割り算を引き算に、累乗根をかけ算に変えられる。

ネイピアの没後かなりしてから発見されたものだが、対数ではもうひとつおもしろい芸当ができる。前述のとおり、対数は累乗の逆元であり、さまざまな基数に応用できる。

$\log_a a^b = b$

では、基数に e を使うとどうなるのだろう？

$\log_e e^b = b$

あるいは、次のように略記することもよくある（やはり電卓のキーにもなっているはずだ）。

$\ln e^b = b$

さて、e という不思議な数を何度かけあわせればいいか計算することになる。計算結果は自然対数と呼ばれるが、そこからほかのどんな対数でも計算できることがわかったのだ。もっと正確には、次のようになる。

$\log_b a = \ln a / \ln b$

よって、自然対数表をひとつつくり、一方の数値をもう一方の数値で割るだけで、どんな対数表計算もできる。これもまた、計算をかんたんにするみごとなやり方である。そしてこれは、e の数ある不思議な性質の筆頭とも言えるのだ。

ブはたいへんすぐれた数学者だったのだ。また、非常に議論好きでもあった。

聖職につくのでなく数学を学び、かつ教えることに心を決めたヤコブは、先達のデカルトやライプニッツなど、偉大な数学者たちの研究に焦点を合わせた。弟のヨハンに数学を教え、ともにすばらしい研究をしていったが、やがて意見の衝突が重なって関係は決裂する。ある著作家はこう書いている。

「感受性、短気、互いに批評に熱心なこと、過度に承認を要求する気質がもとで、兄弟は離反していった。ヤコブのほうが、ゆっくりとながらより深く掘り下げる知性の持ち主だった」

ヤコブの重要な研究のひとつが、このeの発見だが、いわば偶然の所産と言えた。彼の関心はもっぱら、どの級数が収束するかということにあったからだ。それは、金銭の複利に関する考察に関係していた。17世紀にはすでに、貸付けへの金利という考え方が周知されており、これは数学が先駆的に活用された重要な例であった。

ヤコブは、金利はどうやって算定されるのだろうと考えた。利息を金額に算入する頻度が増えれば——たとえば、毎年よりも毎月にすれば——総額が速くふくれあがる。では、毎週計算すればどうなるのだろう？　毎日では？　毎秒ではどうだ？　1ポンドの金を年間実効金利100パーセントで預金した場合は、次のようになる。

1年ごとに複利計算すると、2ポンドになる
半年ごとに複利計算すると、2.25ポンドにな

上：最初にeを発見した数学者ヤコブ・ベルヌーイ。

る
四半期ごとに複利計算すると、2.44ポンドになる
毎月複利計算すると、2.61ポンドになる
毎週複利計算すると、2.69ポンドになる
毎日複利計算すると、2.71ポンドになる
さらに続けていくと、2.718ポンドになる。

この不思議な数は、なんだろう？　2.718…とは、どういう意味なのだろう？　ヤコブが複利問題を調べた軌跡をたどれば、「e」（後年、オイラー《Euler》という数学者のおかげで知られるようになったので）について詳しく理解できる（次ページのコラム参照）。

これは刺激的な問題だった。この不思議な

右：ユーロ通貨。ベルヌーイは金銭の複利という概念と、さまざまな複利計算の方法があることに興味をもった。

数は、黄金比やパイと同じような「普遍定数」なのだろうか？　累乗とたしかに関係がありそうだ。毎回、より大きいべきへと累乗される連続項で生み出されるのだ。つまり、第1項は1の累乗、第2項は2乗、第3項は3乗、などなどと。

ベルヌーイはすぐに、この新しい数が累乗に、ひいてはその逆である対数に関係をもつと見抜いた。また、自然界にまさにありふれた数であることも見てとった。eを利用して対数曲線を描くことができ、そのらせん形は貝殻や花弁、動物の角など、いたるところにあるように思えた。これは「等角らせん形」と呼ばれてはいたが、ベルヌーイは「対数らせん形」と称した。その理由は言うまでもない（次ページのコラム参照）。

ベルヌーイは対数らせん形にすっかり魅せられ、それには魔法のような特性があると

ベルヌーイの複利数列

複利の問題は、あまりたいしたことのない計算式に書き表わすことができる。次のような級数だが、ベルヌーイはもっと詳しく知りたいと思った。

$$\left(1+\frac{1}{1}\right)^1 \left(1+\frac{1}{2}\right)^2 \left(1+\frac{1}{3}\right)^3 \left(1+\frac{1}{4}\right)^4 \left(1+\frac{1}{5}\right)^5 \ldots$$

ごくシンプルに思える。しかしベルヌーイは、この数列が永遠に続いていくとどうなるかに興味があったのだ。巨大な数値になるのか、減少していって無になるのか、それとも？

計算していくと、いかにも何か別の結果になりそうだ。

1, 2.25, 2.37, 2.44, 2.488, 2.52...

この数列が100番目の項に達すると、その値は2.704になる。さらに数列の先を見ていくと、次第にeの真の値へと収束していく。数学的に書き表わすと、以下のようになる。

$$\lim_{n \to \infty} \left(1+\frac{1}{n}\right)^n = e$$

つまり、nの値が大きくなればなるほど、この方程式の解の値がeに近似していくということだ。

感じるほどだった。わずか51歳で世を去ったが、生前願っていたとおり、その墓石には対数らせん形が刻まれ、ラテン語の墓碑銘が添えられている。"Eadem Mutata Reaurgo"——「姿を変えてもきっともとのとおりよみがえる」。ただ、らせん形の彫り方が非常にぞんざいで、正しい対数らせん形になっていないのが残念なところだ。

微積分と流率

アイザック・ニュートンは、1643年、イングランドのリンカーンシャーに生まれた。ヤコブ・ベルヌーイが生まれる11年前のことだ。誕生の間際に父親が亡くなっていたので、子ども時代は楽ではなかった。学校では目立ったところのないニュートンだったが、機械学の天分に恵まれて、風車や水時計、凧などをつくり、おそらくある種の人力自動車の発明までしたようだ。しかし、義父や母と

極座標

前出のデカルトが生み出したデカルト座標系では、水平軸と垂直軸に沿って示される x 座標と y 座標が、直線や曲線をどこにひくべきかを教えてくれる。もうひとつ、極座標という、若干異なる働きをする座標系もある。x と y ではなく、角 θ および距離 r を用いるものだ。よって、極座標で直線や曲線を描くには、角度と移動距離をとる。コンパスを頼りに角度（方位）を見いだし、徒歩や船、飛行機でどのくらいの距離を進めばいいのかを定規で見積もる、航海術(ナヴィゲーション)で使われるのとまったく同じ原理だ。極座標に初めて真剣に取り組んだのはニュートンだが、彼についてはこのうしろの本文に詳しい。

対数らせんを描くいちばんの方法は、極座標を利用することだ。任意の角を θ とすれば、次の方程式によって中心からの距離 r を算定して、その曲線を描くことができる（b の数値が、らせんがどのくらい急なカーブを描いてどの方向に曲がるかを決める）。

$$r = ae^{b\theta}$$

e がこの方程式の真ん中にあることに、お気づきだろうか？ つまり、どの程度の長さの曲線が描きたいかがわかっていれば、方程式をがらりと書き換えることによって角度を計算することができるのだ（対数が累乗の逆関数であることを思い出してほしい）。

$$\theta = 1/b \log^e(r/a)$$

この方程式のために、ベルヌーイはその曲線を対数らせんと称したのだった。

はそりが合わず、家庭生活は楽しくなかった。また、彼はたいそうなかんしゃくもちでもあった。ニュートンが19歳のとき書いた文章に、かつての罪の告白がある。

「スミスの父と母を、家ごと火をつけて燃やしてやると脅した」

やがて、ケンブリッジのトリニティ・カレッジで学ぶことを許可された彼は、たちまち数学に強い関心を見せるようになり、ユークリッドやデカルトの研究を調べたり幾何学や光学にも手を伸ばしたりした。24歳でケンブリッジ大学から学士号を授与されたが、ロンドン大疫病（ペストの大流行）のためカレッジが閉鎖されるのにともない、2年間の休学を余儀なくされた。幸運にもニュートンはペスト感染をまぬがれて、1667年、トリニティ・カレッジに戻ったのだった。

復学するまでに、この若者には二つのできごとがあったようだ。ひとつは、ウールスソープで過ごした夏のあいだに、リンゴがニュートンのそばに落ちたことだと言われている。これが、彼の頭にあったケプラーの法則と結びついて、数年後に万有引力の法則にたどりついた。木から落下するリンゴの動きと同様、惑星の動きは引力によって引き起こされている。そう考えることによって、ケプラーの記した惑星の動きが、完全に説明された。ニュートンが他人から説得され、引力についての考えを発表する気になったのは、1685年のことだった。

23歳のニュートンの頭にすでにあったもうひとつのものを、彼は「流率（フラクション）」と呼んでいた。ニュートンが考えていたのは、時間の流れ（フラックス）における物体の動きについてである。さまざまな時点で物体がどこに位置するかがわかれば、どの時点での物体の速度も計算することができるはずだ、というのが彼の考えだった。したがって、ある物体が縦軸でx、横軸でyという位置にあり、xとyが変化するなら、xとyの変化が流率（その瞬間の変化の比率）になり、変化するxとyは変量（フルーエント）

上：アイザック・ニュートン。万有引力の法則を明らかにし、惑星の動きを説明した。

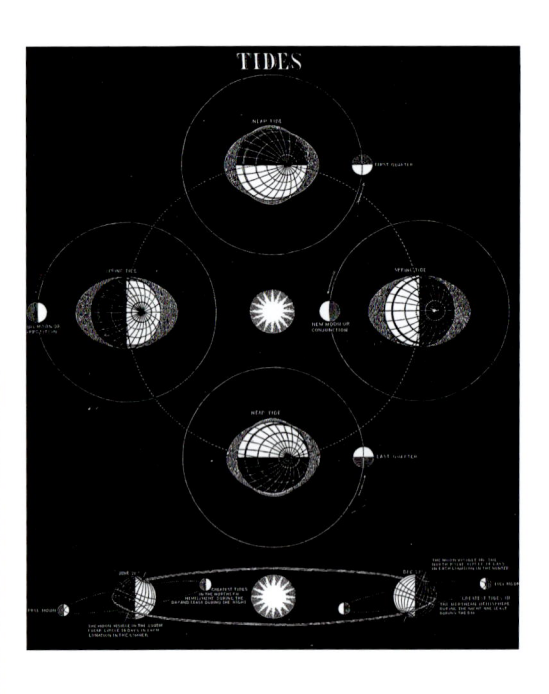

偉大なる発明

上：潮汐への引力の影響を
図解したもの。

ニュートンの万有引力の法則

　ニュートンの万有引力の法則が言わんとするのは、宇宙のあらゆる物体はほかの物体それぞれと、各自の質量に比例して引きつけ合っている、そして、引きつける力は２つの物体間の距離の２乗に比例して弱くなるということだ。

　２つの物体間の距離を r、物体の質量を m_1、m_2 とする。２つの物体を互いの方向へ近づけていく引力 F_g は、以下のようになる。

$$F_g = G \frac{m_1 m_2}{r^2}$$

　Gは重力定数だ。現在、0.000000000066742 と見積もられている。つまり、関係する質量が巨大なもの（惑星や恒星の質量のように）でないかぎり、引力というのは微弱なものなのだ。だからこそ、リンゴが地球に向かって落ちていくように見えても、地球がリンゴに向かって落ちるようには見えない。地球のほうが圧倒的に重く、リンゴの取るに足らない引力をはるかにしのぐからだ。ただし、月は十分に大きいので、地球に重大な影響を及ぼす。月のほうが小さいため地球を周回しているものの、月が地球を引っぱる力が地球の海に大きな隆起を引き起こし、それが潮の満ち干となるのである。

（変化の量、流量）となる。
　耳慣れない言い回しに思えるとしたら、これらの用語が広まらなかったからだ。彼の唱えた引力という考え方とは違って、「流率」という言葉は現代の科学用語、数学用語にはならなかった。ただし、位置に関する方程式を速度や加速度の方程式に変換するというニュートンの考え方は画期的だった。これがのちに、微積分として知られるようになったのだ（124ページのコラム参照）。
　ニュートンはこの微積分についての考えを何年も発表せずにいた。不運だったのは、当時ライプニッツが発表した研究が微積分に関するものだったことだ。これは彼が独自に創案した微積分だったのだが、ニュートンは激怒し、手紙のやりとりからアイデアを盗んだのだといってライプニッツを非難した。のちに、郵便の配達遅れが原因の誤解にすぎな

上：実験でスペクトルを説明するアイザック・ニュートン。

かったと証明されたものの、ニュートンは決してライプニッツへの攻撃をゆるめなかった。その結果の反目が、イギリスにおける数学研究を何十年にもわたってヨーロッパの研究から切り離してしまった。ニュートンには気の毒だが、ライプニッツの微積分のほうが先進的だったため（今も彼の表記法が使われている）、この不和がもとでヨーロッパに比べてイギリスの数学の進歩が遅れをとったのだ。若き日のチャールズ・バベッジが、2世紀近くもたってから、この確執についてこう書いている。

「この天才的人物にとって最も名誉となるべき発見が、それにもかかわらず、ほんの少しとはいえ不名誉なことを招いてしまったというのは、考えるだに遺憾なことだ」

ニュートンの気難しさは知る人ぞ知るものだった。助手で後継者であるウィストンが、こう評している。

「ニュートンは私が知っている中でいちばん恐ろしく、用心深く、疑い深い気質の人だった」

にもかかわらず、ニュートンは科学と数学に価値ある貢献をしたのだ。

自転車と微積分

微積分と聞くとつい不安になってしまうとしたら、カルキュラスとはラテン語で「小石」というほどの意味だということを思い出すといい。微積分とは本来、関数の派生物（導関数）と反派生物（不定積分）のすべてだ。導関数を見つけるには、微分（ディファレンシエーション）という独特の操作をする。そして、正反対のことをする（そして反導関数を見つける）には、積分を実行する。

複雑に思えるかもしれないが、実はごくかんたんなことだ。たとえば、急勾配の丘を歩いて登っているとしよう。法令測量地図で、その丘の形状がわかる。何百フィートもあろうかという大きな隆起を越えると、再び下りになる。次に、自転車があるとしよう。丘全体の形状はわかるとしても、本当に知っておかねばならないのは、実際に急勾配のところがあるかどうかである。どこかにあまりに急な坂があれば、自転車に乗れなくなってしまう。どうしたものか？ まずエンジニアなら、自転車を解体してそこから先は運んでいくところだろうが、ニュートンのような数学者なら、微分を使ってその丘の勾配を計算するのではなかろうか。丘を登るには一本道しかなくて、その道は次のような方程式で記述されるとしよう

$$y = 5x^3 - 7x^2 + 3x + 2$$

ここで、yは丘の高さ、xは地面に沿った水平距離だ。この方程式からわかるのは、任意の地点における丘の高さである（でこぼこだらけの丘なのだ）。次に、丘の勾配を求めるために、微分する。すると、次のような方程式に変換される。

$$y = 15x^2 - 14x + 3$$

この方程式から、任意の地点における丘の勾配がわかる。それをグラフにしてどこかに急勾配すぎるところがないか調べれば、自転車で行かないほうがいいとわかる。

微分ではほかにも、時間ごとの物体の位置が細かくわかれば速度（スピード）が、スピードがわかれば加速度が計算できる。

積分はそれとは逆の働きをする。丘の勾配がわかれば、丘の形状を割り出すことができる（言い換えれば、積分では曲線のもとにある面積を計算することができる）。あるいは、加速度がわかればスピードを算出することができる。

ある方程式や関数をどうやって正確に別のものに変換するかについては、やっかいな公式がたくさんある。これはたいていの場合は暗記するしかなく、そのせいで微積分嫌いになる人が多い。たとえば——

自然対数 $\ln x$ を微分すると $1/x$ となる

$1/x$ を積分すると自然対数 $\ln x + c$ となる

（定数 c が存在するようになるかどうかよくわからないのだが、万一に備えてそこに置こう。）

ただし、積分にも微分にも影響されない数学的表現が、ひとつある。それは——

e^x

累乗や対数にもさんざん用いられた、不思議な数 e は、微分しても積分しても変化しない。丘の形状が $y = e^x$ のようなものだったとすれば、勾配も同じく e^x。勾配と高さがぴったり同じになる。あるいはまた、車に乗っているとすれば、スピードが e^x、加速度も e^x となる。不思議なことだ。

引力や微積分についての研究のほかにも、ニュートンは光の特性やレンズを通した光のふるまいを正確に理解していた。だが、あまり知られざる一面としては、錬金術や神学に執着していた。研究室では、数学に取り組むよりも多くの時間を実験に費やしたし、錬金術や神学についての著述のほうがずっと多いのだ。ただ、1727年の彼の死後、そうしたテーマで書かれたものを入手した王立協会は、「出版するにはふさわしくない」研究であると判断したのだった。自分で判断したいと思われる読者のために、ニュートンの錬金術の原稿を抜粋しておこう。

この地球のスピリットとは何か。——それをもってポンタナスがみずからの排泄物を蒸解するという、火である。太陽と月が湯浴みするという、幼子の血である。太陽と月の精気を楽しむ手段だとリプリーが言う、不浄の緑の獅子紋(ライオン)である。メーディアが2匹の蛇に注いだという、肉汁である。そして、投じて煮詰めれば卑俗な太陽と7羽の鷲の銅(ヴィーナス)になるはずだとフィラレセスが言う、水銀(マーキュリー)である……

晩年のニュートンは学問の世界をしりぞき、造幣局長官という政府の役職について、イングランドの貨幣鋳造に責任を負った。この仕事で彼は大いに裕福になり、数学と化学の技能を偽造防止に役立てた。亡くなるまでの31年間をその仕事に捧げ、祖国に仕えた者としてナイト爵に叙せられた。埋葬されたのはウェストミンスター大修道院。一説によると、死後、彼の身体から高濃度の水銀が見つかったという——たびたび錬金術の実験をしていたせいだろう。

右：クレイン・コートでの王立協会の会合。議長を務めるのがアイザック・ニュートン。版画、制作年不詳。

「おやおや、なんと【ハロー、ハロー、ハロー】！　三匹の子ブタならぬ、目の見えない三匹のネズミ君たち。何をしてるんだい？　三目並べかな？　きみたち齧歯類に、"釣り針も糸も重りも"やられた【まんまと一杯食わされた】って人がいるらしいね。きみたちには"真実を、すべての真実を、真実のみを"【宣誓の文句】話してほしいものだ」

いつの世もある三角関係(エターナル)

〈3〉の章

"赤、黄、青"の信号はないけれど、僕は"位置について、用意、ドン"と号令をかけてあげよう。三つどもえ戦の準備はできたかな？　できてるか。じゃあ、きみたちに万歳三唱！　きみたちは"過去、現在、未来"のどこかで、三角関係でもめたことはないかい？　ないって？　てことは、僕は誰も彼もを【トム、ディック、アンド・ハリーを】誤解してるのかな。こんなことじゃあ、三顧の礼でも来てくれないか。ほう、きみたちはスリー・リング・サーカス【三つのリングでショーをするサーカス】から来た、三強の曲芸ネズミだったのか。三位一体、絶妙のトリオってわけだ。

　三回転後方宙返りができるって！　まったく、見事なわざ【スリー・ポイント・ランディング】だな！　三つ星クラスじゃないか。でもきみたちだって、忘れずに"読み書きそろばん"をやって、教科書の"ABC"を勉強し、毎日ちゃんと三度のごはんを食べるんだよ。三日坊主にならないように。スリー・ドッグ・ナイト【凍てつく夜】もなんのその、早起きは三文の得ってね。そうすれば、いつかきみたちの三つの願いもかなえられるだろう。運命の三女神だって微笑んでくれる。

　以上、およそ筋のないようなおかしな話を作ってみたが、これを見ると、日常生活やスピーチ、さまざまな言い回しの中に3という数、あるいは三つひと組の言葉が頻繁に登場してくることがわかると思う。このお話の中に、三つひと組とか、3という数に関係ある言葉が何度出てきたかを、数えてみるといい（答えは本ページ下）。

　3という数は、多くの宗教の中核をなしている。父と子と聖霊の"三位一体"や、モルモン教の"3人のネフィ人"がいい例だ。古代のバビロニア人やケルト人がこの数を創造と結びつけていたのは、二つのものが結びついたあとに、新たに別のものとして三番目のものが生まれるからだ。このような理由で、3は私たちの言語に大きな影響を与えるようになった。永遠を表わすeternity（エターニティ）という言葉の語源であるternity（トリニティ）は、三位一体を表わすtrinityの古い形だ。"ter"や"tri"、"tre"はすべて3に由来し、terrific（ものすごい）やtriumphant（勝ち誇った）、tremendous（おびただしい）のような言葉の一部となって、最高であることを意味している。3という数は、良いものからさらに良いもの、そして最も良いものへと、私たちを導く助けとなる。それに、ごく普通の話し言葉でも、3のリズムの繰り返しには引きつけられることがわかっている。「トムとディックとハリー」、「血と汗と涙」、「私、私の、私のもの」などだ。私たちの言語は3に満たされている。

　当然ながら、音楽でも数多くの三連音符の繰り返しが使われる。「イェイ、イェイ、イェイ」のようなすぐにわかる繰り返しだけでなく、古くから愛されている歌やリズムの多くが3の力を借りているのだ。3に関係する言葉を実に数多く知っていることに、自分でも驚くのではないだろうか（それに、どれも連続して3回使っていることに気づいていたろうか？）

「ロンドン橋が、落ちる、落ちる、落ちる…

答えは27。この27は30の3乗、つまり3×3×3から成る。また、この二つの数字、27と30を足すと9、つまり3×3になる。

いつの世もある三角関係

上：パリのルーブル美術館にあるピラミッドは、三角形のガラス板が集まってできている。

…」

「クワの茂みをまわる、まわる、まわる」

「マフィンマン、マフィンマン、マフィンマンを知ってるかい？」

「ポリーがヤカンをかける、かける、かける」

「ボート、ボート、ボートを漕ぐぞ」

　迷信には３にまつわるものが多い。不運が３回続いても、３度目の正直で幸運が訪れることもある。３本足の犬を見ると運が良いが、フクロウが３度鳴くと運が悪い。唾を３回吐けば、悪魔を追い払える。

　３は非常に重要であるから、法廷では"真実"を３回繰り返して、「真実を、すべての真実を、真実のみを語る」と宣誓する。レースを始める号令は「位置について、用意、ドン！」だし、勝者を「万歳三唱」で祝う。伝統的に日に３度食事して、使うのはナイフとフォーク、スプーンの三つでひと組だ。もし３が重要だと信じられないなら、そうではない正当な理由を三つ考えてみてほしい。

輪ゴムを置く

　３を完璧に体現している形は、三角形だ。

この図形には、三つの辺と三つの角（あるいは頂点）がある。三角形がもつ数多くの重要な特性については、次のπの章でもっと詳しく説明しよう。コンピュータ・グラフィックで使われているひとつの特性は、互いにぴたりとくっつくことだ。調理前の堅いスパゲッティの束を平らな面にほうると、その面はスパゲッティが作る三角形でおおわれる。3本以上の直線が交差すると、常に三角形が形成される（ユークリッド幾何学では）。そこで、その面をカーブさせ（平らでなくして）、三角形をどんどん小さくしていくと、その面は三角形でできているようになる。すべてのコンピュータ映像が、ほぼこの方法で描かれている。どんな形も、注意深く一緒に配置された何百万もの小さな三角形の集まりにして、それから光や色、写真などを上にかぶせて、現実の映像に近づけるのだ。

図形をどう配置するかは、科学や技術の数多くの分野で非常に重要だとわかっている。角度や次元ばかりを気にするのではなく、図形が互いにどう関わっているかを知るほうが重要なこともある。

数学のどの部門にも特別な名前がついているが、やはりここで説明したことにも名前がある。2進数をとても愛していたライプニッツが使っていたのは、「アナリサス・シトゥース」とという言葉だったが、これは「位置の解析」という意味だ。「ジオメトリア・シトゥース」、つまり「位置配置」とも呼ばれている。現代ではトポロジー（位相幾何学）と言っているが、この言葉は位置を意味するギリシャ語のトポスと、研究を意味するロゴスからできている。

トポロジーで考えるのは、スパゲッティではなく伸縮するバンドだ。まず、たくさんの画鋲が板に刺してあるとしよう。それから、画鋲のまわりに輪ゴムをはめる。画鋲を動かすと輪ゴムの形を変えられる。トポロジーは、どうやったらこのような形を作ったり、変化させたり、比較できるかという研究だ。実際に私たちは、ゴムでできたシート（たとえばゴム風船）をたくさんの画鋲の上に伸ばせば、ただの輪郭ではなくトランポリンのような形ができると考える。つまり、トポロジーでは円と四角に大きな違いはない——ひとつの形を引き延ばすと簡単にほかの形になるからだ。しかし、円と8の字形は大きく違う。その理由は、8の字形を作るためには、シートに二つの穴を開けなければならないからだ。

というわけで、この数学分野については次のようなジョークがある。

Q：ドーナツから飲んで、コーヒーカップを食べる人をどう呼ぶ？

A：トポロジスト

（いや、別におもしろいジョークだと言ったおぼえはない）。トポロジーでは、ドーナツの形（あるいは「位相空間」）はコーヒーカップと同じなのだ。頭の中で想像してみよう。ドーナツを縦に置いて、その上側の側面に親指でカップのようなくぼみを作る。それから、残りの

右：数学者のレオンハルト・オイラーは、盲目になったあとでもさまざまな研究を続けた。

リングの部分の半分を取っ手として残して、あとを押しつぶしていってカップの形にすればいいのだ。このように、引き延ばすことでひとつの形を別の形に変えることができれば——と言っても切り取ったり穴を埋めたりせずにだが——この二つの図形は位相幾何学的に同等と言える（あるいは位相同型）。図形は面が連結されて辺と頂点を形成するものだということを思い出せば、納得しやすいだろう。ひとつの図形を引き延ばすと、特性を変えることはできるが、特性の数は変えられない。だが、ある図形の中に穴を作れば、さらに多くの辺または頂点を加えることができるのだ（以前とはまったく異なるものに変えることもできる）。画鋲3本のまわりに輪ゴムを伸ばすと、簡単に三角形がつくれる。この三角形に穴をひとつ開けたいと思うなら、輪ゴムと画鋲がもう1セット必要だ。

橋を渡る

レオンハルト・オイラーの父親は、パウル・オイラーといった（父親はヤコブ・ベルヌーイから数学を学び、ヤコブの弟ヨハンとともに大学で学んでいたときにヤコブの家に滞在したこともある）。レオンハルトは1707年に

スイスのバーゼルで生まれた。彼が通ったのはあまりいい学校ではなかったが、父親が数学を教えると、すぐ数学に秀でるようになった。まもなく、彼はヨハン・ベルヌーイを説き伏せて、数学を教えてもらえることになった。16歳になるころには、デカルトとニュートンの考え方を比較して哲学修士号を修得している。20歳になるまでに大学での数学研究を終了し、自分の研究を述べた論文を２本出版した。

　ここから、歴史上最も多作で並はずれた数学者のキャリアが始まる。オイラーはサンクトペテルブルグ科学アカデミー（現ロシア科学アカデミー）で教職につき、26歳でダニエル・ベルヌーイの後任として数学の上席学科長に就任した。整数論（ｅやπなどの多くの数学定数を命名し、徹底的に研究した）と微積分（ニュートンとライプニッツの研究を結びつけ、私たちが現在知っている形にした）において、画期的な進展をなしとげた。また、地図製作法や科学教育、磁気学、消防車や機械や船舶の製作など、実際的な問題にも貢献している。

　そのあいだオイラーは、トポロジーという分野を生み出すきっかけになる問題を研究していた。プロイセンのケーニヒスベルク（現在はロシアのカリーニングラード）には、大きな川が流れている。そのプレーゲル川は都市を四つの区画に分断しており、それぞれの区画は川で隔てられているため、各地域を結ぼうと、川の上に７本の橋が建設された。

　オイラーは、その都市を歩き回っていると

下：オイラーの「ケーニヒスベルクの七つの橋問題」の証明の場所である、プロイセンのケーニヒスベルク（現カリーニングラード、ロシア）を描いた地図。

上：エジプトのピラミッド。頂点と辺、面のあいだに単純な関係があることが、オイラーによって発見された。

ころを想像しながら自問自答した。それぞれの橋を一度しか渡らずに出発点に戻ってくることは可能だろうか？ そして1736年、彼はそれは不可能だと証明した（次ページのコラム参照）。

またオイラーは、平らな複数の面を持つ立体（多面体）の頂点と辺、面のあいだに単純な関係があることに初めて気づいた人物でもある。何千年ものあいだ、何百人もの数学者がこの図形を研究していたのに、頂点（v）の数と面（f）の数を足し、そこから辺（e）の数を引くと、答えは常に2になるということに気づいたのは、オイラーが初めてだった。式にすると、こうだ。

$$v + f - e = 2$$

彼が正しかったことを証明するには、エジプトのピラミッドを考えてみればいい。ピラミッドには五つの頂点と五つの面（四つの三角形と底辺である正方形ひとつ）、それに八つの辺がある。

$$5 + 5 - 8 = 2$$

オイラー以前の（ピタゴラスやデカルトのような）数学者たちは、図形における次元と角度の研究に全力を傾けていた。オイラーは、ある特性と特性との関係のほうが次元よりも重要なはずだと見抜いたため、きわめて独創的な方法で考えることができたのだった。

家庭的な男だったオイラーは26歳で結婚し、13人の子供をもうけたが、そのうち成人を迎えたのはわずか5人だった。自分の最高の仕事のいくつかは、腕に赤ん坊を抱き、ま

ケーニヒスベルクの証明

オイラーは、簡略化した地図を描くことで「ケーニヒスベルクの七つの橋問題」の証明を行なった。4区画の陸地と7つの橋という複雑な地図でなく、四つの点とそれぞれの点のつながりを描いたのだ。

オイラーは複雑な形を複数のノード（結節点）と接続へと変換した——今わたしたちがグラフと呼ぶようなものだ。このように変換できたのは、次元や距離ではなく位相的(トポロジカル)な性質こそが重要だと理解していたからだった。

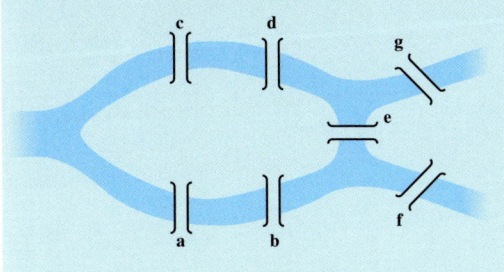

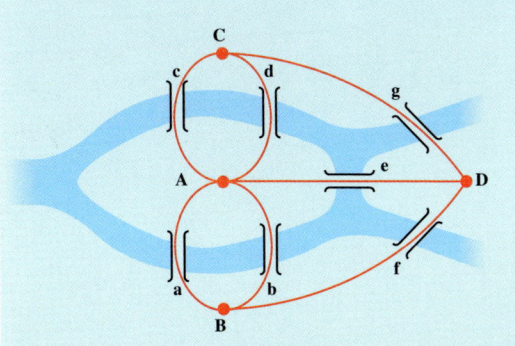

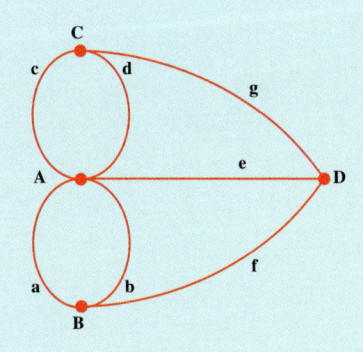

土地を小さな点（ノード）にまで縮小し、橋を線（接続）にまで引き延ばすと、位相的性質は変えないままで、より理解しやすい地図ができる。

この問題を見てみると、それぞれの土地つまりノードには、ほかのノードに対して三つの接続があり、ひとつの結節点には五つの接続があることが図示されている。オイラーが証明したのは、どのようなグラフであっても、もし奇数の接続を持つひとつのノードがあれば、それぞれのノードを一度しか通らずにグラフを通ることは不可能だということだ。直感的に、きわめて理解しやすい。

もし区画につながる橋が3本あれば、ある地点でその区画から出られなくなる。あるいは、どこかほかの場所で、戻ることができなくなる。その区画に行って戻るには、偶数の接続が必要なのだ。

このようにしてグラフをうまく横断することは、オイラー・ツアー、あるいはオイラー・サーキットとして知られるようになった。わたしたちが今でもグラフとトポロジーについて考えたり、ネットワーク・トポロジーについて膨大な研究を行なっているのは、インターネットなどの技術が依存しているのが、複数のノード（コンピュータ）のあいだの合理的な接続だからだ。オイラーと彼の橋の研究がなかったら、インターネットは存在していなかったかもしれない。

わりで子どもたちが遊んでいる中でなされたのだと語っている。彼はさまざまな病気を抱え、おそらく白内障のせいで両目の視力が失われ始めた。ベルリンへと移り、新しくできたベルリン・アカデミーで数学部長になった1741年までには、右目の視力がほぼ失なわれていたが、それでもアカデミーでの仕事は驚異的なものだった。天文台や植物園を監督し、人員を選び、財務やカレンダーや地図の出版を管理した。政府に対しては、宝くじや保険、年金、大砲についての助言を行ない、王宮のポンプやパイプの機能を監督した。このすべてをこなしながら、いったいどうやったのか、380もの論文と数冊の著作を残しているのだ。微積分や惑星軌道、大砲と弾道学、造船と航海術、月の運動についての新しい考え方を生み出したうえ、大衆向けの科学書（この本のようなもの）まで書いている。彼の3冊の本は『ドイツ王女への手紙』と呼ばれ、フリードリヒ大王の姪であるアンハルト＝デッサウ公の王女宛の、数百通の手紙から構成されている。数学と哲学の基本原則について、王女の教育を手助けしていたのだ。

　ベルリンで25年を過ごしたあと、オイラーは59歳でサンクトペテルブルグへと戻った。戻ってからすぐにまた病気になり、今度は視力を完全に失ってしまった。しかしオイラーは、息子を含む数人の数学者の助けをえながら数学研究を続けた。驚くべきことに、完全に盲目だったのにすばらしい記憶力のおかげで、この時期に全業績（何百にも及ぶ論文）のほぼ半分をなしとげているのだ。オイラーは、この本で取り上げたほぼすべての数学分野に貢献して（そして発見の手助けをして）いる。向上させた分野は、幾何学や解析幾何学、三角法（次の章でもっと詳しく説明する）、整

上：1860〜65年に撮られたアウグスト・メビウスの写真。

数論、微積分学、力学、音響学、弾性、解析力学、月運動論、光の波動説、水力学、音楽など、数え切れないほどだ。現代の数学的表記の多くは、オイラーが考案したものと言える。現代のどの教科書でも、教室でも研究室でも使っている数学の言語は、オイラーの力でつくられたのだ。

紙のワームホール

　オイラーが死んでから7年後、アウグス

ト・メビウスがザクセン（現在のドイツ）のシュルプフォルタで生まれた。メビウスは13歳になるまで家庭で教育を受け、そのころから数学に興味を示すようになった。やがてライプツィヒ大学へと進み、天文学と数学を学んだ（家族は法律を勉強してほしいと願っていたのだが）。25歳になるころに天文学で博士号を取り、激しく嫌悪していたプロイセン軍への徴兵を、すんでのところで逃れている。

「それ（徴兵）は今まで聞いたことがないほどの恐ろしい考えである。このようなことをあえて、あつかましくも私に押しつけるような人間は、私の剣から逃れることができないだろう」

メビウスはライプツィヒ大学で講義を始め、数学者としてゆっくり確実に進歩していった。彼はトポロジーの研究で最も有名だが、中でも彼の名前がついている「メビウスの輪」（次ページのコラム参照）で有名だ。これは一瞬見ただけでは単純な形に見えるが、実は、メビウスがこの形を発見したわけではない。初めて思いつき、この形について論文を発表したのは、リスティングという数学者だった。事実はそうだとしても、メビウスがこの分野でなしとげた業績のために、彼の名がつけられたというわけだ（リスティングにとってはちょっと不公正だが）。

メビウスの輪の奇妙な特性を、一部の研究者は宇宙のワームホールになぞらえた。ワームホールとは、宇宙のある領域がほかの領域とつながっているのではないかという理論的概念で——おそらくはある種のブラックホールに起因している——ワームホールを通って旅をすれば、たちまちのうちに宇宙の別の場所へと移動できる。この概念を実際に示すためにメビウスの輪が使えるのだ。奇妙なことに、この輪には、面がただひとつしかない（表裏がない）。では、これに穴あけ器で穴を開けると、何をしたことになるだろうか？ ひとつの面しかないのだから、ある面からもうひとつの面への穴を開けたことにはならないのだ！ 私たちがしたことといえば、この図形のある領域から別の領域へとつながる穴を作ったこと——つまり、ワームホールのようなものを作ったことになるのだ。

トポロジーは、実は私たちの生活に大きな

下：メビウスの輪の特性は、このような宇宙のワームホールになぞらえられてきた。

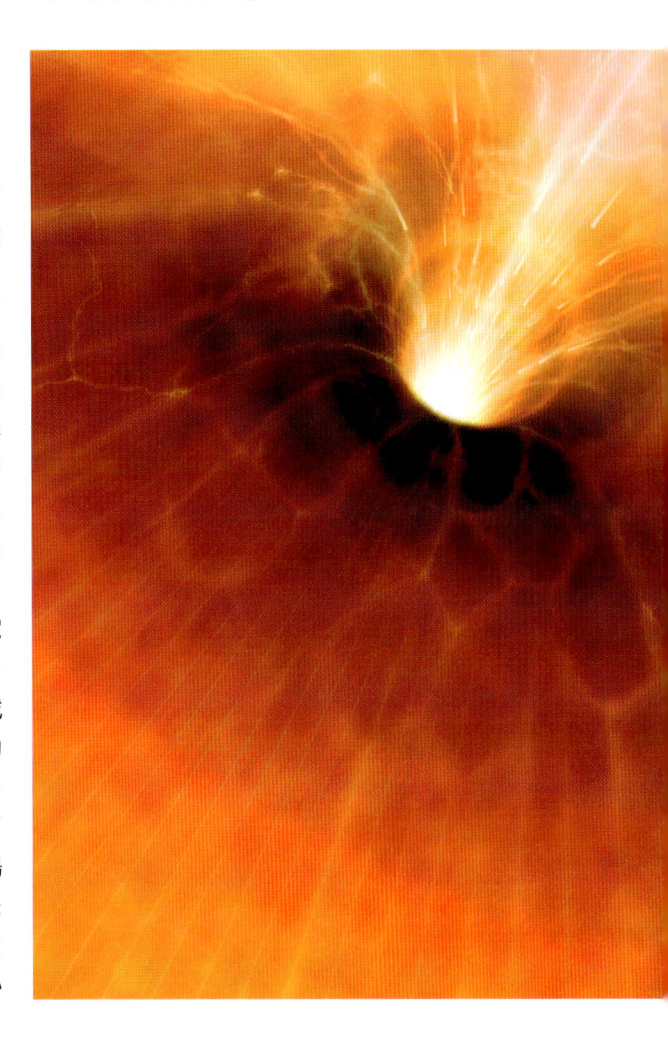

メビウスの輪

　メビウスの輪をつくるのはとても簡単だ。1枚の紙を長い帯状に切り取り、両端を持って一方の端を180度ねじってから、両端を接着する。これでメビウスの輪のできあがりだ。

　メビウスがこの奇妙な形に興味をかきたてられたのは、非常に珍しい位相的な特性を持っているからだった。例をあげると、この図形には、ひとつの面とひとつの辺しかない。信じられないなら、自分でメビウスの輪を作ってみて、面を指でなぞってみるといい。指は内側と外側の両面をなぞってから、出発点に戻ってくることがわかるだろう。辺をなぞってみても、同じようになる。

　このメビウスの輪の不思議さを実感するには、帯の面にはさみを入れて縦方向に切り、2本の輪を作ってみるといい。はさみを使って注意深く穴を開け、それから辺と並行に輪の中央を切っていくと、初めにはさみを入れた場所に戻ってくる。この結果は、無名の詩人による下の五行戯詩に要約されている。

　　数学者が打ち明ける

　　メビウスの輪は片側だけ

　　みんなが大笑い

　　半分に切って

　　広げてみると一本のまま

　頭が痛くなったら、別のことを試してみよう。新しいメビウスの輪をつくって、今度は三つに切ってみる。前と同じように注意深く穴を開けて、辺と並行に3分の1くらいのところを切っていく。するとすぐに、三つに切ろうとしても、切り目はひとつしかできないことに気づくだろう。そうなると思っていただろうか？

しまうのだ。

地図の塗りわけ

1852年10月23日のこと、ユニヴァーシティ・カレッジ・ロンドン（ロンドン大学を構成するカレッジ連合のひとつ）の数学科学生だったフレデリック・ガスリーが、教授のオーガスタス・ド・モルガンに、ある質問をした。ド・モルガンはこの新しい大学の最初の数学教授で、（〈2〉の章で見たように）論理学の研究で名高かった。しかし、すぐれた才能の持ち主だったド・モルガンも、質問の答えがわからなかった。その同じ日、モルガンはダブリ

影響を与える幅広い分野で、現在では多くの証明がなされている。下位分野としては、組合せトポロジーや幾何学的トポロジー、低次元トポロジー、点集合論的トポロジー、それに（信じられないかもしれないが）点を考えないポイントレス（ポイントフリー）・トポロジーなど、さまざまなものがある。トポロジーは、結び目や天候にいたるすべてを理解する助けになる。天候については、「毛だらけのボールの定理」という愛嬌のある名前で知られている例がある。これは、表面全体に毛の生えたボールを、表面のどの部分でも同じ方向に流れるようにとかすことは不可能だというものだ。ボールのある部分では（真ん中をとかしているときには頂と底）、すべての毛をほぼ同じ方向にまっすぐとかせないことは、直感的に理解できるだろう。トポロジーを使うと、これを証明できる。だが、おそらくもっと興味深いのは、同じことが風にもあてはまるという事実だろう。地球のまわりを流れる風（地球の自転と、太陽で陸地と海が温度上昇することによって流れる風）を想像してみると、同じ理論に基づいて、地球全体でほぼ同じ方向の安定した風を得るのは不可能だということが理解できる。さまざまな方向から風が集まる地域が常にあり、低気圧や高気圧を引き起こしている。つまり、陸地と海という複雑な条件がなくても、地球のトポロジーのために、天候はどうしても変化して

右：ある天体のまわりに、湾曲したグリッド線あるいはトポロジーの別の例である歪んだ時空を表現した、コンピュータ作品。ワームホールはメビウスの輪と類似のものだと考えられている。つまり、時空の中をくぐり抜けることができるのだ。

単な問題だと言い返されたら、私が愚かな動物だということが証明される。スフィンクスのように身投げでもしなければ……」

(ド・モルガンが持ち出したスフィンクスは神話に登場する生き物で、オイディプスに出した謎かけを解かれてしまったために身を投げて死んでしまう。その謎かけは、４色問題よりずいぶんやさしい。朝には４本足、昼には２本足、夕には３本足で歩く動物は何か、というものだ。答えは人間だった。１日を人生に対応させると、それぞれ赤ん坊、大人、杖を持つ老人に対応するのだ。)

しかしハミルトンも答えを知らず、３日後に返事をよこした。

「あなたの言う色の四元数の問題は、すぐには解決できそうにない」

この位相幾何学的な問題は「地図の色わけ問題」として知られるようになり、学生のフレデリック・ガスリーが行なった質問(最初に考えついたのは兄の法科学生、フランシス・ガスリーだ)は、「４色問題」と呼ばれた。この問題の最も一般的な例は、世界地図だ。異なるすべての国々を描く地図は、すぐにわかるように個々の国々が区別できるように色を塗らなければならない。わかりきったルールだが、隣り合っている国は同じ色ではだめだ。フランシス・ガスリーの質問はこうだった。どのような地図でも、４色以上は必要でないと証明できるでしょうか？

数学者たちは地図制作者を助けたいと思っていたわけではないが、この問題は魅力的だった。ド・モルガンが４年間にわたり、同僚の数学者たちにこの解答を証明できるかと問い続けたが、ついにケンプという数学者が証明を発表した。彼は非常に有名になり、王

上：地図の色わけ問題を最初に研究した、数学教授オーガスタス・ド・モルガン。

ンにいる数学者のハミルトンに手紙を書いた。

「学生のひとりが今日、私が知らなかった——今でも知らないが——ある事実の理由を質問してきた。その学生によると、ある図形を分割し、分割した部分に色を塗って、共通の境界線を持つ部分が互いに異なる色になるようにすると——４色は必要だろうが、それ以上の色はいらないという。……もしきみから簡

立協会のフェローに選出され、ナイトに叙せられた。しかし、ケンプはかなり恥じ入ったと思うが、やがてほかの数学者によって、彼の証明が誤っていたことが発見されたのだった。60年もの年月を同じ問題の研究に費やしたヒーウッドが、ケンプが間違っていることと、どの地図にも5色もしくはさらに多くの色が必要なことを、証明したのだ。

それでも、数学者たちは心から満足したわけではなかった。5色あれば確かにどんな地図にも色をつけられるが、4色ではだめなのだろうか？ さらには、3色では？ その証明は、スーパー・コンピュータがつくられるまで、それからさらに80年待たなければならなかった。

地図の塗り分け

もし気が向けば（数学者はよくその気になる）、あなただって地図の塗り分けに関する多くの定理を証明できる。それぞれ平行な複数の交差線からなる地図には、2色しか必要ないことが直感的にわかるだろう——チェス盤を見ればいい。正しい種類の位相学的特性を持つ地図の中には、3色しか必要でないものもある。しかし簡単な例で見ればわかるように、すべての地図が3色で足りるわけではない。ここに、ひと目でわかる例をあげよう。

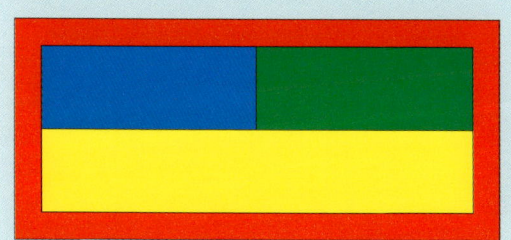

この絵は、3色だけで塗り分けはできないだろう。

4色問題の証明には、オイラーが地図をグラフとして書き直したときと似た手法が使われた。接続している2つのノードは、同じ色であってはいけない。

それからスーパー・コンピューターを使って、多くの、ものすごく多くのグラフを計算し、すべてに対して4色で十分だと確認した。数学者たちは、そのほかのすべてのグラフでも、これらのグラフと同じことになると判断していた。最終的にコンピュータ処理で行なわれた証明は膨大で、エラーの確認に何年もかかった。しかしわかっている限りでは、やはり正しかったのだ。フランシス・ガスリーは正しかった。3は不思議で特別な数だが、地図を塗り分けるには十分ではないのだった。

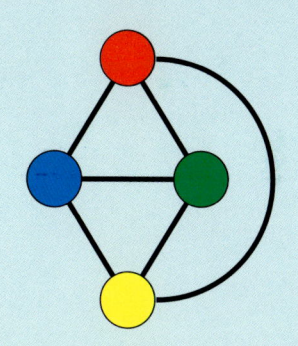

パイをひと切れ

パイ（π）の章

　図形の中には、ほかのものより重要と言えるものもある。この世界で私たちを取り巻いているのは長方形と立方体だと思うかもしれないが、田舎を散歩してみると、少し様子の違うことがわかるだろう。空には丸い太陽があり、円形の幹をもつ木々があり、花々には先端の丸い花弁がある。サクランボやオレンジのような果物は球体で、水でなめらかに洗われた小石は丸くなっている。その小石を湖に落としてみれば、円形のさざ波が広がっていくのが見えるだろう。したたる水のしずくを見て、完璧な球であることを観察してほしい。シャボン玉を吹いて、漂う不安定な球体を見るのもいい。くるりと円を描くように振り向いて、まわりをじっと見まわしてみれば、自分もやはり丸い目でものを見ていることに気づくだろう。自然界では、あらゆるところに円や球が存在する。しかし、そうした円の「丸み」に関係する数は、ひとつしかない。それがパイ（π）である。

パイ（π）とは円周率、つまり比率を表わすものだ。円の一方の側からまっすぐ反対の側までの長さ（直径）は、周囲の長さ（円周）とどういう関係にあるのか。その問いへの答えがパイである。直径と円周のあいだに関係があることは、何千年も前から知られていた。難しかったのは、この二つがどういう関係にあるかを解明することだった。直径を何倍すれば円周になるのだろうか。もちろん、簡単な解決策としては、円を描いて円周と直径の長さを測り、円周を直径で割ってみることだ（円周を測るには、たとえば筒の周囲に紐を回してそれを伸ばすという方法もある）。実際にやってみると、答えは３より少しだけ大きくなることがわかるだろう。つまり、円周を計算するには、直径にその３より少し大きい数を掛ければいいわけだ。だが、その「少し大きい」とは、どのくらいなのだろうか？　その数は正確にはいくつなのだろうか？

　一部の人たちは今でも、パイは 22/7 だと信じている。しかし、この分数は有理数であり（10 進法の形式にしてみると、すぐに数が繰り返されるパターンが現れる）、パイは無理数だ。その値は 22/7 と似てはいるが、無理数を完全に表わせる分数はないし、10 進法の形式にすると、同じパターンにならない数字が永遠に続く。つまり、$\sqrt{2}$ や φ、e のように、パイは完全に知ることができない自然定数なのだ。しかしそれでも、多くの人が研究を続けてきた。

円をつくる

　皮肉なことに、パイの最初の研究が行なわれたのは、ゼロの発明より前のことだった。すでにこれまでの章で、最初の探求者であり、最も印象的なパイの探求者のひとりだった人物に出会っている。アルキメデスだ。……ピタゴラスより 300 年あと、そしてユークリッドが死ぬ少し前にシチリアで生まれたことを覚えているだろうか。アルキメデスは梃子や滑車、船を破砕する装置、渦巻水車などを発明しつつ、ほとんどの時間を円や球について考えて過ごしていた。『球と円柱について』、『らせん形、円錐曲線体、そして楕円体について』、『円の測定』という題で数冊の本（当時なら巻物かもしれない）を書いている。

　伝わっている話によると、彼は球状のものを扱う才能を駆使して二つの球を作ったが、その球はのちに侵略してきたローマ軍のマルケルス将軍に取り上げられたという。その球のひとつは天球儀で、表面に星々と星座を描いたり、彫り込んだりしてあった。もう

ひとつは実用的なプラネタリウムで、地球から見た太陽や月、惑星の円運動を示していた。ローマ人は感心したと言われているが、それはかなり控え目な言い方だろう。キケロというローマ人の言葉によれば、アルキメデスは「ひとりの人間が持ちうると想像するよりも、より偉大で天才的な才能を天から授かり」、このような前代未聞の装置を作ることができたのだった。

円を捕らえてパイの概算値を求める

アルキメデスは多角形（まっすぐな辺で囲まれた図形）を使って、円周に近似する値を求めようとした。円の外側に多角形をひとつ、円の内側にもうひとつの多角形を描き、それぞれについて、多角形の周の長さと円の直径との比率を計算した。外側の多角形が円よりも大きく、内側の多角形は円よりも小さいため、パイ（円周率）の値がその二つの比のあいだにあることを、アルキメデスは見出していた。

わかりやすくするために、アルキメデスが正方形を使ったと考えてみよう。大きなほうの正方形の辺の長さがDなら、その周の長さは4Dになるはずだ。円の直径は、（円の）端から端までの長さなので、明らかにDである。したがって、最初の比は4D / D、つまり4となる。

小さなほうの正方形は一辺が$D/\sqrt{2}$だから、周の長さは$4D/\sqrt{2}$だと計算できる。円の直径はこの正方形の対角線と同じで、やはりDである。したがって、二つ目の比は

$4D/\sqrt{2} / D = 4/\sqrt{2} = 2.828427\ldots$ となる。

これで、パイ（円周率）は4より小さく、2.828427……より大きいとわかった。

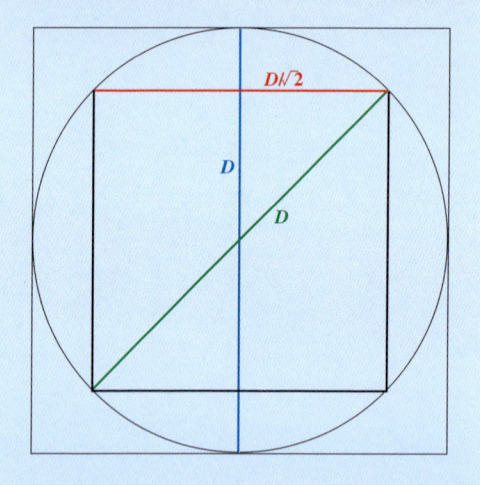

あとは、より多くの辺を持つ多角形を使い、同じ考え方を繰り返すだけで、より正確に円の形に近づけることができる。アルキメデスは96角形を使って、パイ（円周率）は$3\,^{10}/_{70}$と$3\,^{10}/_{71}$の間だと示した。これをさらに簡単な形で書くと、$^{22}/_{7}$と$^{223}/_{71}$の間ということになる。

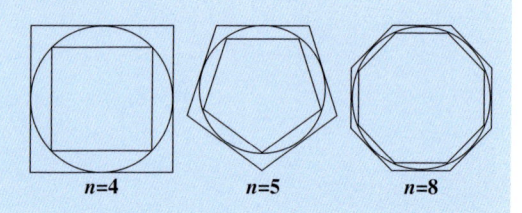

n=4　　n=5　　n=8

パイが無理数だということ、そしてその値は 22/7 ではないということに初めて気づいたのは、アルキメデスだった。彼は自分ではパイの正確な値を見つけ出せないだろうとわかっていたため、おおよその値を求めるために、前ページのコラムのような方法を考えた。

アルキメデスが考えたのは、多角形を使って円を「捕まえ」、パイの値を見つけ出すことだった。彼の手法は非常に正確だったため、500 年ものあいだ誰もこれ以上正確な値を求めることができなかった。これは、アルキメデスが 10 進法での展開を求めたわけではなかったからだった（ここがのちの多くの数学者とは違う）。どれほど先まで 10 進法で展開しても、パイは常に 22/7 と 223/71 のあいだにあるのだ。

アルキメデスは驚くほどの精度までパイを見い出し、すばらしい発明品をいくつか生み出したが（あだ名は「賢人」や「達人」、「偉大な幾何学者」だった）、彼自身としては、ある数学的発見が自分の最も偉大な業績だと考えていた。これもやはりパイに関係しており、球と円柱の体積に関するものだ。彼が証明したのは、円柱の側面が球面の端に接触するように球のまわりを円柱で囲むと、球の体積は円柱の体積の 2/3 になるということだ。さら

ローマの作家だったプルタルコス（46 年頃～120 年頃）。アルキメデスの生涯について書き残した。

に、球の表面積と体積の比は、円柱の表面積と体積の比に等しいことも証明した。この発見までは、球体のような形の体積と表面積をどうやって計算すればいいのかまるでわからなかったのだから、非常に大きな突破口だった。

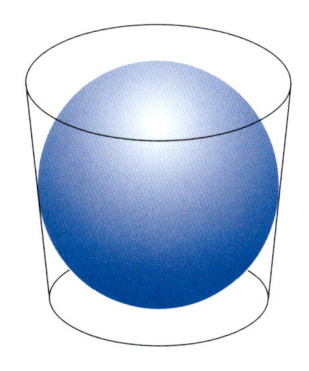

私たちはアルキメデスの業績だけしか知らないが（唯一の伝記は千年も前に失われてしまった）、紀元前 212 年に 75 歳で死んだときの様子を書いたものが、数多く存在している。ローマの作家プルタルコスは、彼の死について三つの話を書いている。探偵になったつもりで、本当に起こったことはどれなのかを考えてみよう。

円柱に包まれた球の体積は、円柱の体積の 2/3 となる

その 1： どういう運命の巡り合わせか、ア

ルキメデスは図形を使った問題を熱心に解いているところで、頭も目も問題に集中していた。自分のいる都市が攻め落とされたことも、ローマ軍が侵入してきたことも気づいていなかった。研究と思索に熱中していたとき、不意にローマ兵士が現われ、将軍マルケルスのところへ来るようにと命令した。アルキメデスは問題を証明し終えてから、兵士の命令を断った。兵士は激怒し、アルキメデスを剣で刺し貫いた。

その2： 剣を抜き身で持っていたローマ兵士がアルキメデスに出くわし、どかないと殺すと脅しつけた。アルキメデスは振り返り、考えている問題に結論がでるまでどくことはできないから、その手を振り下ろすのはしばらく待ってほしいと真剣に頼んだ。しかし兵士はその懇願に心動かされることなく、その

アルキメデスの最後の瞬間についての一説を描いた挿絵。アルキメデスがローマ兵士に研究を邪魔されている。

場でアルキメデスを殺してしまった。

その3： アルキメデスは、うまく利用すれば太陽の大きさをはっきり測れるかもしれない数学用器具や目盛盤、角度器などをマルケルスのところへ持っていく途中だった。彼を見ていた数人のローマ兵士が、アルキメデスが入れ物の中に金を持っていると思い、殺してしまった。

最初の二つは驚くほど似通っており、これらの話をもとに有名な伝説が生まれた。砂に図形を描いているときにローマ兵士に邪魔さ

れたアルキメデスは、いまわの際に「私の円を乱さないでくれ」とつぶやいたという話だ。

　私たちはその日に実際に起こったことを決して知ることはできないだろう。ただ、侵略してきたマルケルス将軍が、その兵士に対して激怒したことはわかっている。才能あふれるアルキメデスを生かしておくよう命じたのに殺してしまったため、マルケルスは命令に背いたその兵士を処刑したのだった。

　ローマ軍の侵略下であっても、アルキメデスの死には敬意が払われ、望んでいた墓石のデザインも尊重された。墓石の上部には球と円柱の彫刻があり、それとともに、球の体積は円柱の2/3であると述べている彼の定理が刻まれていた。πも刻まれていたという説もある。少なくとも100年は墓が残っていたということがはっきりしている。ローマの政治家キケロが、紀元前75年に次のような出来事を書き残しているのだ。

「私がシチリアの執政官だったとき、アルキメデスの墓を突き止めることができた。シラクサ人は何も知らず、そのようなものがあることさえまったく認めなかった。しかし、草におおわれ、茨や棘の茂みに完全に隠されながらも、それはあった。彼の墓石の上部には、球と円柱を示す石の模型について、数行の簡単な句が彫り込まれていると聞いたことがあった。そこで私は、アグリジェント門の横に立っているすべての墓石を丹念に調べた。

　ついに私は、低木の上にわずかにのぞいている小さな柱に気づいた。それには球と円柱がのっていた。私はすぐに、これこそが探し求めていたものに違いないと、同行していたシラクサ人に告げた。同行者には有力者が数人混じっていた。草や木を取り除くために男

キケロによるアルキメデスの墓の発見を描いた絵画。

たちが送り込まれ、モニュメントへの通り道ができると、私たちはまっすぐそこへ歩いていった。それぞれの行の半分ほどが摩耗してしまっていたが、それでも句は見ることができた。

ギリシャ世界で最も有名な都市のひとつであり、またかつては学問の偉大な中心でもあった都市は、アルピーヌムから来た男が指し示すまで、その都市が生み出した最も聡明な市民の墓を、まったく知らぬままだったのだ！」

ありがたいことに、ローマ時代において数学に無関心だった期間は短く、アルキメデスはその死のあと現在に至るまで、忘れ去られることはなかった。

どうやってパイをつくるか

パイは何世紀ものあいだ数学者を魅了し続けた。私たちはゆっくりと、より正確にパイを知るようになった。これまでの章で紹介した「数の先駆者」の多くが、この研究にかかわってきたのだ。たとえば、（ゼロの理解を助けてくれた）ブラフマグプタは、パイは$\sqrt{10}$に等しいと考えていた。しかし彼は間違っていた。この二つが同じなのは、小数点以下1位までなのだ。それから160年後、（アルジャブルを発明した）アル＝フワーリズミーが、パイの値を小数点以下4位まで解き明かし、3.1416だと記した。この数は、400年後に、新たに96角形を使ってパイの値を864/275としたフィボナッチ（彼のウサギのことを覚えているかな？）の結果よりも良かった。

数学者たちは、アルキメデスの手法を基礎として、それに変更を加えながら、ずっと何世紀も用いていた。最も印象的な方法は、1596年にドイツ人数学者ファン・ケーレンが編み出したものだろう。とても信じられないが、彼は4,611,686,018,427,387,904辺もある多角形を使って、生涯のほとんどをパイの値の計算に費やしたのだ。彼はパイの小数点以下35位までを次のように計算している。

パイを計算する

17世紀に、ウォリスという数学者が、パイの倍数を生じる奇妙な級数を発見した。

$2/\pi = (1 \times 3 \times 3 \times 5 \times 5 \times 7 \times \cdots) / (2 \times 2 \times 4 \times 4 \times 6 \times 6 \times \cdots)$

そしてほぼ同時期に、ジェームズ・グレゴリーという数学者が、次にあげる有名な級数を発見した（しばしばライプニッツの功績だとされているが）。

$4/\pi = 1 - 1/3 + 1/5 - 1/7 + \cdots$

このどちらの級数も、値がパイの真の値に近づくまでには何万もの項が必要であるため、パイの値を計算するのにとても便利というほどではない。しかしグレゴリーは、より早く収束する、もっと役に立つ級数も計算していた。

$\pi/6 = (1/\sqrt{3})(1 - 1/(3 \times 3) + 1/(5 \times 3 \times 3) - 1/(7 \times 3 \times 3 \times 3) + \cdots$

この級数では、パイの小数第4位まで正確に得るのに必要なのは、わずか九つの項だけである。

「ビュフォンの針」問題をつくったビュフォン伯爵ジョルジュ゠ルイ・ルクレール、もしくはジョルジュ・ビュフォン。

3.14159265358979323846264338327 95029

　ファン・ケーレンのこの驚異的な努力の結果は、70歳で死亡したときに墓石に刻まれた。

　このころ数学者たちは、恐ろしいほど多くの辺を持つ多角形を使わなくても、もっと簡単な手法で計算できることに気づき始めた。

パイは円と密接なつながりがあるという事実にもかかわらず、不思議なことにパイの倍数は級数から現れる（前ページのコラム参照）。

　このような手法や類似的な手法を用いて、数学者たちはそれから何世紀もパイを計算した。特に奇抜な手法としては、18世紀にフラ

数学者オーガスタス・ド・モルガン。ウィリアム・シャンクスが求めたパイの値に欠陥を発見した。

ンスの科学者ジョルジュ・ビュフォンが提案したものがあげられるだろう。ビュフォンは、タイルをひいた床の上に1本の針を落とした場合、その針がタイルの平行線に交差する確率は2k/π（2kは針の長さで、その値は平行線の間隔を1とすると1未満）だと計算したのだ。そして1901年、ラッツェリーニという人物が、この考え方を用いてπの値を計算した。彼は針を34,080回落とし、針がタイルの端に交差して着地した場合を数え、パイを正確に小数点以下6位まで計算した。しかしほかの数学者たちはその結果に懐疑的で、すでにパイの値を知っているのだから、正確な結果が出た回数で実験をやめただけだろうと指摘した。ラッツェリーニは針を34,080回落とすことで（30,000や35,000のようなきりのいい回数ではない）いかさまを行ない、そうでないときよりも答えが確実に正確なものになるようにしたと疑ったのだ。大胆にも、このいかさまの手口を明らかにしようとした新聞紙上で、グリッジマンという数学者が長さ0.7857という針を2回だけ投げ、1回タイルの端に当てるという実演を行ない、ちゃんとパイの近似値を出して見せた。こんなことができた理由は、次のようになるからだ。

$$2 \times 0.7857 / \pi = 1/2$$

よって、$\pi = 3.1428$

グリッジマンは、針を落としてパイを計算するという実験をからかっただけだとはいえ、確かに重大な点をついていた。もしある程度までパイの値を正確に知っていたとしたら、同じ（もしくは低い）精度でパイが現われるように実験をごまかすのは簡単なのだ。

　パイを計算するより簡単な方法（針ではなく級数を用いる方法）の誕生によって、数学者たちはやがて、この人気のある数を何百という小数位まで計算できるようになった。1874年になるころには、シャンクスという数学者が707という驚くほど多くの少数位までパイの値を求めた。しかしそれでも、まだ完全ではなかった。ド・モルガン（ひとつ前の章で4色問題にとまどった数学者）は、シャンクスが求めたパイの値の数字の中に、奇妙な傾向があると感じた。正確に言うと、最初の500位よりあとになると、7の出現頻度がそれ以前とは違うようだと気づいたのだ。

　不可解な謎だが、パイの少数位の展開では常に、きわめて均等に数字が配分されているらしいことがよく知られていた。パイの値には、ほぼ同じ数の0から9の数字が現われるように感じられるのだ。これは、パイについての不思議な点のひとつだ。10面のさいころを投げると、0から9の数字は同じ頻度で出るが、数の並び順には何のパターンも生じない（なぜなら、数字はばらばらだから）。パイもまたパターンをつくらずに0から9の数字を出現させるが、現われてくるそれぞれの数字の出現数はばらばらではない、とずっと信じられていた。この傾向は、パイという無理数の奇妙なパラドックスだ。現われる数字がばらばらでパターンをつくらないのに、現われる数字は常に同じくらいの数になるという特性を持っている無理数なのである。

　というわけだから、ド・モルガンがパイの値にこのような矛盾を——7の不足を——発見したことは、非常に奇妙なことだった。この謎は、1945年にファーガソンという数学者がパイを620位まで計算して、シャンクスが間違いをおかしたことが確認されるまで、解決されなかった。シャンクスの計算の528位からあとの数字は、すべて間違っていたのだ。ファーガソンが計算した結果には矛盾がなく、0から9のそれぞれの数字が、同じ頻度で現れていた。

　1947年よりあとになると、数学者たちは卓上計算機とコンピュータを使って、さらに多くの位までパイの値を計算するようになった。かなり長いあいだ、新しいコンピュータ

の能力は、どれぐらいの少数位までパイを計算できるかが目安だった。1999 年になるころには、日立の SR8000 スーパー・コンピュータが、パイを 206,158,430,000 の位まで計算した。これは、ファン・ケーレンが生涯かけて求めた位のほぼ 60 億倍にあたる。今日では、デスクトップ・コンピュータでさえ非常に高性能で、数秒でパイを兆の位まで計算できるため、この奇妙な数に対する興味は薄れつつある。パイにはまだまだ発見されていない無数の位が存在しているのに、興味が失われてしまうのはとても残念なことだ。

角度を測る

ひとつ前の章では、三つの辺と三つの頂点を持つ三角形が、幾何学とトポロジーにとって欠かせないことを説明した。しかしその三角形自体、三つの頂点の内側にそれぞれ角度をもっている。このことは長年にわたり数学者たちにとって非常に重要だったため、これを説明するためにまた別の数学が発明されることになった。ギリシャ語のトリゴノン（三つの角度を意味する）やメトロ（測定を意味する）は、三角法を意味するトリゴノメトリーから生まれている。

三角法は角度の数学だ。一点で交わる 2 本の直線があれば、そこにはある大きさの角度ができる。角度を測る最も古く最も一般的な方法は、全円を 360 度とした度数で測るものだ。一番簡単に理解するには、時計の 2 本の針を見てみればいい。両方の針が同じ方向を指しているとき、たとえば 12 時には、2 本の針が一番上で重なっているように見える。つまり針のあいだの角度は 0 度ということだ。1 本の針が 12 時を指していて、もう 1 本が 9 時を指していると、角度は 90 度。1 本が 12 時で、もう 1 本が 6 時なら、角度は 180 度で、1 本が 12 時でもう 1 本が 3 時なら、角度は 270 度になる（角度を測るときは時計と逆回

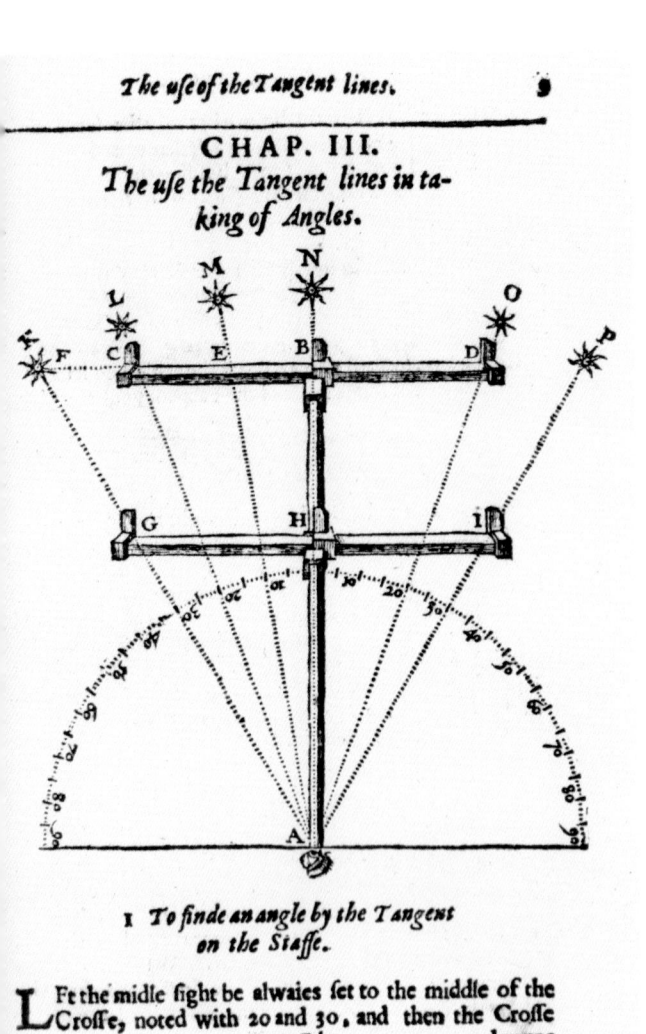

上：直角器を使って角度を測定する方法を描いた版画。エドマンド・ガンター著『扇形の解説とその利用法』（1636 年）より。

右ページ：四分儀と構成部品を描いた挿絵。

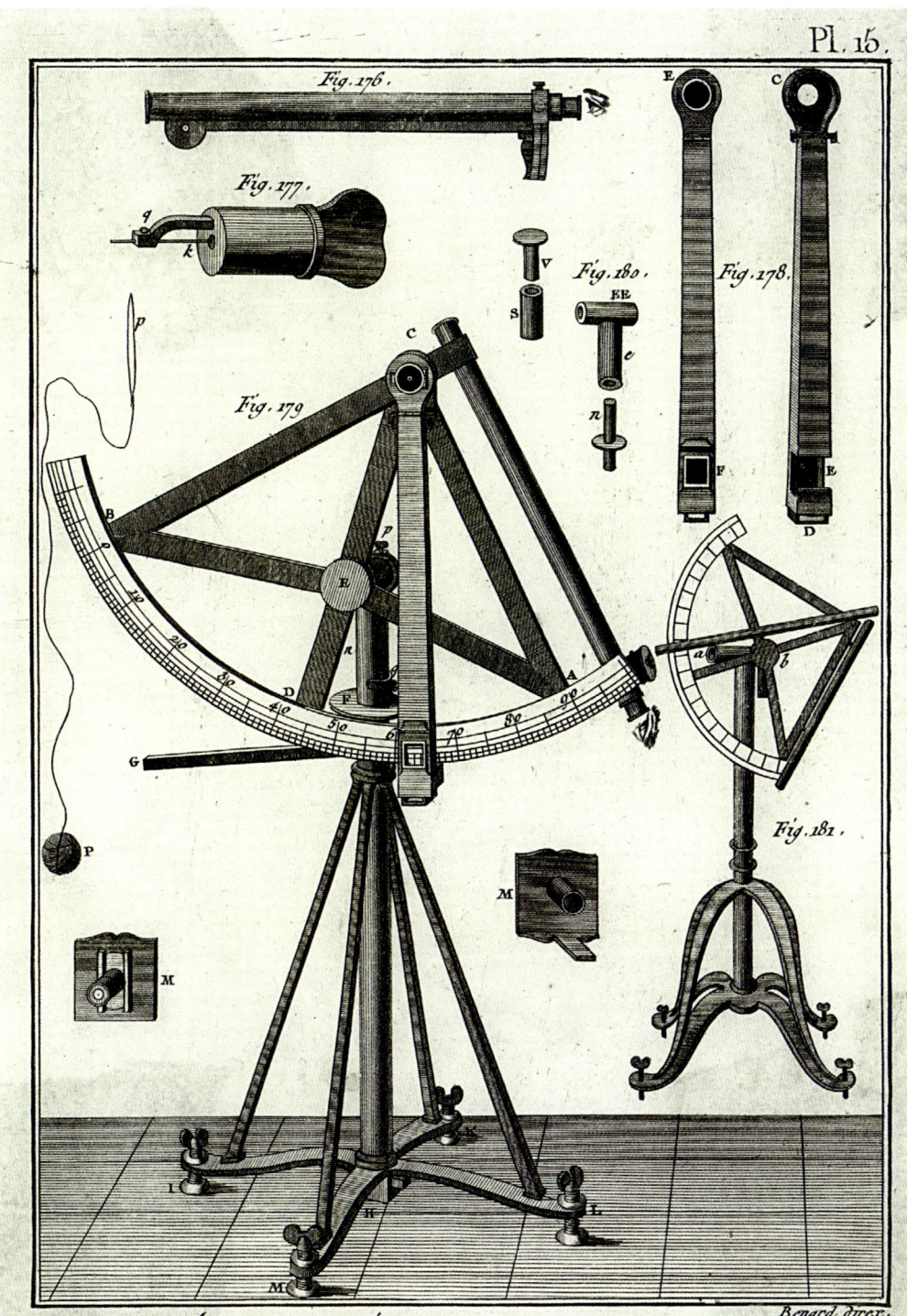

Astronomie, Quart de Cercle Mobile.

りが普通）。角度は、三角形や正方形、五芒星形などの幾何学的図形を考えるときに、とても重要だ。より小さな角度や幾何学的図形の内角をよく使うのは、正方形の内角が90度と言うほうが、360度－90度＝270度と言うより納得しやすいからだ。

全円が360度になった理由は、紀元前300年より前のバビロニア人たちにある。彼らが60進法で数を数えていたからだ（これは私たちの10進法やコンピュータの2進法とはかなり違う）。おそらく、円を60に分割し、それからそれぞれをさらに60に分割して、私たちの知っている360度が生まれたのだろう。航海するときや星々の位置を説明するとき、バビロニア人は地球を逆時計回りで測っていたのだった。

三角法が生まれたのは、ある単純な問題がもとだった。三角形があり、その寸法の一部しか知らないとしたら、ほかの寸法をどうやって計算すればいいのかという問題だ。たとえば、三角形の二つの角度とひとつの辺の長さがわかっているとしたら、どうすればほかの辺の長さを計算できるだろう。

弦の起源

弦は土地を調査するときに非常に重要だということがわかっている。たとえば、川の一方の側に立って、正確な地図を描くため、反対側にある教会のように重要な建造物がどのぐらい離れているかを正確に求めたいとしよう。川の同じ側にあるAとBの2地点には移動することができる。さて、どうしたらいいか？

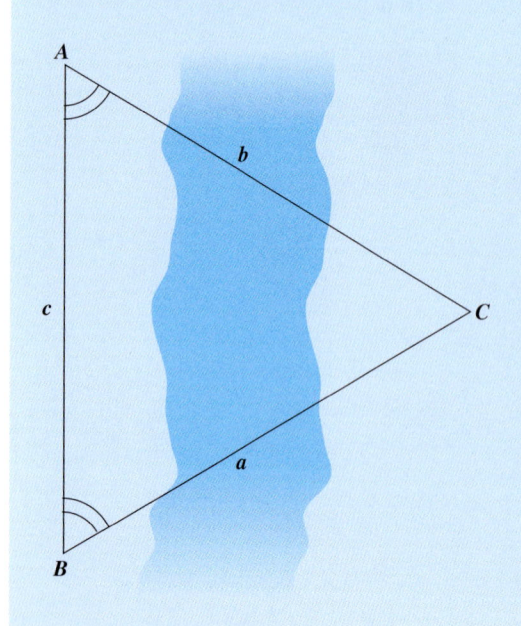

教会がC地点にあるとしたら、この三つの点で地面に巨大な三角形をつくる。AからBへの距離は測定できるし、小さな観測器具（測量用望遠鏡や経緯儀）を使えば、C地点に対する角度を測ることができる（ABとBCのあいだの角度とABとACのあいだの角度を測るのだ）。これで、三角形の1辺の長さと、その2つの内角がわかった。さて、求めるべきなのは、C地点がA地点あるいはB地点からどのくらい離れているかだ。どうすれば、三角形のほかの2辺の長さを求めることができるのだろうか？ ピタゴラスの定理は使えない。なぜなら、この定理が使えるのは直角三角形（ひとつの角度が90度に等しい三角形）のときだけだからだ。また、二つの辺の長さを知っていれば3辺めの長さを計算できるが、今わかっているのは1辺だけだ。なんとかして二つの辺のあいだの角度を使うことにより、残りの辺の長さを知らなければならない。弦の研究の始まりは、こうしたところにあった。

上：ギリシャ人天文学者ヒッパルコスを描いた挿絵。

　何世紀ものあいだ、この問題への部分的な解決策として使われたのは、ヒッパルコスという天文学者が考案した弦だった。紀元前190年当時に存在していたビチュニアのニカイア（現在はトルコ北西のイズニック）で生まれた彼の知識は、長い年月を経て失われてしまった。天文学者として成功したこのギリシャ人について、私たちはほとんど何も知らない。しかし、彼の業績については少しだけわかっている。日食のときに見える月の異なる部分を異なる位置から計測し、その結果に基づいて地球から月までの距離を計算したのだ。結果は驚くほど正確で、その距離は地球の半径の59倍から67倍のあいだだと推定していた（現代では正確な距離は60倍だとわかっている）。またヒッパルコスは、地球の歳差運動（ある期間における地球の自転軸の運動）を発見して測定し、地球の1年の長さを計算している。2000年も前の人物なのに、なんとすばらしい業績だろうか！

　ヒッパルコスはまた、「弦の表」（現在の正弦表）を作り上げた人物でもある。この表は、三角形のさまざまな角度に対応する一辺の長さを示したもので、これが三角法の始まりだった（152および154ページのコラム参照）。

1548年にニコロ・バスカリーニが出版した本に載っている、クラウディオス・プトレマイオスを描いた版画。

弦

　Oを中心とする円上にある2点をA、Bとすると、扇形AOBの弦は単純にAB間の直線の長さになる。この三角形のOの角度を変えると、弦の長さはゼロ（角度がゼロのとき）から円の直径（角度が180度のとき）まで変化することがわかるだろう。ヒッパルコスは、この中心角Oと弦の長さの関係は円の大きさにかかわらず一定であることを見出し、それをもとに中心角に対応する弦の長さを示す表をつくった。実際の弦の長さは、円の大きさを求め、それを倍率として表の値に掛けるだけで求められた。ヒッパルコスは、7.5度きざみの角度で、この「弦の表」をつくった（180度だと合計24ある）。

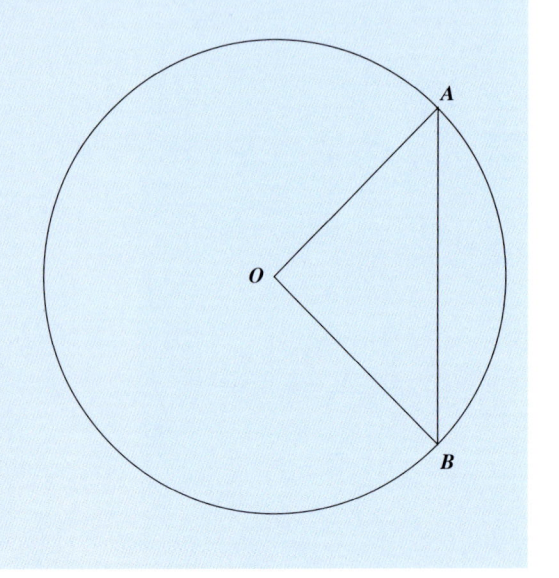

天文学者、また地理学者として最も重要な
ひとりの人物が生まれたのは、西暦85年頃
のエジプトだった。その人物、クラウディオ
ス・プトレマイオスは、すべての星が地球の
まわりを回っていると考える、アリストテレ
スの宇宙観を信じていた。彼の数学の多くは、
実際に観察した惑星の動きを説明するために
展開されたが、用いた情報の多くが不確かで
あったため、理論が誤りであることがその後
の長い年月で証明された。のちの科学者たち
は、プトレマイオスを酷評し、自分の誤った
考え方を裏付けるために証拠を捏造したと非
難している。ことのほか厳しいのはニュート
ンだ。

「ある天文学理論を打ち立てた彼は、それが観
察結果とは矛盾することを発見した。ところ
が、理論を捨てるかわりに、その理論から導
かれる観察結果を意図的に捏造して、観察結
果が自論の正統性を証明すると主張した。一
般に認められている科学もしくは学問の世界
では、このやり方は詐欺行為だと言われるし、
科学と学問に対する犯罪行為である」

　しかしプトレマイオスが2000年前の人で
あり、まだ科学的方法は未熟だったし、惑星
の正確な動きを求める能力がほとんどなかっ
たことを考えると、このような意見は不公平
というものだろう。
　プトレマイオスの考え方には無理もない欠
陥があるが、彼が発展させた数学はきわめて
重要だ。彼が書いた多くの本の中には、『アル
マゲスト』として知られるようになった、惑

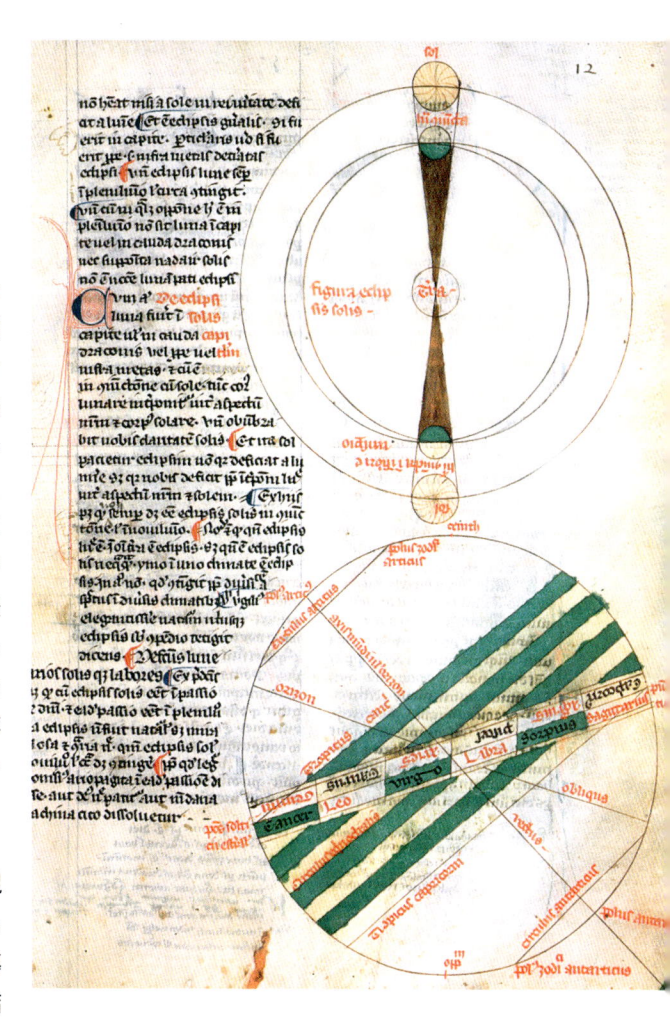

上：日食を描いた中世の作
品。上の図形は地球のまわ
りを回っている太陽（黄色）
と月（一部が緑）を描いて
いる。

三角関数

弦はかなり直感的に理解できるものとはいえ、（測量などで）長さのわからない三角形の辺を求める際に、それほど役立ったわけではなかった。そこで、正弦（サイン）関数（あるいは、関数電卓の sin キー）が解決法となった。154 ページのコラムにあった弦の場合は、中心角の向い側にある直線（円周上の 2 点を結ぶ線分）の長さだった。だが、正弦関数は、円の中心からある角度で円周に向かってひかれた直線の、高さに相当する長さを表わす（下の図参照）。角度 x に対するサインの値を出すには、半径 1 の円において、x 軸（横軸）から半時計回りに角 x の位置で中心から円周方向に向かって線をひく（円周との交点が P）。すると、P の y 座標が答となる。したがって、角度 0 に対するサインは 0 であり、90 度に対するサインは 1 になるわけだ。

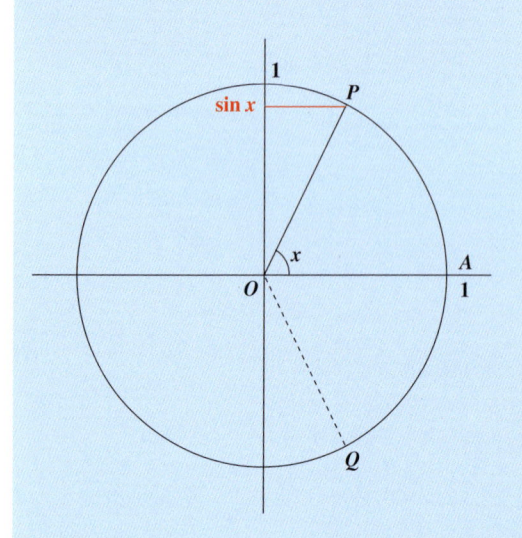

正弦（サイン）関数は、弦の半分とみなすこともできる。上の図で、x 軸つまり OA 線上に鏡を置いたと考えると、OP が映し出された地点に新しい点 Q が得られる。この PQ が弦であり、サインの 2 倍になっているのがわかるだろう。これはサインの語源になっており、この言葉の歴史を見ていくと、そのことがよくわかる。弦の半分（chord-half）を意味するサンスクリット語のジャ・アルダ（jya-ardha）は、ジヴァ（jiva）と短縮されることがあった。アラビア語ではこれがジバ（jiba）となり、簡単に jb と書いていた。ラテン語の翻訳者がこの言葉を胸を意味する別のアラビア語のジャイブと間違えてしまい、ラテン語のシーナス（sinus）を当ててしまった。そして英語では、シーナスがサイン（sine）になったのである。

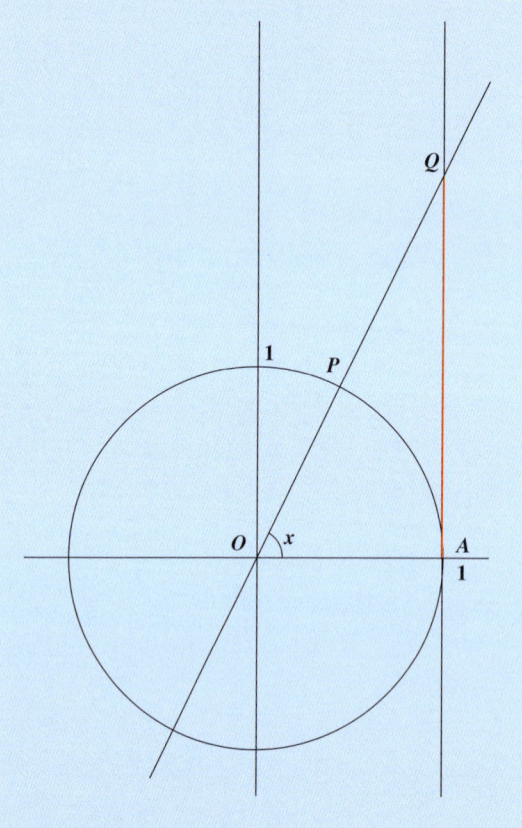

正弦関数がわかったら、類似の関数について考えるのはやさしい。たとえば余弦（コサイン）は、点 P の y 座標ではなく、x 座標を読むことで計算することができる。0 度のコサインが 1 で 90 度のコサインが 1 なのは、こ

のような理由による。さらに、関連する関数である正接（タンジェント）は正弦と同じように y 座標を考えるのだが、一点だけ違う。円周上にある P 点ではなく別の点 Q を考えるのであり、今回の Q 点は、直線 OP の延長線と、点 A における円の接線の交点である。

前と同じように、Q 点の y 座標を読めば、角度 x の正接が得られる。こういうわけで、0 度のタンジェントは 0 となり、90 度のタンジェントは定義されない（x が 90 度のときには Q がどこにあるかわからないので、答えは無限大ではなく定義されていない）。この計算をすると、ときどき電卓が間違う。自分の電卓で tan90 を計算してみて、どうなるか確認してみるとおもしろいだろう。

それぞれの三角関数はみな、逆方向にも働く。線の長さから角度へと戻るためには、逆正弦（アークサイン）、逆余弦（アークコサイン）、逆正接（アークタンジェント）の三つの逆関数を使えばいい（それぞれ $\sin^{-1}$、$\cos^{-1}$、$\tan^{-1}$ または arcsin、arccos、arctan と書かれるときもある）。

ひとつの共通の三角形と円からすべての三角関数が派生しているので、三角関数同士を結ぶ法則や公式はたくさんある。数学者でない限りあまりおもしろくないだろうし、しかも定理を暗記しなければならないとくれば、なおさら興味はわかないだろうが、とても役に立つことは確かだ。何十個もある中から、三つだけ例をあげておこう。

$\sin^2 A + \cos^2 A = 1$

$\sin(A + B) = \sin A \cos B + \cos A \sin B$

$\sin 2A = 2 \sin A \cos A$

星の動きに関する 13 巻の叙事詩がある。プトレマイオスの考え（地球をめぐる円運動）に取って代わる考え方は、それから 1400 年後まで（ケプラーなどが登場するまで）現われなかったため、多くの人たちが、彼の本はユークリッドの『原論』と同様に重要だと考えていた。プトレマイオスは、研究過程でパイを正確に小数第 4 位まで計算している。これは当時としては最も正確な数であったし、それから 150 年は進展がなかったのだ。また、ヒッパルコスの弦の考え方をさらに推し進め、0.5 度きざみの角度で、対応する弦の値の表をつくり、より簡単に弦を利用できる法則や操作法を生み出している。プトレマイオスがこの研究を行なったことで、サイン、コサイン、タンジェントとして知られるようになる次世代の三角関数が生まれる土台が築かれたのだった。

波打つサイン

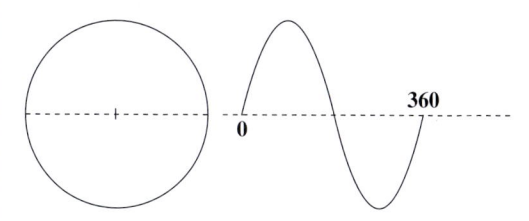

上：人間の足のX線写真。

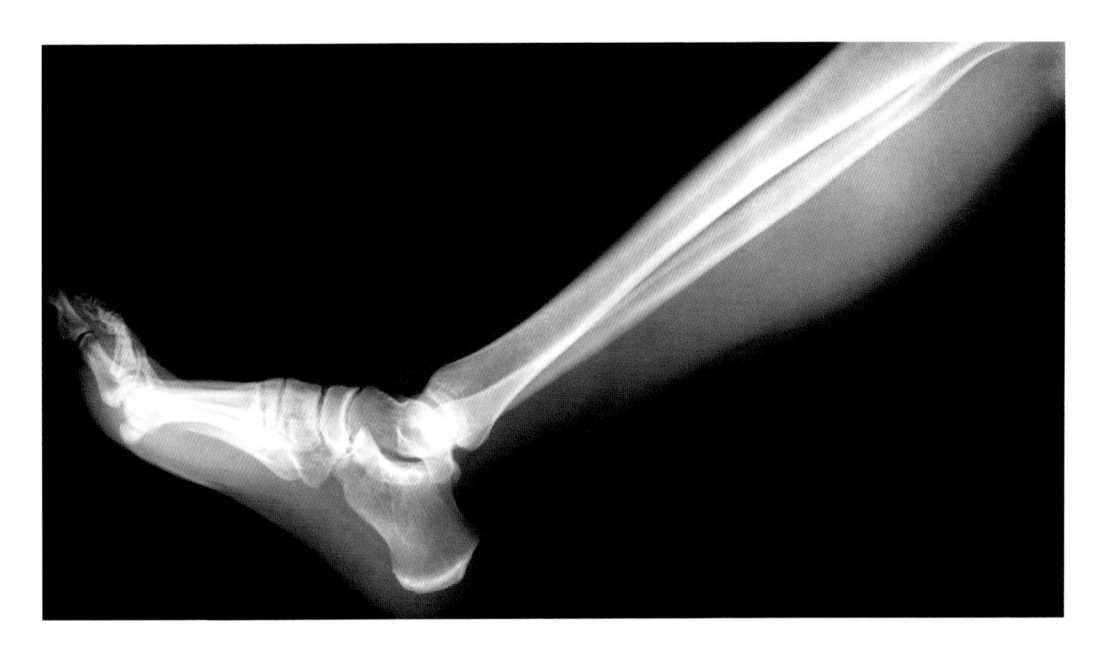

　正弦関数を知らなくても、正弦波のことはわかるはずだ。正弦波は、とても身近なところに存在しているのだ。たとえば、光の動きは正弦波そのもので、異なる周波数に対応した異なる色を持っている。光の波は「波長」で測られるが、この言葉はまさに「波の長さ」を意味している（つまり、短い波長は押しつぶしたバネのようにぎゅっと縮められた正弦波であり、長い波長はぐんと伸ばされた正弦波だ）。赤は緑より長い波長をもち、緑は青より長い波長をもつ。

　しかし目に見える光（私たちの目に見える波長）は、電磁スペクトルの（たとえば太陽によって放出された全波長の）ごくごく一部にしかすぎない。赤外線リモコンは赤より長い波長の光のパルスを出しており、たいまつのような働きをしている。電子レンジはさらに長い波長を出しており、ラジオの電波はさらに長い波長を持つ。また私たちは、可視スペクトルより短い波長をたくさん利用している。紫外線は紫よりも短い波長をもつ。人に当てると骨以外は透明になるエックス線は病院で使われているが、この波長はさらに短い。ガンマ線はそれよりもっと短い波長だ。アメリカン・コミックスの超人ハルクは、ガンマ線の事故にまきこまれた結果生まれたことになっている——しかし現実にガンマ線が生み出すのは、医療の世界で器具の殺菌や放射線治療などに用いられる放射線だ。

　光や電磁放射線だけが正弦波というわけではない。交流電流（AC）の電力は正弦波として供給されているため、住んでいる国のシステムに従って50ヘルツあるいは60ヘルツの周波数へと変換される。電気を水にたとえると、正弦波という圧力が、水が押されたり引っ張られたりして水道管の中を通るように動いていく。電気がこのように供給されるのは、発電所から家庭まで長いケーブルを通っ

左：ガラスのプリズムを通過する光線。赤と緑と青の波長はすべて目に見える。

右：電磁スペクトル（中央）とその可視光線の色（下）、電磁放射線の変化する波長（上）。

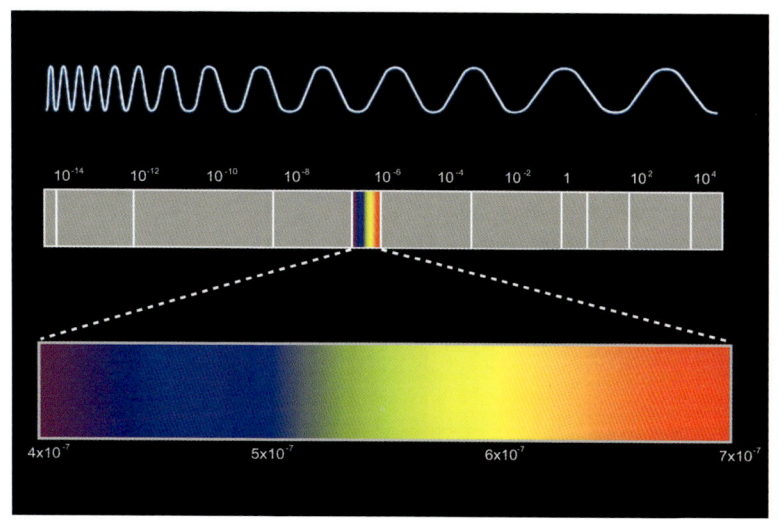

　て電力を届けるには、電池のように常に直流電流（DC）を使って押しだすよりも、交流のほうが効率が良いからだ。

　光のもつ色のすべてが異なる波長（周波数）の正弦波でできているように、音も異なる周波数の振動でできている。スピーカーの前に手を差し出してみると、音の波の圧力が感じられるだろう。あるいは、低音で響いているドラムのそばに立ってみると、音の波が身体の内側まで振動させるのを感じるだろう。スピーカーは厚紙でできたコーンを複数の異なる周波数で振動させて、振動のパルスを人の耳まで届けている。スピーカーから正弦波を出してみると、単一周波数の完璧な音を聞くことができる。さまざまに異なる周波数の正弦波をたくさん加えていくと、交響曲から自分の声まで、どんな音でも作り出すことができる。音楽では周波数がきわめて重要なのだ

（このことは 2000 年も前にピタゴラスが理解していた）。私たちが使っている音符はオクターブにわかれており、それぞれのオクターブには全音あるいは半音をあわせて全部で 12 の音がある。オクターブひとつで単純に周波数が倍になるから、A 音が 220 ヘルツの周波数をもつなら、1 オクターブ高くなった A1 音は 440 ヘルツの周波数をもっている。ある複数の音を一緒に鳴らすと調和して美しく響くのは、それらの音の正弦波がきれいに並ぶからだ（220 ヘルツと 440 ヘルツの正弦波は、いつもほぼ同時に音の振動を押し出している）。調和しない不協和音が不愉快なのは、周波数が重なり合わず、きたなくて不統一な正弦波の束を生み出しているからだ。

振り子と異端

正弦波とパイが存在しているところは、ほかにもある。右に左にと揺れる時計の振り子を想像してみよう。ある一定期間における振り子の横への動きをグラフに描くと、そこにも正弦波があることがわかる。この振り子に関する大発見をしたイタリア人、ガリレオ・

ガリレオ・ガリレイが懐疑的な修道士に自説を説明している姿を描いた版画。

ひとつは木製、もうひとつは金属製の二つの球をピサの斜塔から落とし、二つが「同時に落下することが確認された」という。ただ、ガリレオが実際にこの実験を行なったことはないと考えられている。

　ガリレイは、ケプラーより7年前の1546年に生まれた。
　ガリレオの父は音楽教師で、周波数と和声を理解するために弦で実験をしたことがあった。しかしこの父はガリレオを医者にしたいと思っており、修道院で教育を受けさせたあとで、医学の学位を取るためにピサ大学に入学させた。ガリレオはあまり医学に興味がなく、数学と自然哲学の勉学に時間をかけていた。そして、父を説き伏せようと相当な努力をしたが（数学教授のひとりを頑固な父親に会わせようと連れていったこともあった）、医学の勉強を続けることを強いられ、数学はあいた時間で勉強するしかなかった。しかし結局22歳で医学をあきらめ、数学の家庭教師になった。25歳のときにピサ大学の数学教授の地位につき、それから数年後にはパドヴァ大学の数学教授という、ずっと報酬の良い職を得るにいたる。

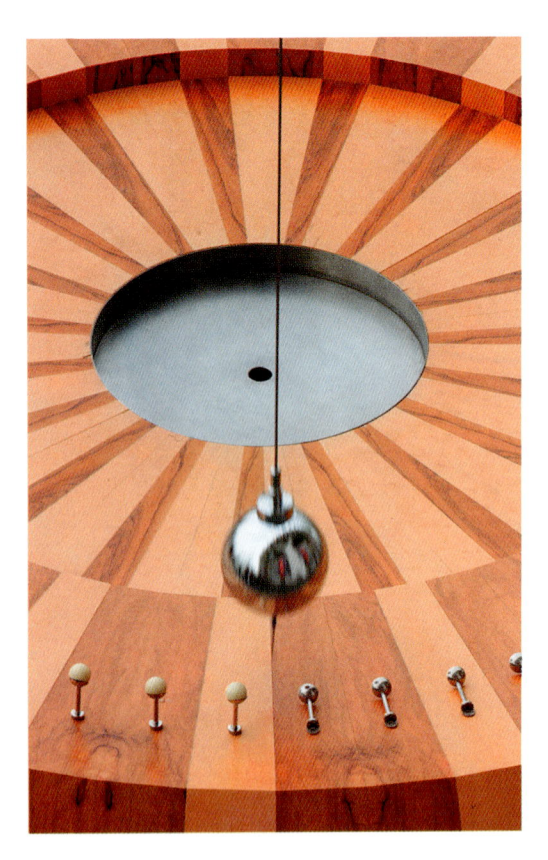

ガリレオは振り子を使った実験を数多く行ない、振り子の長さの重要性を力説した。

　ガリレオの業績の多くは、惑星と落下する物体の運動に関するものだ。このせいで、ガリレオが有名な実験を行なったという逸話が生まれた。その実験は、ひとつは木製、もうひとつは金属製の球をピサの斜塔の上から落とし、両方の球が同時に着地することを観察したというものだ。ガリレオがわざわざその実験を行なおうと考えたことなど、ありそうもない（シモン・ステフィンなど別の数学者たちが行なったことはわかっているが）。しかし、ガリレオが雹混じりの嵐における新発見を書き残しているため、その原理を理解していたことはわかっている。彼が気づいたのは、小さな雹も大きな雹も同時に地面に落ちることだった。つまり、大きな雹すべてがより高い位置から落ちていない限り（とてもありそうもない）、物体はその重さにかかわらず同時に落ちるのだ。

　ガリレオは数多くの振り子実験を行ない、振り子の周期（揺れの1往復の時間）はおもりの重さにも、揺れる距離にも依存していないことを発見した。しかしその周期は、振り子の長さには依存していた。長さが4倍の振り子をつくると、1往復するのに倍の時間がかかるのだ。これらすべては、アリストテレスの宇宙観（重い物体はより早く落下し、振り子の場合にはより早く揺れる）と矛盾する、非常に重大な発見だった。

　しかしこれは、手始めにすぎなかった。1609年になるころ、なぜか物体が大きく見えるという不思議な「のぞきメガネ」のことを彼は耳にした。1610年に、この発見について次のように書き記している。

「10カ月ほど前、ある噂を耳にした。フレミングという人物が、ずっと遠くにある物体をまるで手に取るように見ることができる、のぞきメガネをつくったというのだ。実際に試してみた人たちでさえ、そのきわめて驚くべき効果を信じる人と信じない人に分かれているという。それから数日後、パリにいるフランス人のジャック・バドゥヴレから届いた手紙で、噂は本当だと確認した。私は発奮し、同様の装置が可能になる方法の研究に全身全霊で取り組もうと思った」

ガリレオはすばらしい腕前と創意工夫の才を駆使して、削ったガラスを磨いてレンズにする方法を見つけ出した、それから、8倍もしくは9倍の倍率の世界初の望遠鏡の製作に取りかかった。この装置が軍事的応用のできる飛躍的な発明であることは明らかだった——敵に発見されるずっと前に敵を見つけ出せるからだ。だがガリレオが新しい望遠鏡を天へと向けたとき、永遠にその姿を変えたのは宇宙だった。彼の目が人間として初めて、月面にある山々や銀河の星々、さらには木星のいくつかの月を見つめたのだ。ある教授はこう語っている。

「彼は12月と1月のほぼ2カ月のあいだで、それまでの、そしてそれからの誰よりも多くの、世界を変えてしまう発見をしました」

望遠鏡を完成させてから数週間後、ガリレオは驚くような新発見を記述した著作『星界の報告』を発表した。彼は一夜にして有名人となり、すぐにピサ大学の主任数学者という新しい職につくとともに（授業の義務がない）、トスカーナ大公付きの「数学者兼哲学者」になったのだった。

やがてガリレオは、土星には両側に突きだ

ガリレオの望遠鏡の倍率は8倍と9倍で、当時では世界最高だった。

ヴェネチア共和国総督と全議員に研究を説明しているガリレオ。

している奇妙な「耳」があるらしいことに気づいた（彼の望遠鏡には土星の輪を解像できるほどの能力はなかった）。太陽の黒点を発見し、さらに、金星は月と同じような位相変化を示すことに気づいた。これは、金星が地球ではなく太陽のまわりを回っていることを強く示唆する重大な事実だった。

1616年までには、地球が宇宙の中心にあり、すべてが地球のまわりを回っているという、昔からの地球中心の考え方は間違っていると確信するようになっていた。アリストテレスやプトレマイオスの教えが長く信じられていたにもかかわらず、ガリレオは自分のほうが正しいと思っていた。ある手紙には次のようにしたためている。

「太陽は天球の回転の中心に位置し、場所が変わることもない。そして地球はみずからも回転しながら太陽のまわりを回っている、と私は考える。さらに……このことは、プトレマイオスとアリストテレスの主張に異議を唱えるだけでなく、別の立場に対する証拠によっても確信している。特に、ある種の物理的現象はほかの方法では原因を決定できないし、そうした天文学的発見は明らかにプトレマイ

オス体系の誤りを証明している。」

　ガリレオとケプラーの考えは正統派とは隔絶しており、強く不安を感じていたケプラーは意見を発表しなかった。ガリレオはこうも書いている。

「親愛なるケプラー、大衆の並はずれた愚かさを一緒に笑えればどんなにすばらしいだろう。この大学の一流哲学者たちをどう思うかね？
　たびたび招待しているのに、彼らは満腹した毒ヘビのような頑固さで、惑星や月を見ることも、私の望遠鏡を見ることも拒絶している」

　宗教界にとって、ガリレオの打ち出した新事実は不意打ちだった。教皇パウルス5世は、異端審問所の枢機卿たちに調査を命じた。コペルニクスの教義を非難し、地球を宇宙の中心だとする公式の宗教的真実が宣言された。しかしやがて、新しい教皇ウルバヌス8世の時代になった。教皇はガリレオの考えに理解のあるそぶりを示し、彼に考えを書き記すようにすすめた。6年の努力のあと、ガリレオは自分の発見を『主要な二つの宇宙体系に関する天文対話』という本で発表した。その出版からほどなく、異端審問所は本の販売を禁じた。ガリレオは異端の罪で有罪になり、無期禁固刑を言い渡された——後に減刑されて、死ぬまで自宅軟禁された。
　異端審問所の役人に監視されていたにもかかわらず、ガリレオは研究を続けた。死の2年前、振り子の規則的な揺れは時計に利用できると気づいていたが、自分の考えが実際に使われたところを目にすることはなかった。

　ガリレオは78歳でこの世を去った。それから300年後の1992年、カトリック教会は教皇ヨハネ・パウロ2世による声明で、自分たちが「ガリレオの件では過ちをおかした」ことを認めている。

1632年の『天文対話』あるいは『主要な二つの宇宙体系に関する天文対話』の扉。

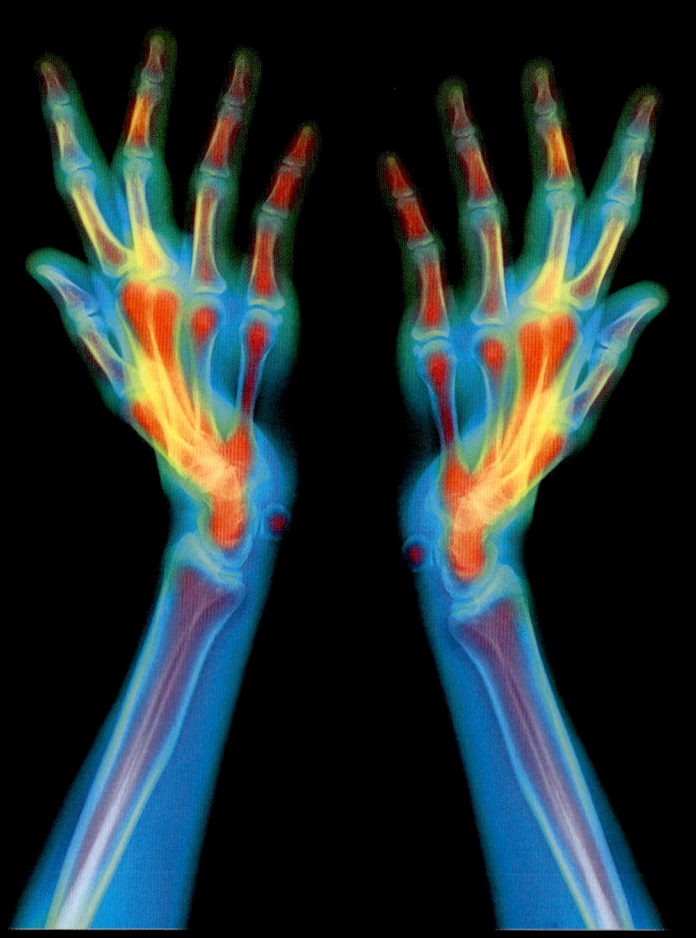

西アフリカの一部で羊飼いが貝殻を使って群れを数えていたのは、それほど昔のことではない。羊飼いは門のそばに立ち、羊1頭が通りすぎるごとに白い紐に貝殻をひとつ通す。10頭が通ると（1頭づつ指で勘定をする）、貝殻全部をはずして、青い紐に貝殻をひとつ通す。もう10頭通ると、また青い紐に貝殻をひとつ通す。青い紐に10個の貝殻がたまると、貝殻全部をはずして、赤い紐にひとつ貝殻を通す。自分がどういう数を使っているのか知らなくても、このようにして100や10や1の位を勘定し、その結果を使いやすくて持ち運びできる紐におさめておくことができるのだ。

10進法への道のり

〈10〉の章

このような古代からの数え方の形式は、10進法として知られている。10個の数（0から9）を使い、数え方は10の倍数（1、10、100、1000など）で行なう。人間の歴史のほかの多くの数え方と同じように、これは10という数に依存している。しかしこの10への執着は、数学的な理由からではないのかもしれない。10を使うと、より簡単に計算ができるように思うかもしれないが、違う進数を使ったとしても計算が難しくなるわけではない。たとえば、私たちは60進法をしょっちゅう使っている。1分は60秒あるし、1時間は60分ある。1時間の4分の1が15分になると理解するのが、本当に難しいだろうか？ 1時間の4分の3が45分だというのはどうだろう？ 1時間が100分で、1分が100秒だったとしても、実は私たちの生活はそれほど変わらないのだ（分と秒がかなり短くはなるが）。私たちが計算に10を使う理由は、むしろ進化の偶然のせいで、結果として私たちの手に10が残っただけだ。もし16が残っていたら、16進法が最も自然な数え方だと思っただろう（実際にコンピュータ科学では、大きな数を少ない桁数で書くことができるという理由で、頻繁に16進法を使う）。

多くの人が10進法はより簡単な数え方のシステムだと思っているが、その理由は、いくつかのかなり奇妙なシステムが何世紀も使われてきたからだ。たとえば、1と10の倍数を使って計算する代わりに、1と12と20の倍数を使うと想像してみよう。あるいは、もっとめんどうくさい、1と16、14、8、それに20の倍数を使うとしたら？ だが最初の例は、実際に何世紀のもあいだ、イギリスで何百万という人たちがポンドやシリング、ペンスを使ってお金を数える方法だったのだ（12ペンスが1シリングで、20シリングが1ポンド）。また、二番目にあげた例は、今でも多くの人になじみ深い。重さを量るときには、オンスとポンド、ストーン、ハンドレッドウェイト、トンを使う（16オンスが1ポンド、14ポンドが1ストーン、8ストーンが1ハンドレッドウェイト、20ハンドレッドウェイトが1トン）。もしこれでも頭がごちゃごちゃにならないのなら、1、12、3、220、8、3の倍数を使うシステムはどうだろうか？ たぶんもうわかっていると思うが、これはインチにフィート、ヤード、ファーロング、マイル、リーグだ（もっとわかりにくいものは省略した）。

奇妙な計算法

こうした驚くほど多様で、ときとしてかなりおかしな計算システムは、はるか昔からあった。最古のもののひとつは、6000年前にイランなどの地域からチグリス、ユーフラテス川下流に移住したシュメール人が使っていた。彼らは60進法で計算していて、1、10、100と数える代わりに、1、60、300と数えた。彼らがこのように奇妙な方法を使っていた理由については多くの説があるが、はるか昔に生きていた人たちのことを確実に知るのは無理だろう。ひとつの説は、それ以前にあった二つの計算システムがひとつになったというものだ。二つのうちひとつは、片手を使って1、5、25という5の倍数で計算する方法、もうひとつは片手の親指以外の指関節

を使って1、12、144という12の倍数で計算する方法だ。居住地へ移住民が新たに入ってくると異なる文化の混合が起こるため、複数の計算システムがひとつに融合したということは考えられる。そうやって、5あるいは12だけで数える代わりに、12の5倍、つまり60で数えるようになったのだろう。

　起源はどうであれ、この奇妙な計算方法はバビロニア人に受け継がれ、やがて科学的計算システムとしてギリシャ人に、それからアラブ人に、そして私たちへと伝えられてきた。これが、私たちがいまだに時間の計算（60秒で1分、60分で1時間）や角度の測定（円の角度は60度の6倍で、1度は60分、1分は60秒）に60進法を使っている理由だ。中国暦も60年が周期になっている。

羊と山羊の数がくさび形文字で刻まれた、古代メソポタミアの粘土板。

　12進法での計算は、古代から現代まで引き継がれてきた習慣でもある。12進法での計算がずっと一般的だった理由を理解するのは、それほど難しくない（たとえば、ローマ人は分数に使っていた）。12は10より多くの因数をもつため、2分の1や3分の1、4分の1、6分の1に分けるのがずっと簡単だ。12進法が、商売をする上や、分数が必要となる計算方法や計測方法として重要だったため、12は私たちが使うほぼすべての計算方法の中に組み込まれることになった。そんなわけで、私たちは12カ月や12星座、12時間の2倍である1日を使うことになったのだ。また、1フィートが12インチで、1シリングは12ペンスの理由でもある。

　昔の計算システムでほかにも奇妙な数が使われているのは、純粋に歴史的理由のためだ。たとえば、マイルはローマ人によって最初に使われた距離の単位で、1000歩（ラテン語ではミレ・パッスムと言う）もしくは5000ローマフィートだった。またローマ人は、スターデ（ここからスタジアムという言葉が生まれた）という、ギリシャからもたらされたマイルの8分の1となる単位も使っていた。9世紀までには、スターデの代わりにファーロング（うねとうねのあいだを意味するファローの古英語ファーと、長いという意味のラングの古英語に由来する）のほうが一般的になった。しかし今では、インチやフィート、ヤード、ロッド、ファーロング、マイルなど、多くの単位がある。

　1300年ごろのイングランドでは、単位がかなりわかりにくくなっていたため、布告によって多くの単位が統一されることになった。12インチで1フィート、3フィートで1ヤー

ガリラヤのカペナウムにあるローマ時代の里程標。

ドなのは、ローマ時代から変わらない。ロッド（パーチやポールとも言っていた）は、雄牛の突き棒（中世の農場労働者が家畜を追い立てるのに使った長くて先の尖った棒）の長さだった。これは長さの基準単位となり、1ロッドは16.5フィートあるいは5.5ヤードの長さにあたると定められた。そして1ファーロングは40ロッドの長さに、1マイルは8ファーロングに（ちょうど1ローママイルが8スターデだったように）なった。つまり、このロッドの単位のせいで、私たちの使っている1マイルに相当するフィート数は、ローマ人が使っていたわかりやすい5000フィートではなく、5280フィート（8×40×16.5）になったのだ。重量と温度で使っているおかしな数にも、同じようにいささかばかばかしい話がある。

ベルギー人数学者のシモン・ステフィンが生まれた1548年ごろは、かなりややこしいとはいえ英国単位系の度量衡が定着していた。〈Φ〉の章で見たように、ステフィンはヨーロッパに10進数を導入するのにあずかって力があった。彼は『十分の一』という著書で、少数をどう表記するか説明し、さらに、やがては10進法での貨幣制度や長さや重さが導入されると信じていると書いている。ステフィンは、すべてが10の倍数で計算されるようになれば距離の測定や会計がずっと簡単になることを、はっきりと理解していた。メートル法が実際に利用されるまでにずいぶん長い時間がかかったことを知ったらさぞ驚くだろうし、しかもいくつかの国は（アメリカのように）21世紀になってもメートル法で重量や距離を測定していないことを知ったら、あきれてしまうだろう。

新しいメートル法の導入で解決しなければならない重要課題のひとつは、どの数を使うかではなく、それぞれの単位がどのくらいの長さなのか、あるいは重さなのかを決めることだった。先駆者のひとりであり、最初のメートル法の発明に寄与したと広く考えられているのは、ガブリエル・ムートンというフランス人神学者だ。1618年に生まれた彼は、フランスのリヨンにある教会で生涯を過ごしたが、あいた時間に数学と天文学を研究していた。長さを測るにはメートル法のほうがはるかにすぐれていると確信していた彼は、独自のアイデアを出した。最大単位の1ミレを、地球表面の1経度の弧の長さと等しくすることを提案したのだ。しかし、当時そのよ

うな距離の測定は不可能だったので、代わりに振り子の特性を利用することにした。ガリレオの研究から、振り子の揺れる時間が、その長さだけに依存していることはわかっている。彼は実験を行なって、1ヴィルギュラ（およそ1フィート）の長さでは、30分に3959.2回振れることを見つけ出した。これで1ヴィルギュラの長さを標準化することが可能になり、その倍数を利用する新たな測定単位を作ることができた。ムートンは七つの新しい単位を提案している。サンチュリア、デキュリア、ヴィルガ、ヴィルギュラ、デシマ、セン

トランブルの絵画『独立宣言』。メートル法への転換が1票差で議会で否決されたため、アメリカは今でもイギリス法定標準の度量衡を使っている。

テジマ、そしてミレジマであり、それぞれ前の単位の10分の1になっている。

　残念なことに、ムートンの度量法は受け入れられず、フランスが1795年にメートル法を採用するまで100年以上の時間がかかった。しかし現代の状況を考えると皮肉なことだが、アメリカはもう少しでフランスより先に採用するところだったのだ。トマス・ジェファーソンはステフィンの本の英語訳である『10分の1もしくは少数の技法』を贈られていた。1783年にこの本を読んだジェファーソンは非常に感心し、アメリカの10進法通貨制

度の設立に力を貸しただけでなく、1790年にはアメリカに10進法の度量衡方式を提案している。しかしアメリカ議会がこの新しいシステムについて票決を行なったとき、動議は1票の差で否決された。ジェファーソンは亡くなるまでメートル法による度量衡を熱心に支援していたのだが、アメリカは現在でも昔のイギリス法定標準を使い続けている、世界でもまれな国のひとつなのである。

一方のフランスは率先して新しい10進法を発展させ、初めのうちは時間も含めてあらゆるものを10進法にしようとしていた。この理想に最も熱心に取り組んでいたのは、ラランドという人物だ。

ジョゼフ＝ジェローム・ルフランセ・ド・ラランドは、1732年にフランスのブルカンブレスで生まれた。リヨンのイエズス会カレッジで学び、何もなければイエズス会に入るところだった。しかし、パリに行って法律を勉強するよう両親から説得され、それに従った。20歳になるころにはド・ラ・ランドという名前を使っていたが、フランス革命になると、貴族だと思われないように単にラランドへ変更している。法律を学ぶかたわら、あいた時間には天文学の授業もとっていた。卒業したときに科学アカデミーでの職を得て、月と火星の距離を確定するための観測を手伝っている。ラランドはこの研究の成果でプロイセンのアカデミーに迎えられ、そこでオイラーなどの偉大な数学者と交流をもった。21歳になるころにフランスへ戻り、格式の高いパリ科学アカデミーに選ばれた。ラランドが一躍名を揚げたのは、ハレー彗星の接近について正しい予測をしたときだった。彼は数多くの科学書と一般書を出し、その独特の風貌も広く知られるようになった。ある作家は次のように書いている。

フラゴナルが描いたフランス人天文学者ジェローム・ルフランセ・ド・ラランドの肖像画。

「彼はきわめて不細工な男だが、それを誇りにしている。なすび型の頭とそのうしろに彗星の尾のように広がるもじゃもじゃ髪は、肖像画家や諷刺画家にとって格好の題材だ。5フィートの背があると言い張っているが、彼の星の高さの計算のように正確に言うなら、どうも地球上の自分の高さを誇張しているらしい。女性、なかでも聡明な女性を愛し、言葉と態度でさかんに自分を売り込んでいる」

ラランドは無神論者であることを公言しており、フランス革命ではそのおかげで助かったと主張していた。ずっと無神論者事典を書き継いでおり、そこには支持者として数多くの重要人物があげられている。

「科学の光を広めるのは、学者の責務である。それゆえ、やがて学者は地球を血で汚している恐ろしい支配者、すなわち主戦論者たちを抑え込むであろう。その主戦論者を数多く生み出している宗教の終わりも、目にする望みがあるかもしれない」

しかし同時代の人たちの中には、自分を醜くつくった恨みから神を信じないのだと陰口をたたき、ラランドの考えを笑うものもいた。彼らのラランドについての描写は意地が悪い。

「……外反膝とがくがくした脚、丸まった背中に小さなサル頭、血の気のないしなびたような顔つき、狭くて皺のよった額、そして赤毛のまつげの下には、うつろで生気のない目がある」

幸いなことに、ラランドは悪口を受け流していたようで、次のように書いている。

「私は侮辱に対しては防水布であり、称賛に対してはスポンジなのだ」

ラランドはフランス革命を生き延び、1791年になるころにコレージュ・ド・フランス（国営の高等教育機関）の長に選出された。彼が真っ先にしたのは、その学校で女性が学ぶのを初めて許可することだった。フランスは大きく変化していた。ラランドは自分の名声と混乱した時代を利用して、以前は耳にしたこともなかった、新たな変革をもたらす力となったのである。

午後3時の時報が6時25分に？

フランス革命はきわめて重大な出来事だったため、滅んだ貴族階級が利用していた伝統的キリスト教に基づく制度とのつながりを断ち切るため、新しい暦をつくることに決まった。新しい新年とする日付については多くの提案が出されたが、ラランドの案が採用された。その提案では、最初の年の最初の日は1792年9月22日となっていた。偶然にも秋分だったその日に、フランス共和国が創立されたのだ。1年は360日になった（追加の5日は休日だ）。1年は12カ月のままだったが、1カ月は3週しかなく、1週に10日あった。ラランドは、労働者が受け入れやすいように、週の真ん中に休日を1日（2度目の週末のようなものだ）つくるべきだと提案した。まさかと思うだろうが、この提案は受け入れられ、2年目の新年（1793年秋）に、新しい暦がフランスの公式な暦になったのだった。

だが、これはほんの手始めだった。1795年11月1日（これは私たちの暦でだ）までに、時間と角度を10進法にすべきだとする法律が制定された。1日は10時間になり、1時間が100分、1分は100秒になった。その法律

1789 年のフランス革命後に公布されたフランス共和国暦。1792 年 9 月 22 日に始まるこの暦は 10 進法に基づいている。

は、ただちに新しい時計をつくり、それを使うように命じていた。角度については、円の一周である 360 度が 400 グラジアン、直角は 100 グラジアンとされた。つまり、地球は 1 時間ごとに以前の単位系の 360 / 24 = 15 度でなく、40 グラジアン回転するのだ。1 時間は以前より長くなり、グラジアンは度より小さいから、時間の進み方が遅くなったと言える（科学技術用電卓を持っていたら、grad というオプションがあるかもしれない——これを使うと度ではなくグラジアンで計算できる）。

新しい暦や時刻表、三角法の表を計算する膨大な仕事に、かつら製造業者の力を借りら

フランス人数学者ピエール＝シモン・ラプラス。

れるのではないかと考える人もいた。主としてかつらを使っていた貴族階級が革命で頭を切り落とされたせいで（ギロチン台を逃れた貴族も階級を示すかつらを使いたがらなかった）、失業したかつら製造業者が大勢いたのだ。

フランスの数学者ラプラスは、新しい時間の単位系を楽しんでおり、文字盤が10時間になった新しい時計をつくらせたりしていた。時間と角度の新単位系を使った数学の本を5冊書いてもいる。しかし、この単位系を受け入れたラプラスは、むしろ珍しいほうだった。ほとんどのフランス人は考え方自体を簡単に受け入れられず、ひどく苦労しながら慣れようとしていたのだ。1日が10時間で、1時間が100分という日々が10年間過ぎたあと、ナポレオン・ボナパルトが登場し、教会からの強い支援を得るためにこのシステムを葬り去った。そしてついに、ラプラスも新しい暦には科学的な欠陥があると言うようになり、ナポレオンを支持したのだった。

しかし、メートル法が時計と暦に使われたのはほんの短期間だったものの、距離と重量では違っていた。1795年までに、距離の新しい度量法がフランスに導入されていたのだ。測定を意味するギリシャ語の「メトロン」に由来する距離単位が、メートルと呼ばれるようになった。当初のメートルは1秒の半分の周期を持つ振り子の長さとして提案されたが、その後はフランスのダンケルク近くを通る子午線にそった、北極点から赤道までの距離の1000万分の1に変わった。この距離が計算され（いくぶん不正確だとのちに判明したが）、同じ長さの真鍮の棒がつくられた。その次には白金の棒がつくられたが——温度によって若干変化する問題もあり——100年後には白金イリジウム合金の棒がつくられた。これらがメートル原器だが、現在は真空中の光の速度との関係で定義されているため、原器によって1メートルが変化することはない（1メートルは光が真空中を1/299,792,458秒で進

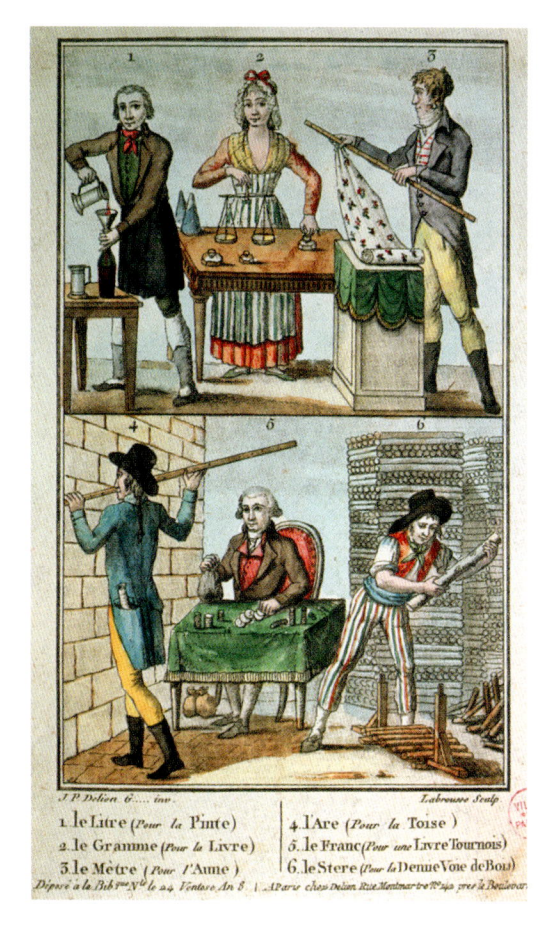

フランスのメートル法制度
を表わした挿絵。

のちにこれも、白金イリジウムの原器がつくられた。グラムの定義により、キログラムやメートルトンも決定された。重さに関してはポンドとキログラムという二種類があるが、その違いは一方が重量の単位であり、もう一方が質量の単位だということだ。地球上にいる場合はほとんど違いがないが、同じものを月面で測るとなると、違いは鮮明になる。月での引力は小さいから、同じ質量のものでも、地球上でより重量は軽くなるのだ。体重14ストーン（196ポンド）の人間が月に行くと、3ストーン（42ポンド）になってしまう。だが、む長さだ）。メートルと、そこから派生する単位（センチメートル、ミリメートル、キロメートル）を使う考え方は、もう押しとどめることができなくなった。

　距離単位のメートルが確立されると、次は体積と質量の番だった。1リットルは10センチメートル（ミリリットル、デシリットルなどにつながる）の辺をもつ立方体の体積だと定義された。1グラムは最大密度（摂氏4度）での1立方センチメートルの水に等しいと定義され、

フランスのメートル法による10時間の文字盤が付いた懐中時計。

80キログラムの人間は、月面でも同じ80キログラムの質量をもつのである（洗面所にある体重計では、正しく測れない。身体の重量をもとにした数値しか出さないからだ）。こうした違いは、日常生活ではまったく問題がないが、宇宙へロケットを飛ばすような場合、質量と重量の違いは非常に大きな問題となる。

このメートル法はほどなく全世界に行きわたり、今ではほとんどの国々が採用している。いまだにイギリス法定標準を採用している国でも、実際はメートル方式にそった単位を使っている場合が多い。というのも、1958年の国際会議で、すべての計量単位（インチやポンドなど）はメートル方式と共有できるように比率をはっきりさせるという合意ができたからだった。だから、国際単位系（SI）の決まりに沿って、1ヤードは0.9144メートル、1ポンドは0.45359237キログラムとされている。これらは厳密な数なので、古い名称は使っていても、このイギリス法定標準はかつて使われていたものと同じではない。こんにち、1インチは（ほぼ時代遅れではあるが）2.54センチメートルのことであり、それ以外の何ものでもないのだ。

【訳注：本節の見出しについて―私たちの時計による3時間は1日の24分の3なので、10進法時間では1時間25分に相当する。したがって、午後3時、つまり15時の時報は、6時25分に鳴ることになる】

聖なるテトラクティスと三角形

10という数は10進法を通じて世界を変えたのかもしれないが、10が2000年前にピタゴラス学派の信条の中心となったのは、その数が謎めいた特性を持っていたからだ。ある

右：ピタゴラス学派はテトラッド、つまり4の数の力を信じていた。この絵画は四季を表わしている。

古代の作家は、こう書いている。

「10とは数の本質である。すべてのギリシャ人もすべての野蛮人も同じように10まで数え、10に達すると再び1の位（ユニティ）へと戻っていく。また一方では、ピタゴラスが語るように10という数の力はテトラッド、すなわち4という数のうちにある。理由はこうだ。1（ユニット）から始めて、それに続く数を4まで加えていくと、10という数が生まれる（1 + 2 + 3 + 4 = 10）。そして、加える数がテトラッドを超えると、合計は10をも上回ってしまう。つまり、ユニットにまつわる数は10の中に存在しているが、4の中にも潜んでいるのだ。そこで、ピタゴラス学派はテ

トラッドを呼び起こすために、最も拘束力の強い誓約を用いていた。これによってわれわれの世代に、永遠なる自然の源泉と根元を含むテトラクティスを伝えたのだ……」
[訳注：テトラクティスは10個の点が4列並んだ三角数。178ページの図参照]

　ピタゴラス学派が信じていたように、もし数が宇宙を理解する鍵だとしたら、10は確かに特別だろう。最初の四つの数1、2、3、4と10とのあいだの不思議な関係は、10組の4に基づいた完全な哲学へと導いていく。聖なるテトラクティスは、彼らが世界を説明し理解する観点だった。

1	数	1＋2＋3＋4
2	大きさ	点、線、面、固体
3	要素	火、空気、水、土
4	形	角錐、8面体、20面体、立方体
5	生き物	種、縦の成長、横の成長、太さの成長
6	社会	人、村、都市、国
7	能力	理性、知識、見解、感覚
8	季節	春、夏、秋、冬
9	人の一生	幼年、青年、壮年、老年
10	生き物の部分	身体、魂の三つの部分

　これはピタゴラス学派にとっての人生を導く十戒であり、また同時に真実を探求し理解する精神に力を貸してくれるものであるが、無理に好ましくない行動を抑制したり禁止す

るものではなかった。数がこの哲学の核心を形づくっていたため、ピタゴラス学派が四つの数から成る10を崇拝していたのは偶然ではない。最初の四つの数1、2、3、4をアラビア数字でなく点で表わし、小さい数字から順番に列にして上から並べていくと、これらの数字は完璧な三角形を形成し、点の合計は正確に10になる（この図がテトラティスだ）。

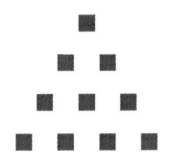

　10が4番目の三角数だと言われるのは、こんなふうに三角形を生み出すからだ。点から成る列で表わした数を使って、次の数が列の下になるように書いてみると、点の列で三角形を構成する最初の10個の数字が1、3、6、10、15、21、28、36、45、55だということがすぐわかる。レンガが次々と上に重なっているように、そのすべてが点による完璧な三角形を形成している。

　三角数の計算はとても簡単で、自然数を加えていくだけでいい。つまり、最初の三角数は1であり、2番目は1 + 2 = 3、3番目は1 + 2 + 3 = 6、4番目は1 + 2 + 3 + 4 = 10となる。完全数がみな三角数であることがわ

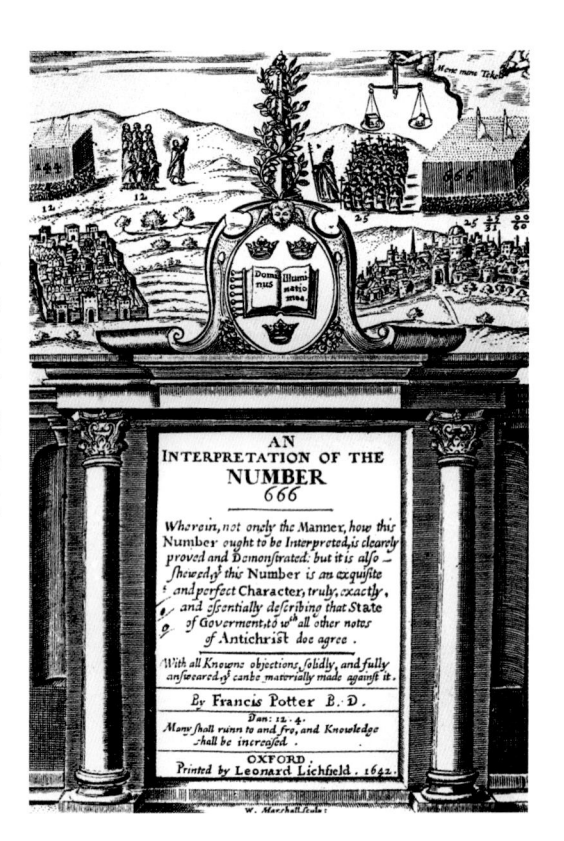

邪悪な数666の解釈を記した1642年の挿絵。

かるだろう（〈1〉の章で見たように、完全数とは非常にまれな数のひとつで、その数の約数のうちの、その数より小さい数すべてを足すと、合計がその数になるものだ）。最も有名な三角数のひとつに、「邪悪な数」と言われる666がある（ただ、666が邪悪な数かどうかは、今ではいくぶん疑わしい。何世紀も前に聖典を書き写したときの間違いかもしれないと言われているのだ。現存する最古の新約聖書の写本——1500年も前のもの——には、真の「邪悪な数」は616だと書いてあるらしい）。

　三角数は何千年も昔から知られていたのに、最も詳しい研究のひとつが行なわれたのは17

世紀になってからのことだった。

　ブレーズ・パスカルは、1623年にフランスのクレルモンで生まれている。わずか3歳のときに母親が亡くなったため、教育についてかなり珍しい考えをもっていた父親（弁護士でありアマチュア数学者）の手によって育てられ、父親から教育を受けた。この父親は息子が15歳になるまで数学を教えるべきでないと信じていたため、どんな数学の本も家に置かなかった。これは父親の巧妙な作戦だったのかもしれないし、ただの偶然かもしれないが、パスカルはやがて禁止された科目に興味をそそられ、あいている時間に自分で幾何学の勉強をするようになった。12歳になるころには、三角形の内角の合計は直角二つ分（180度）と等しいことを自力で発見している。息子が数学の勉強をしていることを知った父親は態度を変えて、ユークリッドの本を与えた。ほどなくパスカルは父親の出席する数学者の会合に同席するようになり、そこで幾何学について自分の定理を発表した。

　16歳のときに父親が徴税官の仕事についたため、一家はルーアンへと引っ越した。その1年後、パスカルは幾何学についての最初の本を発表している。22歳になるころには、父親の貨幣計算に役立てようと機械式計算機（彼はパスカリンと呼んでいた）を発明していた。ただ、フランス貨幣はイギリスのように12と20が基準であるため（12ドゥニエで1ソル、20ソルで1リーブル）、計算機をつくるのはかなり難しかったようだ。1年後に父親が脚を骨折したとき、近くの修道会の修道士2人が看護をしてくれた。その姿に強く心を動かされたパスカルはきわめて信仰深くなり、「人間の偉大さと苦難について熟考する」生き方を選ぶことにしたのだった。

　それでも彼は時間を見つけては研究を続け、大気の圧力について考察しはじめる。やがて

ブレーズ・パスカル

ブレーズ・パスカルが1642年につくった計算機。上部にある穴に計算した数の解が表示される。

パスカルは、真空（バキューム）（その中では大気圧が0だという空間）が存在すると確信した。だが、パスカルを訪ねてきたデカルトはそれを信用せず、パスカルは「頭に空所（バキューム）が多すぎる」と、のちに友人に書き送っている。

またパスカルは、「大声でしゃべる、どこか尊大な態度のきゃしゃな男」とか、「早熟できわめて忍耐強く、完全主義者で、無慈悲ないじめと思えるほど人に対してけんか腰のくせに、柔和で謙虚になろうとしている」などと描写されている。

幸いなことに、侮辱を受けてもパスカルは研究を進め、数カ月後には、大気圧は標高の高いところでは低下することを明らかにした。このことから彼は、大気の上には真空の部分（つまり、今私たちが宇宙と呼んでいるところ）があるはずだと推論した。その後の研究では、液体の圧力や幾何学、確率を解明し、さまざまな哲学的思想や宗教的思想を探求している。神への信仰が道理にかなっていると証明するために、あらゆることを組み合わせようとしたことさえあった。パスカルは、蓋然論的論拠や数学的論拠を用いて神への信仰が合理的だと証明しようとしている。

「もし神が存在しないなら、信じて失うものは何もない一方、もし存在していたら、信じないことですべてを失うであろう」

これは「パスカルの賭け」として知られている――彼の結論は、「われわれは賭けをせざるをえない」だ。しかし、彼の論拠には欠陥がある。たとえば、私たちは木から果物を選ぶようには信仰を選べない。もし選べたとしたら、そこで以前の自分とは変わってしまうのだから、以前の自分が神への信仰をなくしてどうなったかなど、知ることなどできないのだ。

パスカルの哲学的見解には議論の余地があるとしても、数学の研究は革新的だった。彼のおかげで以前より深く探求されるようになった分野に、数論と三角数がある。このた

め、彼が発明したわけではないのに、数字を使ったある特定のパターンが「パスカルの三角形」として知られるようになった（下のコラム参照）。

　パスカルの三角形は、非常におもしろい数字の配列だ。まず、「肌」となる二つの斜辺には、すべて1が並んでいる。その内側の斜辺は順番に並んだ自然数であり、さらに内側は順番に並んだ三角数で構成された斜辺となる。四つめの層に進むと、今度は三角錐数（あるいは四面体数）が順番に並んだ斜辺になる（三角錐数をつくるには、三角数に使っている二次元の三角形でなく、三次元の三角錐に点を積む）。さらに内側へ向かうと、次の斜辺は並んだ五胞体数で、その先も続いていく……。素数やフィボナッチ数、カタラン数も見つけられるし、偶数と奇数をすべて白黒に塗りわけると、シェルピンスキの三角形として知られているフラクタクルができる（フラクタクルはどんな細部を見ても全体と同じ構造が現れる図形。最後の〈i〉の章で詳しく述べる）。またパスカルの三角形を使うと、2項式と言われる特殊な方程式を展開することができる。

　パスカルは、年をとるにつれてさらに信仰

パスカルの三角形

　パスカルの三角形をつくるのは簡単だ。まず、三角形の頂上を1として始める。それから、その下に「レンガ」を置いていくが、単純なルールを守る必要がある。そのルールとは、新しい数字はその上の二つの数字（左側の上と右側の上）の合計とすること。そして、もし上に数字がひとつしかなかったら、得られない数字は0とすること。そうするだけで、数字でつくられたとても特別な三角形ができあがる。

```
                                    1
                                  1   1
                                1   2   1
                              1   3   3   1
                            1   4   6   4   1
                          1   5  10  10   5   1
                        1   6  15  20  15   6   1
                      1   7  21  35  35  21   7   1
                    1   8  28  56  70  56  28   8   1
                  1   9  36  84 126 126  84  36   9   1
                1  10  45 120 210 252 210 120  45  10   1
              1  11  55 165 330 462 462 330 165  55  11   1
            1  12  66 220 495 792 924 792 495 220  66  12   1
          1  13  78 286 715 1287 1716 1716 1287 715 286  78  13   1
        1  14  91 364 1001 2002 3003 3432 3003 2002 1001 364  91  14   1
```

深くなっていった。あるとき、彼の馬車を引いている馬が暴れて逃げ出し、残されたパスカルはセーヌ川にかかる橋から宙づりになった。けがもなく助け出されたが、生き延びたことを神のおかげだと考えて、宗教的な詩をしたため、死ぬまでその詩を上着に入れて持ち歩いた。また、のちに不眠症と歯痛に苦しみつつ新たな数学的問題に取り組んでいると、解決法が頭に浮かんだとき、痛みが不意に消え去った。彼はこれを、考えを突き詰めさせようとする神の干渉ととらえ、それから8日のあいだ考え続けた。パスカルが宗教について書いたものは、主題を雄弁に語るためにユーモアをまじえ、批判は抑えており、新しいフランス詩の標準となった。あるパリジャンから地方の友人への架空の手紙という形式で、1冊の本を書いたこともある。たとえば手紙16には、こんな印象的な謝罪のことばが書かれてある。

「もっと短い手紙を書くべきだったのでしょう

2項式

2項式とは、簡単に言うと二つの要素をもつ小さな方程式だ。例をあげよう。

$(x+1)^2$

2項式を展開すると、その数式の値（あるいは概算値だけでも）が求められることが多い。上の2項式を展開すると、次のようになる。

$x^2 + 2x + 1^2$

注意深い人なら、この係数がパスカルの三角形の上から3段目、

1　2　1

と同じであると気づくかもしれない。

おもしろいことに、このことはどんな2項式にもあてはまることがわかる。一般の2項式、

$(x+y)^n$

を展開するには、展開式

$a_0 x^n + a_1 x^{n-1} y + a_2 x^{n-2} y^2 + \cdots + a_{n-1} xy^{n-1} + a_n y_n$

の係数 a_0、a_1、a_2、……a_n を求める必要がある。

これらの係数はパスカルの三角形の列 n + 1 にある数字と等しくなる。次の式で試してみよう。

$(x+4)^4 = a_0 x^4 + a_1 x^3 \times 4 + a_2 x^2 \times 4^2 + a_3 x^1 \times 4^3 + a_4 \times 4^4$

n が4だから 4 + 1 = 5 で、パスカルの三角形の5列目にある数字は 1、4、6、4、1 だから、展開は下のようになる。

$1x^4 + 4x^3 \times 4 + 6x^2 \times 4^2 + 4x^1 \times 4^3 + 1 \times 4^4$

あるいは、もう少しシンプルにすると、こういう式になる。

$x^4 + 16x^3 + 96x^2 + 256x + 256$

が、そうするには時間がなかったのです」

　死ぬまでの数年間、彼は胃にできた腫れ物の激痛に苦しんだ。科学をあきらめ、貧しい人々に施しをして過ごした。パスカルが脳出血で死んだのは、まだ39歳のときだ。しかし、世界から忘れ去られることはなかった。パスカルの三角形はもちろんのこと、1968年には、あるコンピュータ言語が彼にちなんでパスカルと名づけられているのだ。

パスカルの三角形が初めて印刷された、ペトルス・アピアヌスによる1527年の著作『計算』の扉ページ。

13恐怖症
〈12a〉の章

　数は至るところにある。なのに、ラッキー・ナンバーやアンラッキー・ナンバーを挙げようとすると、人はどうしてこうも独創的でないのだろう？　任意に選んでいるつもりのときでさえ、みんな同じような数を選んでしまいがちなのは、なぜなのか？　ひょっとすると、数そのものに人の心を動かす何かがつきまとっているのか。幸運、あるいは不運を招く数などというものが、本当にあるものだろうか？　迷信を裏づけるような根拠がいくらかはあるのだろうか？

「1 から 100 までのあいだの数をひとつ思い浮かべてください。思い浮かべましたか？では、私がその数をずばり当ててみましょう」【答は本ページの下】。

2006 年、アメリカ、カリフォルニア州のグレッグ・ラーブズという男が、ウェブサイト http://www.arandomnumber.com をつくり、何のためなのかという説明はいっさいなしで上のように問いかけた。本書執筆の時点で、彼のサイトには 71,618 の数が寄せられている。そして、非常におもしろい結果が出た（この本の読者のために、彼が特別にまとめてくれたものだ）。上位五つの数（みんなが思い浮かべてからキーボードで打ち込んだもの）は、人気のあった順に、5、7、37、56、42 だった。トップの 5 という数の出現度は、全員が完全にランダムにひとつの数を挙げたとしたら出てくるはずの頻度の、3 倍になった。

選ばれた数から、いろいろな影響が混じり合っていることがうかがえておもしろい。5 という数は、コンピュータのキーボード上で数字列でも数字パッドでも真ん中にあって、非常に目につきやすく、いちばん打ち込みやすい。同じように 56 も、即座に入力しやすい。7 と 37 という数には、もっと興味ぶかいところがある。二つとも素数だからか、いかにもラッキーに、あるいはバランスがとれているように思えるからか、きわめて多くの人が選ぶ数だと考えられているのだ。また、通常よりかなりの高率で 42 という数が選ばれたのは、ダグラス・アダムスの小説『銀河ヒッチハイク・ガイド』の影響が表われていると言ってほぼまちがいない。一方、ほとんど誰ひとりとして挙げなかった、下位五つの数（人気最下位を含む）は、40、91、94、70、90 である。どういうわけか、これらの数が語られることはめったにない――誰もそれをラッキーとも、おもしろみがあるとも、特別だとも考えないということだろうか。

グレッグの実験が如実に示すように、人々はランダムに数を挙げることが得意でない。なぜかしら、つい選んでしまいやすい数というものがある。迷信やその他の文化に影響されて、誰もたいしてユニークにはなれないのだ。

【訳者注：このランダム・ナンバーのサイトは、2008 年 11 月の時点でもまだ機能している。また『銀河ヒッチハイク・ガイド』の作中、「生命、宇宙、そして万物についての究極の答え」を問われたスーパーコンピュータが 750 万年の計算の末に出した答えが「42」だった。】

思い込みにご用心

それはともかく、迷信とは何だろう？迷信 "superstition" の語源は、ラテン語の "superstes"（「〜を越えて」、「〜の向こうに」という意味の super と、「立つ」を意味する sto から成る）だと考えられている。この superstes には、「何かを目撃した者」と「何かから生き延びた者」という二つの意味がある。そこで、superstitio とは、あたかもそのできごとの場に居合わせて生き延びたかのような話しぶりのこととなり、未来を予測するというふれこみの予言者を連想させるようになる。superstition は、未来予測のための一連のルールへと進化した。はしごの下をくぐったら身の上によくないことが降りかかる。流れ星を目にして願いごとをすれば、その願いがかなう。13 という番号の座席に座ると運が悪くなる、などなど。

13 は迷信を表わす典型的な数だ。何であれ 13 のついたものを不安がる人は多い。もし超自然的な性質をもつ数があるとしたら、それはきっと 13 ではなかろうか。

13 が不吉だといういわれがどこからきたの

それは 37 だろう。そのわけを知りたかったら、本文の続きを読まれたい。

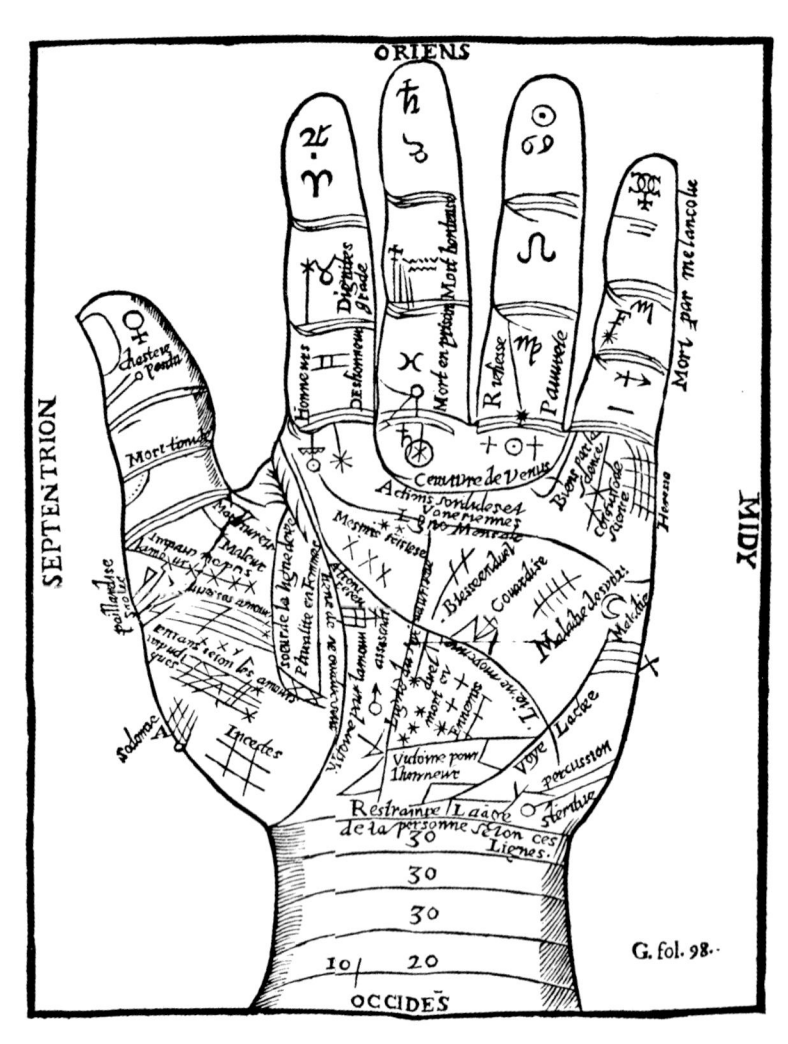

superstition という言葉は、未来を予測するというふれこみの予言者を連想させるようになった。よくある予言の一例、手相見。

かは、遠い昔のことではっきりしない。ヴァイキングの神々に、あるいは最後の晩餐に連なる使徒の数にまつわるという説もあれば、テンプル騎士団員たちの処刑にまつわるとも言われるし、1年に13の月の（月経）周期があるというので女性を忌避した古くさい偏見を示唆するものまで、諸説がある。わかっているところでは、ヒンドゥー教ではひとつの場所に13人が集まるのは縁起が悪いとされ、トルコ人は13という数を嫌うあまり語彙から消去せんばかりだということだ。しかし、中国では13はラッキー・ナンバーであり、古代エジプトでも幸運を表わすと考えられていた。13が西欧世界において好まれない数であるのは確かで、13番通りや13番街のない町、13階のないビル、13号室のない建物は多い。コンピュータやジェットエンジンの時代にしてなお、たいていの旅客機の座席配置には13という列がない（この段落で13という数を13回繰り返していると気づいただけで、ぞっとする人もいるかもしれない）。

13を極端に怖がる症状を「13恐怖症」（トリスカイデカフォビア）という。こういう症状の人たちは、名だたる犯罪者たちの名前が13文字だということを指摘するだろう。たとえば、切り裂きジャック（Jack the Ripper）、

チャールズ・マンソン（Charles Manson、女優シャロン・テートなどを惨殺）、ジェフリー・ダーマー（Jeffrey Dahmer、ミルウォーキーの食人鬼）、テッド（テオドール）・バンディ（Theodore Bundy、連続女性殺人鬼）、アルバート・デサルヴォ（Albert De Salvo、ボストン絞殺魔）などがいる。また、魔女集会につどうのは13人の魔女だとも言うことだろう（だったらどうなんだ、ということはさておきだが）。

　しかし、現代ではこういう迷信じみた思い込みはまともな意味をなさないし、迷信じみた怖れを正当化することのできる人間は、ほとんどいない。ハロウィーンや、もっと言えばクリスマスを祝うように、あるならわしがすっかり文化に根づいてしまえば、それは習慣から儀礼へ、伝統へと徐々に変わっていく。だから、西欧世界で13日の金曜日は伝統のようなものになっているのだ。残念ながら、伝統が牙をもつこともある。幸運や不運の陰にどんな真相があるかはいざしらず、たくさんの人々が、自分のふるまいはこの「特別な日」に左右されると認めている。それどころか、驚くことに、1993年の『英国医学ジャーナル』に掲載された科学記事に、交通事故による入院が13日の金曜日には前の週より52%も増加したと示されている。13日に車を運転しようとする人は、6日に比べると目立って少ないにもかかわらずである。その記事ばかりではない。2005年にABCニュースが報じたところによると、米国内商取引は13日の金曜日のたびに、迷信深い労働者たちが自宅にひきこもったり飛行機やバスでの旅行計画を取りやめる人が続出するせいで、10億ドル近くの損失をこうむるという。この日付に対する恐怖はありふれているので、13日の金曜日恐怖症の呼び名はひとつどころか二つも存在する――「パラスケヴィデカトリアフォビア」と「フリッガトリスカイデカフォビア」だ。ありがたいことに、どちらもひどく発音

迷信にのっとった入会式。会員たちがはしごの下をくぐる。はしごの下をくぐると――13という数がある場合はなおさら――悪運を招くと言われる。

しにくい単語なので、映画のタイトルなどに採用されそうにはない（クモを怖がるアラクノフォビアと同様だ）。

　皮肉なことに、13日の金曜日が不吉だという思い込みこそが、その日を運の悪い一日にしてしまうことが多い。かなりの人々が不安定な気分に陥ってこの日付に過剰反応するあまり、実際、車での移動はいつもより危険な状態になりかねない。その日を不吉なものにしているのは13という数ではなく、その数に対するわれわれの反応のしかたなのだ。だが、みんなが「さかさまに暮らす」オーストラリアでは、もうひとつの興味ぶかい傾向が見られる。13日の金曜日にはくじの売れ行

鏡を壊すのは、13という数が表わすものと同様、縁起がよくないとみなされ、7年にわたる不運を招くと考えられている。

きが、ほかの日に比べてはるかにいいのだ。オーストラリアでは、その日は運がよさそうだと思われているのだろう。

運を数学する

数と運には関連性があるが、そういう迷信から連想されるたぐいの関連ではない。幸運とは本来よい運命のことなのだから、この先の幸運をどうやって知るというのだろう？
多額の懸賞金を当てる、あるいは希望する職を手に入れるといった勝算は、どのくらいあるのか？

偶然を初めて数学的に考えてみたのは、17世紀に生きた二人の数学者だった。ブレーズ・パスカル（〈10〉の章に登場した「パスカルの三角形」は彼の名にちなんだもの）とピエール・ド・フェルマー（答えの記されていない「最終定理」、そして〈√2〉の章でみたようにデカルトに憎まれたことで知られる）。パスカルはフランス人貴族シュヴァリエ・ド・メレから、賭けの問題を考えてほしいと頼まれる。問題は、一対のさいころを24回振る場合について、少なくとも1回は6のゾロ目が出るということに賭けるのは、有利な手だろうか、24回のうち6のゾロ目が出る可能性はどのくらいあるのだろうか、ということだった。

パスカルは、親しくしていたフェルマーへの手紙に、その問題のことを書いた。1654年のことだ。すぐに二人の数学者は夢中で手紙をやりとりしはじめ、現在われわれが確率と呼んでいる考えを生み出した（最初のものを除いて手紙はすべて現存している。二人の数学者が互いに修正し合っては新たな考え方に意見の一致を見いだしていくさまが見てとれて、非常に興味ぶかい）。

では、何かが将来どの程度ありそうかということを、どうやったら計算できるのか？
ツキが回ってくるかどうか、どう見積もるというのだろう？　やや単純な問題を考えてみよう。パスカルとフェルマーはパリのカフェにいて、一緒に単純な「コイン投げ」ゲームをしている。落ちたコインの表が出れば、フェルマーの得点になる。裏が出れば、パスカルの得点だ。先に10点獲得したほうが最終的な勝者となる。パスカルもフェルマーもそれぞれ50フランを出し、勝者が100フランを総取りする。しばらくゲームを続けたところ、フェルマーが8点対7点で勝っている。ところが思いがけず、友人が危篤だという緊

急の知らせが入り、フェルマーはすぐに帰らねばならなくなった。パスカルは了解した。ただ、フェルマーが行ってしまってから、自分が100フランをそっくりそのまま預かっていることに気づく。彼はフェルマーに手紙で、その金を二人でどう分けたものだろうと問い合わせる。それへの返信のなかでフェルマーは、ゲームの終わり方がどんなふうになりうるかを示し、公平な金の分け方を説明するのだ。(右のコラム参照)

パスカルとフェルマーがやりとりした手紙の原文は、この文面より若干こみいっているのだが、考え方はこれでわかってもらえるだろう。こういった手紙をとりかわしながら、

パスカルとフェルマーは、
コイン投げに賭けるという
運だめしのゲームをした。

フェルマーからパスカルへの手紙

親愛なるブレーズ

　100フランをどう分けるかという問題だが、きっときみも公平だと言う解決を見つけたように思う。あのゲームに勝つには、私はもう2点、きみは3点の得点が必要だったわけだから、あと4回コインを投げていればゲームは終わっていたことになる。その4回のうちに、きみが勝つために必要な3点をとれなければ、それは私が勝つために必要な2点を得たということになるからだ。同様に、私が勝つために必要な2点をとれなければ、それはきみがともかく3得点を達成し、ゆえにゲームに勝ったということになる。したがって、見込まれるゲームの終わり方は、以下に列挙したもので網羅できているはずだ。表（heads）をh、裏（tails）をtと表示する。私の勝ちとなる場合に、アステリスクのしるしを付した。

hhhh*　hhht*　hhth*　hhtt*

hthh*　htht*　htth*　httt

thhh*　thht*　thth*　thtt

tthh*　ttht　ttth　tttt

　どの結果になる見込みもすべて等しいと、きみも同意するものと思う。したがって、賭け金は私に有利な11:5に分配すればいいのではないか。つまり、私が(11/16)*100 = 68.75フランもらい、きみが31.25フランを取るということだ。

パリでのご活躍を祈りつつ、

きみの友人にして同僚

ピエール

二人の数学者は、分数や比を使ってどの程度の見込みがあるかをはっきりさせられると気づいたのだった。コインには二つの面しかないし、どちらの面が出る見込みも同等にあるのだから、コインの表が出る可能性は二つにひとつ、つまり1/2の確率となる。二人は、確率の計算に足し算と掛け算が使えることにも気づいた。さいころを2回振って続けて6の目が出る（6 and 6）確率は 1/6 x 1/6 だ（「and」は掛け算になる）。6または3の目が出る（6 or 3）確率は 1/6 + 1/6（「or」は足し算）。こういったことやその他多くの同様の関係を利用して、さまざまなできごとの起こる確率を算出することができる。世界中のカジノや賭け店、競馬場などではどこでもこれを活用しており、客が勝つよりも負ける回数のほうが必ずやや多くなるように、したがって店側が巨額の利益をあげられるようにしている。パスカルが頭を悩ませた最初の問題の確率も、計算で求められるのだ（次ページのコラム参照）。

確率論は非常に有用だが、役に立つときばかりとはかぎらない。確率は、一連の仮定条件のもとに（さいころがいかさまでない、馬の状態がいい、本当に表面と裏面のあるコインが使われる、など）、最もありそうな結果を教えるものだ。仮定条件にほんのちょっとでもはずれがあることはざらなので、現実の世界では確率をあてにはできないものだ。ただ、ときには勝ち目のある確率があることもある……もし大きな大きな幸運に恵まれればだが。

カジノでは確率の法則を活用して、ギャンブラーたちの勝ちよりも負けのほうが確実に多くなるようにしている。

数に意味を見いだす

迷信（あるいは数秘学）にまどわされて、数には意味がある、13という数のもつ意味が運を左右する、と信じ込むこともあるかもしれない。だが確率を計算すれば、どの程度の運があるのかを数が示してくれるのだ。とはいえ、ほかにも意味深長な数を手に入れるのは、難しいことではない。数は文化に影響されて新たな意味をもつようになることがあるのだ。たとえば、1984（ジョージ・オーウェルの有名な小説『一九八四年』から、超全体主義国家の意味）や、"キャッチ22"（ジョゼフ・ヘラーの同名の小説から、八方ふさがりな状態のことを言う）などがある。また、数（number）という言葉を使って別のことを意味する表現さえある。"your number is up"（命運が尽きた、一巻の終わり）という表現があるが、これは旧約聖書の「ダニエル書」第5章にある「神があなたの治世を数えて、これをその終わりに至らせた」という一節からきている。バビロンの王が、自分の王政は終わりのときにきたと告知される

パスカルに提起された確率論の問題

われわれは、二つの公正なさいころを使って24回振ったとき、少なくとも1回、6のゾロ目が出る確率を知りたい（公正なさいころとは、錘を入れて不正な動きをさせたりしていないもののこと）。

ひとつのさいころで6の目が出る確率は、1/6だ（さいころには六つの面があって、6はそのうちのひとつにしかついていない）。したがって、もうひとつも6の目が出る確率は、1/6 × 1/6 = 1/36 となる。

6のゾロ目が出ない確率は、これを除くすべての場合だから、1 − 1/36 = 35/36 となる。

つまり、24回振って6のゾロ目が出ない確率は、

35/36 × 35/36 × 35/36 ..... × 35/36 = 0.508596

少なくとも1回6のゾロ目が出る確率は（1回または複数回のゾロ目が出るという意味だ）、上の場合を除くすべての場合だから、

1 − 0.508596 = 0.4914

このことから、24回振って6のゾロ目が出る確率（0.4914）は、出ない確率（0.508596）よりほんのちょっとだけ低いことがわかる（非常に近い値だが）。そこで、賭けをするときは、6のゾロ目が出ない方に賭けるべきだ。そうすれば、勝つ可能性の方が少しだけ高くなる。ほかの手としては、二つのさいころを振る回数を24回より多くすることだ。そうすれば、6のゾロ目が出る確率は高くなっていく。50回振ると、6のゾロ目が出る確率は0.7555になるのだ（およそ76％と言ってもいい）。もし相手に100回振らせることができれば、6のゾロ目が出る確率は0.94（94％）という非常に高いものになる。

場面だ。

とはいえ、数の助けを借りて意外なところに意味を発見することができると信じる人たちもいる。1984年、ドロン・ウィツタム、エリヤフ・リップス、ヨハヴ・ローゼンバーグという3人のイスラエル人が、「トーラー」（旧約聖書の最初の五書である「創世記」「出エジプト記」「レビ記」「民数記」「申命記」の総称）の中に驚くべきことを発見したと発表した。トーラーには中世のラビ（トーラー学者、賢者）たちの伝記情報が、文字パターンを使って「暗号化されている」というのだ。ラビたちの生没年月日のそばに、その名前がテキストに隠されているのが見つかるらしい。その情報は、何文字かごとにスキップして読んだ文字がカギになるという、等距離文字列法（ELS）によってわかる。その数がわかったら、メッセージを解読できるというものだ。たとえば、

this **s**ent**e**nce **f**orm **a**n EL**S**.

という文で、先頭のtから始めて3文字置きに文字を拾うと（スペースと句読点は無視する）、太字で表わしたt、s、e、f、a、Sとなる。これを並べ替えると、隠された言葉は"SAFEST"（最も安全）になるというわけだ。

この主張が10年後に統計学の機関誌に発表され、激しい論争をまき起こした。聖書やトーラーには本当に暗号が隠されていると信じる一派（『聖書の暗号』の著者マイケル・ドロズニンら）は、さらに天災や世界の終末、暗殺された歴史上の重要人物など、聖書のテキストに「しまい込まれていた」驚くべき予言まで見つけ出した。

いかにもおもしろい考えのようだが、数学者たちがその主張を確かめてみたところ、さほど説得力があるようではなかった。都合のいい数とたっぷりのテキストさえあれば、見つけたいものは何だろうと探し出すことができるのだ。雲の中に顔が見えたりすることがあるのと同じで、ほとんどどんなものの中に

グーテンベルク聖書より、創世記の1ページ。数秘学はしばしば聖書に適用されてきた。

も意味ありげなパターンは見つかる。だからといって、それに何か意味があるということにはならない。

　自著を正当化しようとして（それとも、ただ売り上げを伸ばそうとしただけか）、ドロズニンは「私を批判する者たちが『白鯨』に国家元首暗殺についてのメッセージが暗号化されているのを発見したら、私は彼らの言うことを信じる」と述べた。批判の先鋒であるマッケイという数学者は、すぐさま、『白鯨』がインディラ・ガンジー暗殺を始め、マーティン・ルーサー・キング・ジュニア、ジョン・F・ケネディ、エイブラハム・リンカーン、イスラエルのラビン首相暗殺、さらにはダイアナ元皇太子妃の死までも予言しているというELS分析を出した。マッケイは、オーストラリアのTVパーソナリティ、ジョン・サフランと共同で、9.11同時多発テロの証拠がヴァニラ・アイスの歌詞に暗号化されているのを見つけることもできると示してみせた。もうひとり、デイヴィッド・トマスという数学者は、「創世記」をELSで読み解いて、「暗号（code）」と「いんちきの（bogus）」という言葉が60回も隣接して出てくることを発

古代に書かれたヘブライ語。この中に、文字パターンで暗号化されたメッセージが隠されていると考える人たちもいる。

見。トマスは、ドロージンの第二作『聖書の暗号2』(2002年刊) も ELS 分析してみせた。見つかったメッセージは、「聖書の暗号は、ばかげた、愚かな、まやかしの、にせの、たちの悪い、きたない、おもしろくもない詐欺であり、たわごとのでっちあげだ」。これで彼は、熱心に探しさえすればどんなメッセージだろうと望みどおりに見つけられることを、完全に証明したのだった。

　数を使ってテキスト中にメッセージを見つけることは可能である。ただ、見つかったメッセージに何か意味があると期待してはいけない。迷信やにせものの新たなメッセージなど必要ないのだ。素数だろうが、完全数、実数、虚数だろうが、数にはそれ自体に魅力がある。数はすでに、私たちに万物を探求し解釈させてくれる、深遠な真の意味をもっている。金儲けまがいの怪しげな情報で世間を騒がせようとしたり、専門家を気取ったりする連中からは、距離をおくのがいちばんではないだろうか。

数はまるで柱のように、私たちの世界を支え、世界をきちんとした形にしてくれている。もしπが3.14159 ..... でなかったとしたら、この宇宙の中のあらゆる円や曲線の形は違っていたことだろう。φが1.61803 ..... でなかったら、あらゆる幾何学的な形状や比率、曲線は違ったものだっただろう。eが2.71828 ..... でなかったら、位置、速度、加速度はまるで違った関係になっただろう。これらの数は空間や時間と同じくしっかりと、私たちの宇宙に組み込まれている。上にあげた数だけではない。私たちの実存世界観をがらりと変えた、きわめて重要なひとつの数がある。それは「c」。真空中を進む光の速度である。

極限の速度

光速（c）の章

ある速度が、なぜそれほどまでに重要なのだろうか？　かつては音速が、超えることのできない限界速度だと考えられていたものだが、その先へ研究が進むのは早かった。空気中を音が伝わる速度は、秒速331.4メートル（時速1,193キロ）。ただし、空気の温度による（温かい空気中でのほうが早くなる）。今では、音速を超えた速度での移動が可能なことがわかっている。ジェット機が超音速で飛んでも、それによって引き起こされるできごととしては、ソニックブームが聞こえるということくらいしかない（超音速機による衝撃波が地上に達して発する轟音だ）。地上で見ていると、目に見えている飛行機の位置のかなり後方で、エンジン音が聞こえるように思える。これは、光が音よりも早く伝わるため、できごとの発生が耳に届くまでのずれが、目に届くまでのずれよりずっと大きくなるためだ。

　では、音速よりも速く移動することができるのだとしたら、光速についても同じではないだろうか。なるほど光は音よりも、はるかに速い。秒速約299,792キロメートルだ。だが、航空機や宇宙船につなげる大型ロケットがあれば、加速してその速度を超えられるのではないか？　そう、たとえば太陽くらいのエネルギー源をもったロケットがあれば、秒速305,710キロくらいまでは加速できるのでは？　それでも足りないのなら、太陽100万個分のエネルギー源をもったロケットだったら？

　意外に思われるかもしれないが、それは無理なのだ。どんな大型ロケットを使おうが、どれほど加速することができようが、決して光速を超えることはできない。この宇宙には速度の限界があって、何ものもその速度を超えることはできないことになっている。真空中の光の速度が、私たちの達成できる最高の速さなのだ。なぜそうなのか、その理由を解き明かしたのは、アルバート・アインシュタインという天才だったが、そこに至るまでに彼は、光の速度そのものを理解しなくてはならなかった。

cに出会う

　何千年もの長きにわたって、光に有限の速度があるということ自体、思いもよらない考えだった。アリストテレスからケプラー、デカルトまで、ほとんどの人間が、光はただ瞬時に伝わると信じていた。最初に望遠鏡をつくって夜空を観測したガリレオが、ともかく光がどのくらい速いのか確かめようと実験を提唱した、最初の科学者だ。彼は助手とともに、覆い付きのランプを二つ用意した。初めは互いに近いところに立って、ガリレオがランプの覆いをはずし、助手はガリレオのランプの光を認めたらすぐ第2のランプの覆いをはずす。互いにあまり離れていないとき、遅

ガリレオの裁判（1633年）。光の速度を研究対象とするような革新性にもかかわらず、ガリレオは異端審問にひきずり出された。

れは人間が反応するのにかかる時間だと思われた。続いて、二人はそれぞれ遠くはなれた丘の上に立って、同じ実験を繰り返した。ガリレオがランプの覆いをはずし、助手のランプの光を観察する。ガリレオの考えでは、光が音と同じようにふるまい、伝わるまでにはっきりわかる遅れを生じるとしたら、覆いをはずすタイミングに差が出るのがわかるはずだった。助手はガリレオのランプの光が自分の目に届くのを待たねばならず、ガリレオも、返信される助手のランプの光がはるばる戻ってくるのを待たねばならない。もしこれが音についての実験だったら、たぶんガリレオが銃で空砲を発射し、助手は銃声が聞こえたらすぐ自分の銃を発射するということになるだろう。別々の丘の上にいる二人の発射には、数秒というはっきりした遅れが生じるはずだ。しかし、ご推察のとおりと言おうか、光の移動速度は、ガリレオの考案した方法で

はとうていつきとめられないくらいの速さである。ランプを使った実験では、近距離のときと比べてはっきりわかるような差を認めることができなかった。彼が出した結論は、光は音の少なくとも10倍の速さで伝わるに違いないが、その本当の速度はわからないというものだった。

　それから50年もたたぬ1676年、天文学者のオーレ・レーマーが、光の速度をなんとか計算することに成功した。レーマーは1644年、デンマークのオーフス生まれ。コペンハーゲン大学に学び、ラスムス・バルトリン（光の屈折を研究した科学者）の教えを受けた。その後、パリの天文台に職を得て、惑星やその衛星を観測する仕事についた。何かがおかしいと気づいたのは、その仕事中のことだ。

　レーマーは、木星の惑星のひとつ、イオを観測していた。イオは木星を約42.5時間周期で軌道周回する。ところが、彼は観測に奇妙な食い違いが生じることに気づいた。木星とイオが地球からいちばん離れたところにあるとき、木星の影からイオが姿を現わすのに若干時間が長くかかる。木星とイオが地球に最も近づいたときは、少し早めにイオが木星の影から現われるのだ。木星およびイオのペア

レーマーは木星の惑星イオを観測したことから、かなり正確に光の速度を算出できたのだった。

と地球とのあいだの距離が、イオの軌道周回に影響していることに、レーマーは気づいた。ほんの数分の違いにすぎないが、単純な望遠鏡と対数表、ペンと紙だけしか使わずに計算しながらも、レーマーはこの差をつきとめることができたのだ。

　木星と地球との距離が変化するのは、意外なことではなかった。ケプラー以降、太陽から離れている惑星ほどゆっくり周回することが知られていた。つまり、どの惑星も地球の軌道に沿うようにして太陽を周回するあいだ、木星は自分の軌道のごく一部しか動かない。サーキットで速いレーシングカーが遅い車を1周抜くように、地球は木星の「すぐそば」を通過することもあれば、地球がサーキット（軌道）上で木星とは反対側に位置することも

子午環に向かうオーレ・レーマー

あるのである。

　レーマーは、地球の位置がイオに直接影響するはずはないと知っていた——そんなことが起こるほど近づくことはないのだ。ほかに考えられるのは、距離のせいで観測に影響が出るということだけだった。光に有限の速度があるのだとすると、地球と木星が遠く離れた位置にあるときは光の移動距離が長くなったぶんだけ遅延が生じることだろう。地球に（そして彼ののぞいている望遠鏡に）光が届くまで、何分か長く待たされるのだ。レーマーは、光が地球の軌道を渡るのに約22分かかると計算し、イオの出現がどのくらい遅れるか予測できるようになった。実は、彼が出した数はまちがっていた。光が地球の軌道を渡るのにかかる時間は、本当は約17分なのだ。レーマーは光の移動速度を実際よりもやや遅く考えていたことになる。それにしても、い

ささか不正確だったとはいえ、レーマーは、光が瞬間移動するわけではないという具体的な証拠を挙げた最初の科学者だった。
　彼は1681年にコペンハーゲンへ戻り、天文学教授となって数々の功績を残している。子午環その他の、天体観測用望遠鏡を正確な場所に置く補助器械も考案した。また、国王のために働き、計量や計測の初めての標準体系、グレゴリオ暦をデンマークへ導入するのに尽力した。1705年には第2代コペンハーゲン警察署長に任ぜられ、貧民、失業者、売春婦を支援したり、良質の公共用水を供給したりして、都市の生活改善に努めた。コペンハーゲンで初の街灯（オイルランプ）も発明した。彼は1710年に亡くなるのだが、その2年前、ファーレンハイトという男がレーマーのもとを訪れた。それが、今日でも使われている華氏温度計に実を結んだのだった。
　晩年にこそ名声を得たレーマーではあったが、彼の計算した光の速度を誰もが信じたわけではなく、以後数十年はこの問題についてさかんに議論が戦わされた。そして1728年、ジェイムズ・ブラッドリーという男がそれに決着をつけることになる。
　ブラッドリーは1693年、イングランドのグロースタシャー、シャーボーンに生まれた。天文学者だった叔父のジェイムズ・パウンド師に感化されて、エセックス州ウォンステッドの牧師館でパウンドの天体観測助手を務めた。ブラッドリーは25歳で自分の観測記録を発表し、すぐに王立協会員に選ばれた。しかし、天文学の道よりも聖職に就くほうをとって1719年に聖職位を授かり、モンマスシャーのブライズトウ教区司祭となる。そのかたわら、ブラッドリーは叔父とともに、火星と木星の衛星の観測研究を続けた。1721年、オックスフォード大学のサヴィル記念天文学科長の職に請われたので、聖職を辞し、その後の数年をキューやウォンステッドでの観測研究に費やした。そこで彼は奇妙な現象に気づき、それを「光行差（光の収差）」と名づけたのだった。
　言葉は知らなくても、収差という現象を体験したことは誰にでもあるはずだ。自動車や列車に乗っているとき雨が降っていれば、雨はどんなふうになるだろう？　空からまっすぐに雨が落ちてきて自分は動いていないなら、横にある窓からまっすぐに降る雨が見える。動きはじめたら、落ちてくる水滴に向かっていくことになるので、目に見える雨はまっすぐ下方にではなく、ある程度の角度から降ってくるように見える——窓に当たる雨のすじは、斜めに向かってくる。移動速度が上がればそれだけ、向かってくる雨足が大きく傾くように見える。たまたま自転車に乗っていて雨にでくわしたりすれば、まさにその印象を身体に感じることだろう。止まっているときには、レインハットに雨がまっすぐ落ちてくる。ところが、自転車をこぎだすと、降り注ぐ雨粒に向かっていくことになるからだ。こぎ手の視点からは、こぐ速度を上げれば、そのぶん顔に当たる水量が多くなる。

ジェイムズ・ブラッドリー。
視差の観測によって光行差を発見した。

　ブラッドリーは、それと同じことが周回する地球に降ってくる光にも起きているのだと確信した。つまり、レーマーが提唱したように、光は有限の速度で移動するにちがいない。それはまた、地球が太陽のまわりを公転する速度がわかれば、そして地球に光がどの角度で降ってくるように見えるかがわかれば、光の実際の移動速度を割り出せるはずだということでもあった。

　だが、光行差をつきとめるのは、雨降りに列車の窓の外を眺めているほど簡単なことではない。光は雨の落ちる速度の1,800万倍もの速さで移動するのだ。列車に乗って走りながらひとつの駅を通過するとき、地上に向かう光もわずかに傾いて見えるのだが、雨の場合の1,800万分の1ほどの角度でしかない（1度にはるかに及ばない、かすかな傾きだ）。だから、視認することなどとうていできはしない。驚くべきことにブラッドリーは、「視差」というまったく別の効果を調べていて、偶然に光行差を発見したのだった。

　視差というのもまた、その知識はなくても誰もがこれまでに経験したことがあるはずだ。もう一度、列車に乗って窓の外を眺めていると考えてみよう。ガタゴトというリズムとともに、車窓の風景が流れ過ぎていく。橋やら駅やらがかすんで飛び去るように見える。遠くの家並みや木々はずっとゆっくり通り過ぎる。遠方の空に浮かぶ雲などは、目にはそれとわからないくらい動きが遅い。その現象が視差である——観察者の位置変化に起因する、対象のほうが動いているように見える錯覚だ。見る見る飛び去っていく対象物はどれも動いていない。観察者のほうが、列車に運ばれて

動いている。ところが、雲よりは橋のほうが近いところにあるため、橋はものすごいスピードで動いているように見える一方、雲はほとんど動かない。

地球は太陽を周回しているのだから、太陽はわれわれのまわりにあるどんな恒星と比較してもずば抜けて移動速度が速いのだと、ブラッドリーは気づいていた。彼は、天空の星の中でいちばん近いところにあるものは、遠く離れたところにある星よりも位置変化が大きいのだろうかと疑問をもった。恒星の視差をつきとめることができないものかと、何年ものあいだ綿密な測定を重ねた。当初得られた結果は、非常に困惑するものだった。まるですべての恒星が、やや楕円を描いて動いているように思えるのだ。恒星はみな、私たちから等距離にあるとでもいうのだろうか！これでは明らかにおかしい。ブラッドリーはすぐに、その答えを見つけ出した。恒星の視差はごくわずかしかなくて、検出できないの

光行差（光の収差）

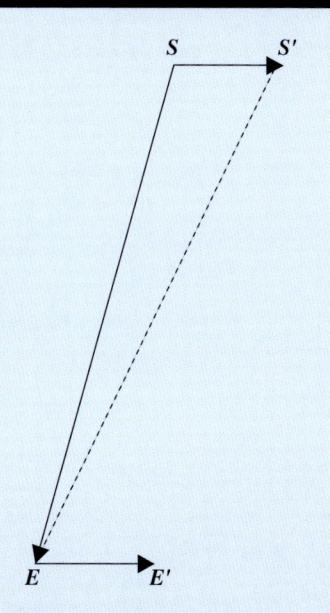

光行差の原理は、列車に乗っていて、こちらに向かって振ってくる雨を見るのと同じことだ。地球上にいる私たちは、太陽のまわりを時速約107,800キロという高速で動いている。上の図で、宇宙における地球の位置をE、その1時間後の位置をE'、望遠鏡を向ける恒星の位置をSとすると、私たちはその恒星の本当の位置を知ることはできない。なぜなら、Sからの光は私たちに届くまで数分かかり、私たちも動いているので、光はある角度をもって私たちのところに届くように見える。

そのため、私たちが見ているのは位置S'の恒星であって、実際の位置Sのものではないというわけだ。

わかりにくければ、水の中にある物体を見るときのことを考えるといい。光が水で屈折するため、水中にあるものは大きさや形が変わり、実際の位置と違って見えるということは、経験的に知っていることだろう。同じように、あなたが十分速い速度で移動していれば、そのせいで恒星など遠いところにある物体の位置は実際と違って見えるのだ。

上の図で、直線SEは恒星Sから地球Eまでの光を表わし、その長さは光の速度によって決まる。私たちはEからE'へ移動するため、光のビームは直線$S'E$のように見える。恒星は光行差により、角SES'の分だけ実際の位置よりずれて見える。ブラッドリーの計測は非常に精密だったため、この角度を求めて地球が太陽のまわりを回る速度を出すことにより、光の速度を計算できたのだった。彼の概算値は秒速301,000,00メートル。現在知られている秒速299,792,458メートルにかなり近いものだ。

だ（のちの天文学者たちは視差を検出して、それをもとにして恒星までの距離がどのぐらいなのかを算出した）。ブラッドリーが気づいた恒星の妙な動きは、恒星の視差ではなくて光行差が原因だったのである。

　ブラッドリーは天文学界でりっぱな仕事を積み重ねていった。1742年には王立天文台長に任命され、引き続き光行差の研究を深めた。また、数年を費やして、地球の本来の姿を決定的に示す証拠を築いていった（月の重力に引かれるせいで、地球の回転軸には揺れがあるということなど）。

光行差という現象は、降る雨にたとえることができる。走る列車の窓に当たる雨は、斜めにすじをひいて降っているように見える。

　後世の天文学者たちは、光の速さを計測するさまざまな新手法を発見していくわけだが、ブラッドリーの計算結果をしのぐものが現われるのは、もう200年先のことであった。現在では光の速さを計測する方法はさまざまにあるが、レーザーによるものが多い。宇宙飛行士たちが月に鏡を置いてきているので、それにレーザー光線を送って反射光が戻ってくるまでの時間を計測することもできる（ガリレオが生きていれば、この考えを大いに気に入ったことだろう）。そしていま、光速はひと

アポロ宇宙船の飛行士たち。1969年、アポロ計画の一環として、レーザー測距逆反射体を月面に配置した。

つの定数として扱われている。光速に基づいて1メートルの長さや、その他のメートル法の計量を定義しているためだ（〈10〉の章参照）。さしあたりは、cとして周知の「公認された」光速の値は、もっと正確な計測法を見つける者がいようがいまいが、現状と変わることはないだろう。

見ると聞くにはズレがある

　光にはほかにもいろいろと、一見して直観に反するような不思議な性質がある。そのひとつが、相対性に関することだ。これはわか

りにくい物理学の一種かと思えるかもしれないが、難解な考えでも何でもない。たとえば、車で時速95.5キロを出して高速道路を走っているとしよう。対向車線をやはり95.5キロで走っている車とすれ違う。車内からは、相手の車は時速191キロで走っているように見えるだろう。そのため、猛スピードで飛び去っていくように見える。もちろん、相手の車からも、相対するこちらが時速191キロで反対方向へ走っていくように見える。速度制限が時速112キロなら、対向車に対してはその制限を破っていることになる。だが、道路に対しては制限速度内だ。相対論というのは、たんに、速度は「つねに相対的である」という考え方なのだ。これは古くからある考え方で、もとをたどれば、おなじみのガリレオに行き着くことになる。地球は太陽のまわりを時速107,800キロで移動するので、太陽に対しては、車を運転していないときだろうが、明らかに高速道路の制限速度をオーバーしている。私たちは一般的に、地球に対する速度を計測するという慣習にのっとっているが、これが道理にかなわないことも、ときにはあるのだ。

すれ違う2台の車のエンジン音を考えてみよう。音は時速1,193キロで移動する。この場合、あなたの乗っている車の速度が外部に向かってたてた音の速度に加わるということはない。車から前に向かってボールを投げた場合、その速度は車の速度にボールを投げる速度が加わったものになるが、それとは違う。音の伝わる速度のもとは空気分子の振動であり、それが車の速度に影響されることはほとんどないのだ。そのため、エンジン音は車よりずっと先を伝わっていき、対向車の運転手に聞こえている。ところがそのとき、両方の運転手は車内に赤いボタンを見つけた――「注意！ 押すべからず！」というボタンだ。二人が思わずそれを押してしまうと、2台は時速1,287キロという恐ろしいスピードに加速した。そう、車のスピードが音速を超えてしまったのだ。音速というのは車に対するスピードでなく地球の大気に対するスピードだから、車はエンジン音よりも速く走っている。車を眺めている人の目には、ロケット並みのスピードを出して走る車が2台、音もなく矢のようにすれ違うところが映る――そしてその後、双方向からやってくる耳を聾さんばかりのエンジン音が、車の姿はとっくに見えなくなったころになってやっとすれ違うという、気味の悪い体験をすることになるのだ（航空ショーでジェット機が飛ぶところを見れば、まさにそういう体験ができる）。

意外に思われるかもしれないが、真空中での光のふるまいは、この空中での音のふるまいに少し似ている。人がどんなに速く移動し

音速の壁を破る米海軍ホーネット戦闘機。気体周辺の温度と空気圧が変化し、水蒸気が凝縮して雲になる。それをくぐった瞬間。

ようが、光はつねに光速で移動し、それ以上の速度にはならない。光速の半分の速度で移動する宇宙船に乗って前方に光源を輝かせていても、光の速度が「押されて」光速の1.5倍になるということはないのだ。車の速度を上げても、音の伝わる速度が上がることはないのと同じである。

しかし、光のほうが音よりも少しばかり不思議なところがある。音速の半分の速度で走る列車に乗っていて、列車内で音をたてたとすると、その音は音をたてた人間と一緒に運ばれる。その音は音速プラス列車の速度で移動し、音速の1.5倍の速度で伝わることにな

る。では、光の場合はどうだろう？　光速の半分の速度で移動する宇宙船に乗っているとすれば、その宇宙船内で輝くランプは光速プラス宇宙船の速度で移動する光を発するはずで、光速の1.5倍の速度で伝わることになるのだろうか？　それが違うのだ。アルバート・アインシュタインによれば、光が光速より速く移動することは決してない。たとえ光源が移動していようとも、光源に相対してこちらが移動していようとも。なんとも不思議なことではある。

特殊相対性理論

　アルバート・アインシュタインは1879年、ドイツのウルムという町に生まれた。宗教にしばられてはいないユダヤ人家庭に生まれ、誕生したときからほかの子どもたちとはちょっと違っていた。標準よりも少しばかり頭が大きかったのだ。ほとんど口をきかなかったので、ある家政婦などは彼のことを「知能が遅れている」と言ったほどだ。5歳のとき、父親が携帯コンパス（方位磁石）を見せてくれた。成人したアインシュタインはこのときのことを、「人生で最大級の啓示的なできごと」と言っている。子ども心に、真空中を伝わってコンパスの針を動かすという、磁気の不思議な特性に驚嘆したのだ。

　アインシュタインはカトリック教会系の学校に行ったが、きちんと暗記することがよく学習することだとは思えず、必ずしも言われたとおりにはしなかった。長じて彼は、「教育とは、学校で教わったことを何もかも忘れたときに残ったもののことだ」と言っている。幸い、アインシュタインは毎週火曜日に訪れるひとりの医学生と交流することができた。このマックス・タルムード（愛称タルミー）から哲学と数学を教わったアインシュタインは、彼の持っていたユークリッドの『原論』を、「神聖なる小さな幾何学の本」と呼んだ。アインシュタインは成長するにつれ模型や機械装置などをこしらえるようになり、叔父たちも、科学や数学について読んでおくべき本を教えてくれるなど、応援してくれた。

　1894年、彼が15歳のとき、父が事業に失敗して、両親はイタリアのパヴィアに移り住む。アインシュタインは学校教育を終えるべく残されたが、両親の願いには添わず、さっさと学校を辞めて両親のもとへ行ってしまった。にもかかわらず、時間を見つけて最初の科学的研究（磁気について）を叔父に手紙で報告しているし、16歳のときには鏡をのぞいて自分が光の速さで移動しているとしたらどんなふうに見えるだろうと考えをめぐらすうちに飛躍的なアイデアを得た。このときの思考実験は「アルバート・アインシュタインの鏡」として知られるようになり、アインシュタインはそこから、光の速度はその光を見ている者とは無関係であると確信するに至った。この考え方が、彼ののちの人生で非常に重要な意味をもつようになるのだ。

　アインシュタインが学校教育を修了していないため、中等学校の卒業証書を取得させようと、家族は彼をスイスのアーラウへ送り出した。父親は彼が電気技師になることを望ん

無名の大学院生であり特許局で働く事務官だったアインシュタインは、宇宙の基本法則の解釈を変えた。

でいたが、彼にそんなつもりがないことはすぐにはっきりした。アインシュタインは電磁気論など、理論物理学の方面にずっと強い関心を示していたのだ。1年の遅れをとって17歳で卒業した彼は、スイス連邦工科大学に入学、チューリヒに移り住んだ。同年、ドイツ帝国の市民権を放棄し、国籍を失った（公式にはどこの国の市民でもなくなったのだった）。23歳のとき、アインシュタインは教職資格を取得し、また、大学で知り合った医学生、ミレーヴァ・マリッチとのあいだに婚姻外の子どもをもうけた。その女の子はリーゼルと呼ばれていたが、幼くして亡くなったのか養子にもらわれていったのか不明である。その翌年、アインシュタインはミレーヴァと

ノーベル賞を受賞したアルバート・アインシュタイン。右はアメリカの化学者、アーヴィング・ラングミュア。文学賞のシンクレア・ルイス、平和賞のフランク・B・ケロッグとともに、1933年のノーベル・アニヴァーサリー・ディナーにて。

結婚した。二人のあいだには続いて二人の息子、ハンス・アルバート・アインシュタインとエデュアルト・アインシュタインが生まれた（長じてハンスは水力学の教授となったが、エデュアルトは精神分裂病を発症して精神病院で生涯を閉じた）。

スイス連邦工科大学を卒業したアインシュタインは、職探しに苦労した。生意気だったし、自信過剰に見えたのかもしれない、大学に勤め口を得ることができなかった。その代わり、友人の力添えでスイス特許局に助手の職を得た。そこで、特許局に提出されるアイデアの技術的な実行可能性を判定する手伝いをしながら、局長の助力もあって技術論文の書き方を学んだ。同時に博士号取得に向けて

特殊相対性理論

　特殊相対性理論で予言されたことのひとつに、時間の遅れというものがある。これは、私たちが宇宙旅行をするうえでプラスになることかもしれない。宇宙船の飛行速度が非常に速ければ、船内での時間の進み方は、地球上でのものに比べ、遅くなるからだ。

　おかしな話に聞こえるかもしれないが、これは光速が一定だという事実から引き出されることなのだ。今、2枚の鏡と光で構成される時計と一緒に列車に乗っていると考えてほしい。光が片方の鏡に当たってはね返る瞬間に、時をひとつ刻むという時計だ（下の図）。二つの鏡の距離は一定であり、光の速度も一定だから、非常に正確な時計ということになる。

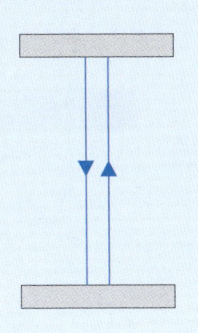

　ここで、列車が発車したとしよう。車内では、この二つの鏡の距離はつねに一定に保たれている。外から見ると、これが2枚一緒に横方向へ動き出すわけだ。光を音に置き換えると、問題はわかりやすい。音を伝える空気も列車と一緒に動いているので、音が鏡のあいだではね返る時間は同じということになるからだ（外で観察している人にとっては、音は列車内の人間と一緒に動くので、音の速度は速くなったことになる）。だが、光の速度は常に変わらない。動いている列車の中で光が片方の鏡に当たってはね返ると、外から見ればもう一方の鏡はすでに移動しているから、光はそれに追いつくために少し長い距離を移動することになる。そして、その鏡に当たってはね返るころには、最初の鏡はさらに先へ進んでいるから、光はまた長めの距離を移動することになる（次の図）。

　二つの鏡はつねに同じ距離にあるはずだが、光は列車と一緒に「運ばれている」わけではないので、（外から見れば）動いている鏡に追いつかなければならないわけだ。光が長い距離を移動するということは、時計が遅れるということを意味する。列車が速く走るほど、時計は遅れていくということだ。

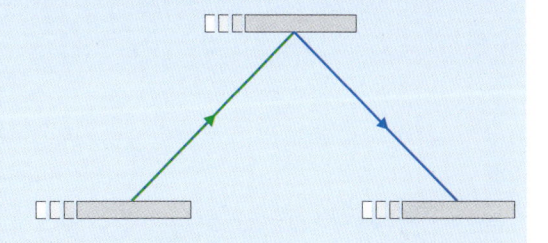

　この特殊相対性理論は、物理学者のおかしな夢などではなく、現実のものだ。1971年、ハーフェルとキーティングという二人の科学者が、複数のセシウム原子時計（当時得られた最も精確な時計）を同調させて、一部をジェット旅客機に載せて地球を2周させた。戻ってきた時計と地上に置かれていた時計を比べたところ、予測どおり、いわゆるウラシマ効果のせいで時計の進み具合にずれが生じていたのであった。こんにち、地球のまわりを高速で移動する人工衛星を使ったGPS（全地球測位システム）が機能しているのは、相対論による時間のずれを調整しているからにほかならない。

　以上から考えられるのは、宇宙船に乗って光速に近い速度で飛行すれば、船内の時間が遅くなり、地球から何十年もかかる宇宙飛行をしても、年をとらずにすむだろうということだ。つまり、乗客にとっては、旅行にかかる時間が減るというわけだ。ただし、旅行先であったことを地球上の人間が知るには、長い長い時間がかかる。

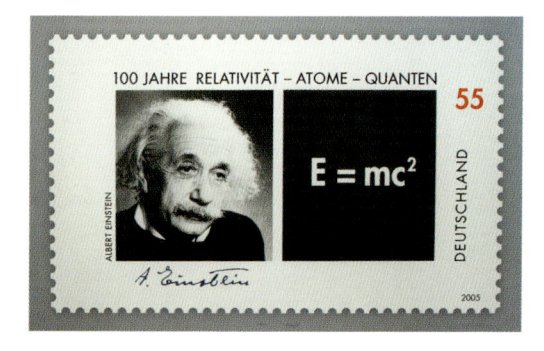

アインシュタインの相対性理論発表100周年を記念して発行された、ドイツの55ユーロ・セントの特別版切手。

勉強した彼は、1905年、「分子容積の新しい測定法」で博士号を獲得。ところが驚くべきことに、その同じ年に彼は、現代物理学の基礎を築くことになる四つの科学論文を、時間を捻出して書いていたのだ。「奇跡の年の論文」として有名になった論文である。そのうちの三つの論文がノーベル賞に値すると、あまねく評価された。ブラウン運動、光電効果、特殊相対性についての論文だった。物理学界は騒然とした——一介の大学院生であり特許局事務官でしかない男が、宇宙の基本法則の解釈を変えようとしていると思えたのだ。

特殊相対性理論は、今の時代でも驚異的なものだ。なのに、それは二つの主要な原理に基づく非常にシンプルな考え方である。第一に、物理的現象の法則はどの慣性座標系内でも厳密に同じであるはずだということ。つまり、ボールを落とす人間が、走っているバスに乗っていようが、太陽を周回する地球の地面に座っていようが、物理的現象の法則は変化しない——ボールはその人の手からまったく同じ落ち方をする——ということだ。まさにガリレオが言ったとおり、すべての運動は相対的であり、ゆえに結果として起こる力のはたらきも、また相対的になる。第二の原理は、cは不変量であるということ。アインシュタインは、光の速度は光源の動きには無関係であり、その光の観測者とも無関係だと言う。したがって、光の速度は相対的でない。だからこそ、cは普遍定数とも呼ばれる——その値はほかの何ものにも関係しないのだ。この宇宙ではあらゆる種類の非常に不思議なことが起きるはずだ、ということを意味するため、この二つは重要な原理である。この特殊相対性理論の言わんとするところのひとつは、時間は一定不変のものではありえないということだ。移動速度によって、人間は時間をさまざまな進度で体験するのである（前ページのコラム参照）。

また、別の特殊相対性理論の結果としては、おそらく世界一有名だと思われる方程式、$e = mc^2$ がある。このことに気づいたのはアインシュタインが最初というわけではないが、彼の研究は、この方程式がなぜ真であるのかを説明する最も重要なものと言えるだろう。光の速度がなぜそれほど重要なのかを、この方程式が教えてくれる。エネルギーは質量掛ける光速の2乗に等しい……言い換えると、エネルギーは質量に、あるいは質量はエネルギーに変換することができる。この二つは等価値なのだ。この方程式により、原子爆弾があれほどのエネルギーを出すわけも説明できる。なぜなら、cの2乗というのはきわめて大きな数だからだ。

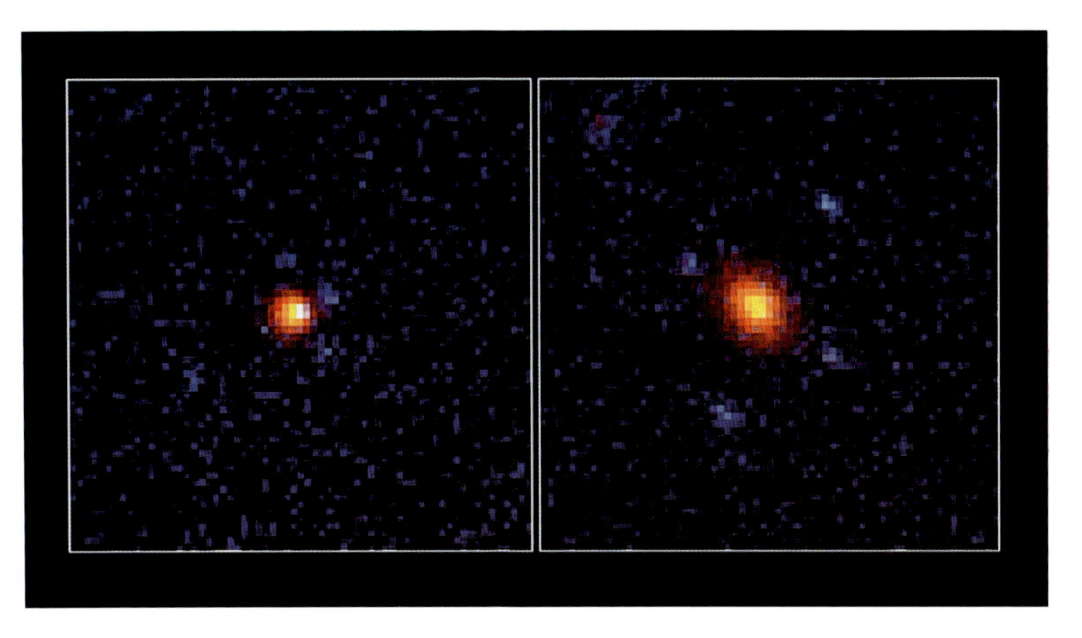

遠く離れた銀河周辺の重力レンズ効果を示すハッブル望遠鏡画像。

一般相対性理論

アインシュタインは科学の世界で画期的成功をおさめたにもかかわらず、特許局での仕事を続け、1909年ごろになるとやっと第一流の科学思想家として認められるようになった。1912年には、スイス連邦工科大学の教授という安定した地位につき、恒星の重力場に光が屈折させられる証拠を探すよう、天文学者たちを促しはじめた。彼が取り組んでいた新たな理論では、そう予測されたのだ。1914年、第一次世界大戦勃発の直前に、35歳のアインシュタインはベルリンに移り住み、カイザー・ヴィルヘルム物理学研究所所長となった。そして1915年、一般相対性理論という新説について連続講義をする。最終回でニュートンの引力の法則にとって代わる新しい方程式を提示、それが今ではアインシュタインの場の方程式として知られている。ここでの引力は、ニュートンが表現したような力としての引力ではなく、質量の存在が引き起こす時空の歪みだという。アインシュタインは、またもや科学界を驚愕させたのだった。

1919年ごろ、アインシュタインの発表した研究が新聞社の知るところとなった。『タイムズ』は、「科学に革命——新しい宇宙理論——くつがえされたニュートン学説」という見出しで記事を掲載した。その記事を支持するほかの科学者たちの、一般相対性理論は「おそらくかつてなかったほど偉大な科学的発見」、「自然について思索する人類最大の偉業」といった言葉が引用されていた。アインシュタインは一夜にして有名人になった。同年、ミレーヴァと離婚した彼は、いとこのエルザと結婚した（そしてもちろん、相対性（レラティヴィティ）と親類（レラティヴ）をひっかけた、からかいの言葉をさんざん聞かされた）。

一般相対性理論

　名称から予想できるように、一般相対性理論とはアインシュタインがその前に提唱した特殊相対性理論を一般化したものだ。特殊相対性理論の二つの原理はまちがっていなかったが、アインシュタインは同じアイデアを使って万有引力（重力）について説明したいと考えた。特殊相対性理論でわかっているのは、エネルギーと質量と光に関係性があるということだった（方程式 e = mc^2 を思い出してほしい）。そして、光と時間が関係あるということも、私たちは知っている（特殊相対性理論における時間の遅れを思い出そう）。一般相対性理論が基本とするのは、質量とエネルギーが時空（時間と空間）を曲げるということなのだ。

　言い換えるなら、学校で習ったニュートン力学は厳密には正しくなかったということだ。万有引力は力ではない。場がもつ効果——質量とエネルギーによる歪みなのだ。このことを理解するには、時空がトランポリンのようなものだと考えるといい。質量の大きなもの（たとえば巨大なブロック）をトランポリンに乗せると、その表面は下に伸びて歪んだかたちになる。次にビリヤードの球のような軽いものをトランポリンのふちに置くと、ブロックに向かって転がっていくだろう。質量の大きな物体が、その引力で自分のほうに引き寄せるのと、同じことだ。また、球をトランポリンのふちにそって横に押し出すと、回転しながらブロックのほうへ近づいていく。軌道を回りながら惑星に落ちていく人工衛星のようなものだ。

　だが、もっと奇妙なことがある。質量の大きい（そしてエネルギーの大きい）物体は、空間に重力場をつくり出すだけでなく、時間を歪ませることもするのだ。物体の質量が大きくなるにしたがって、時間の進み方は遅くなる。遠くなるにしたがって、時間は速く進むようになるのだ。そして、このこともまた実際に計測することができる。非常に高いビルのてっぺん、つまり地球という物体からちょっと離れた場所における時間と、地上における時間を比べると、ごくごく微少ではあるが、時間の違いを知ることができるのだ。また、アインシュタインの予測した「重力レンズ」効果によっても、確認することができる。地球から遠く離れた恒星や惑星が、自分のつくり出す時空の歪みによって、周辺を通る光を曲げるという現象だ。

　空間が曲がるというのは、ユークリッド幾何学が場合によっては通用しないということを意味する。膨大な質量をもつブラックホールのそばでは、三角形の内角の和はもはや180度ではありえないのだ（ブラックホールについては、次の章で詳しく語る）。地球のそばにブラックホールがないのは、私たちにとって幸いと言えよう。ニュートンの法則のように、ユークリッド幾何学も、ほとんどの場合は成り立つのだが、広い意味ではアインシュタインのほうが正しいということになるのだ。

　一般相対性理論により、なぜ私たちが光速を超えるスピードを出せないのかということも理解できる。その方程式によれば、同じ加速度を維持しようとすると、必要なエネルギーはどんどん大きくなっていく。あるいは、同じエネルギーで動いていると、速度が上がるにつれて、加速度はどんどん減っていく。つまり、飛行速度を上げていって光と同じ速度になろうとすると、必要なエネルギーの量は無限大になるということだ。それは無理であり、したがって光よりも速く移動することは（SFの中ではよくあるが）ファンタジーにすぎないということになる。無限大のエネルギーをつくり出すのは不可能だろう。この光速の限界に悩まされずに宇宙を遠くまで飛ぶ方法として、いちばんもっともらしいのは、〈3〉の章で出てきたワームホールを通るというものだろう。

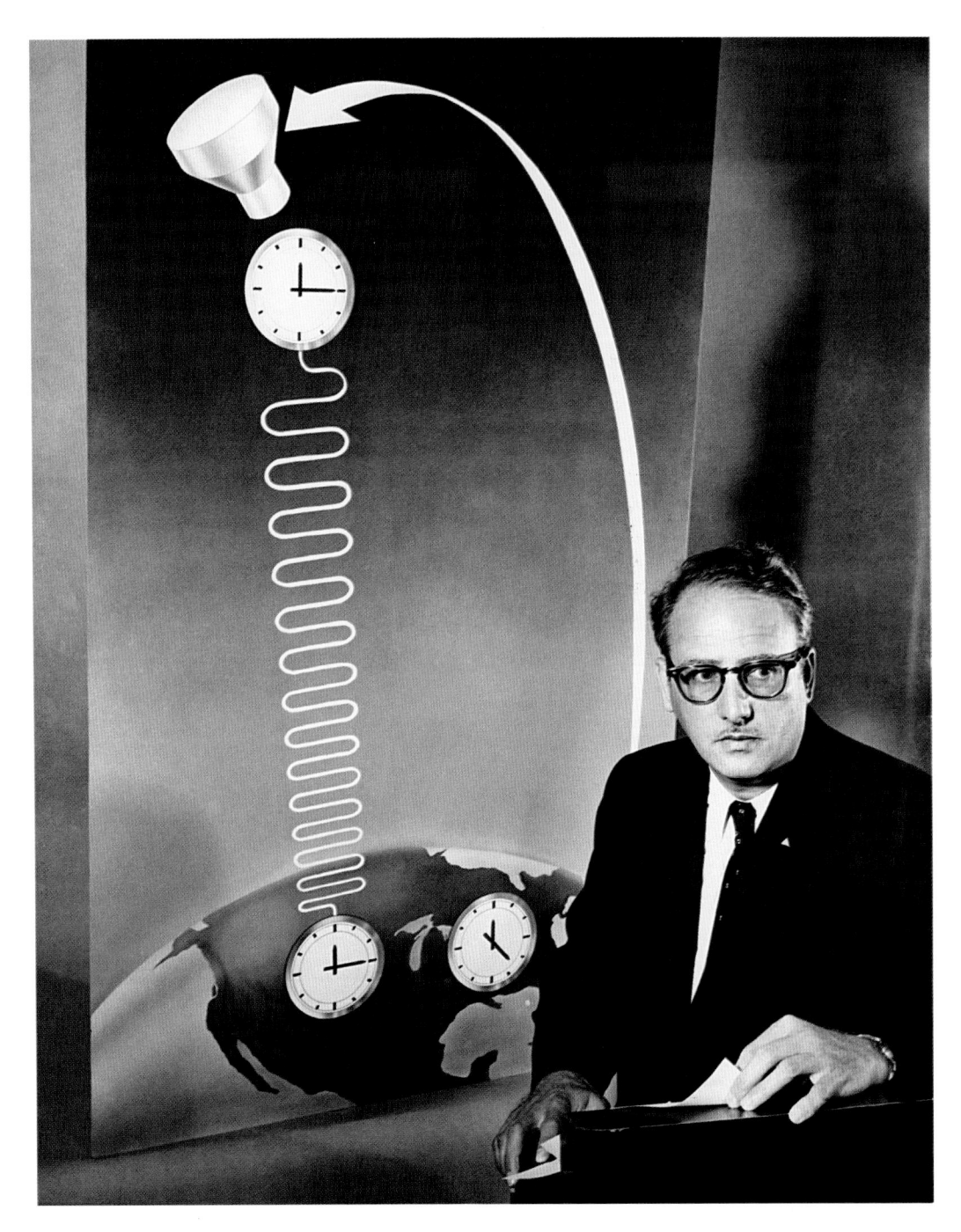

アインシュタインの相対性理論を確認すべく、地球周回軌道の人工衛星に「原子時計」を搭載する実験を、ハロルド・ライオンズが解説しているところ。

アインシュタインは 1921 年にノーベル賞を受賞したが、皮肉なことに、受賞はなお論議の的だった相対性理論ではなく、光電効果についての研究に対してだった。続く数年間は、広く世界中を講演旅行して回った。1932 年、1 年に 5 カ月間プリンストンで研究するという、非常勤の仕事の申し出があった。初めてそこへおもむいた 1933 年、ドイツではヒトラーが政権を握った。ほどなくして、ドイツで「公務員再生法」が通り、ユダヤ人大学教授は全員失職を余儀なくされた。アインシュタインの研究を疑い、「アーリア人の物理学」に対比して彼の研究を「ユダヤ人の物理学」と称する運動がドイツで始まる。アインシュタインは二度とドイツに戻らなかった。

一般相対性理論だけに甘んじることなく、アインシュタインはその後も一生を物理学、特に重力と電磁気学の法則の統一に捧げた。磁力、電磁波、重力、その他あらゆる物理を説明する、$e = mc^2$ のようにエレガントでシンプルな方程式を見いだしたかったのだ。だがどうしても見つけ出せず、「まったく見込みのない科学的難問の内に私は閉じこもってきた——年をとって、この社会と疎遠になってしまってからは、ますます……」と言っていた。たったひとつの、エレガントな統一方程式であらゆることを説明するというのは、現代でも物理学者たちが追求している目標である。それをなし遂げた人物は、アインシュタインに匹敵する画期的大成功をおさめることになるだろう。

1939 年、アインシュタインは、勧められるままルーズヴェルト大統領に宛てて、ドイツが核兵器開発に先鞭をつける場合の用心に核分裂研究に着手すべきだと説得する手紙を書いた。大統領は小規模な研究を開始、それがやがてマンハッタン計画となり、第二次世界大戦終盤に使用された核兵器を生む。アインシュタインはのちに、その手紙を書いたことを悔やんだ。1940 年に米国市民となった彼は、1944 年、特殊相対性理論について 1905 年に発表した論文を手書きしてオークションにかけ、600 万ドルで売却して戦争資金に協力していた（いまその直筆論文は議会図書館に収蔵されている）。

大多数の人間とはまったく違う目標を掲げるアインシュタインは、いつも孤立しているような感覚をいだいていたのではないだろうか。老境のアインシュタインはこう記している。「私はある国土や国家に全身全霊で属したことがなければ、友人たちの輪にも、自分の家庭にさえもすっかりなじんだことがない。まだ早熟な若者だったころ、すでに私は、おおかたの人間が一生をかけて追い求める希望や大志のむなしさを、はっきりと悟っていた。満足や幸福が究極の目標であるとは、どうしても思えない。そういうまっとうな目標など、豚のいだく大望にたとえたくなるほどだ」

アインシュタインは 1950 年に体調をくずしはじめた。1952 年、イスラエル政府から副大統領という地位の申し出があって、彼はひどく困惑したが、丁重に断った。1955 年、亡くなる 1 週間前に、バートランド・ラッセル

への最後の手紙に署名し、全世界の国々に核兵器を放棄するよう迫る宣言に自分の名前を載せることを承諾した。

　その生涯で、アインシュタインは宇宙と存在についてのわれわれの考え方を変えた。このささやかな惑星に生きた彼の時間は、彼自身の言葉にいちばんうまく要約されるのかもしれない。「私たちは誰しも、みずからの意志によらず、招かれもせずに地球を訪れる。この私は、その地球の秘密に好奇心をいだくだけだ」

フランス領ポリネシアで爆発する核爆弾の冠部。

数はどのくらい大きくなりうるのだろう？　私たちが名づけている最大の数のうちのひとつは、「センティリオン」。その数を書き表わしたとすれば、1のあとにゼロが600個続く。しかし、それが最大の数ではない。「グーゴルプレックス」はそのはるか上をいく——1のあとにゼロを「グーゴル」個続けて書かなくてはならないのだ。(つまり、10^{100}個)。そして、それよりも大きい数はまだある。その数の創作者にちなんで命名された「グレアム数」や「モーザー」などのように、けたはずれに莫大で、新たな記数法を考案せずには書き表わせないような数もある。【訳者注：センティリオンはイギリスでは10の600乗だが、アメリカでは10の303乗】

ネヴァーエンディング・ストーリー
はてしない物語

無限大（∞）の章

大きい数は、実はごくかんたんにつくり出せる。たとえば私にだって、自分の名を付けた「ベントリー数」をつくることができる。センティリオン掛けるグーゴルプレックス掛けるグレアム数掛けるモーザー、そしてその結果に、ページ番号を含めて本書に出てくるすべての数を掛ける……とすれば、まず確実にきわめて大きい数になる。それがどんなに大きい数に思えても、実際には考えうるかぎりの最大の数ではない。ただ、ベントリー数にベントリー数自身をかけた数がどうなるかは、考えてみればわかるだろう。それでも、その積はまだ、ベントリー数で累乗して得られる数に比べればきわめて小さい。さらに、その数も、もう一度その数自身で累乗して得られる数に比べると、目につかないほど小さいということになる。

　数は私たちが宇宙を表現する言語となってくれたかもしれないが、私たちの宇宙のありように制限されているわけではない。あまりに大きすぎてこの宇宙内のあらゆるものを凌駕する大きさの数を、私たちは使うことができる（宇宙に存在する原子の数は、先ほど考えた数に比べるとささやかなものだ）。私たちが扱える数の規模には、限りがない。望めば望むほど、数は大きくなる。数のすごいところは、最大の数が存在しないということだ

（もし最大の数を発見したような気がしたら、私がその数に1を足すだけで、その数より大きい数を見つけられるわけだ）。

　とはいえ、別の考え方をしてみたくなることもある。数ではなく、観念について考えるのだ。はてしない、終わりがない、永遠に続く、永久不滅という考え方。その考え方を、無限という。

永遠の始まり

　哲学者たちは何千年ものあいだ、無限大について悩んできた。見たところ無限のような宇宙が四方八方に膨張しているとあって、その理由は推して知るべしである。宇宙の広さを教えてくれる科学的知識がないとしたら、なるほどと思える議論によるしかない。宇宙が永遠に続いてはいないとしたら、宇宙の端はどんなふうに見えるのだろう？　宇宙の縁から物を投げたらどうなるのだろう？　その物体はどこへ行くのか？　むこう側に何もない縁などというものが、あるのだろうか？

　そういうたぐいの議論から、宇宙が永遠に続いているのは自明と見る哲学者たちもいた。だが、誰もがそう考えたわけではない。「永遠」の概念でさえ、身のまわりの世界と折り合いをつけにくく思える。観察したところ、永遠に続くものは何ひとつ見当たらないではないか。無限に大きいものなどありうるのか？　あるいは、無限に小さいものだろうと、あるものだろうか？

　早くからこうした考え方を探索した中に、紀元前490年ごろ、ルカニア（現イタリア南部）のエレアに生まれた、ゼノンという人物がいる。彼はパルメニデスが創始したギリシャ哲学屈指の学派であるエレア学派で、パルメニデスの教えを受けた。ゼノンは一元論を学んだ。本質（ビーイング）というただひとつの永遠なる実在があり、すべてのものはそのさまざまな相であるとする考え方だ。変化はありえ

ない——一元論の世界ではすべてがひとつ、実在しないこと（ノンビーイング）は考えられないのだ。

ゼノンはそういう考え方に興味をそそられ、何世紀にもわたって後世の哲学者たちを悩ませたり挫折させたりすることになる、パラドックスの書を著した。プラトンによれば、その書物は、ゼノンの許可なく盗まれて発表されたという（当時では、「入念に書写複製された」という意味だ）。にもかかわらず、ゼノンはその研究で有名になり、のちにアテナイを訪れて若き日のソクラテスに出会った。

ゼノンのパラドックスは、主として、一元論の教えるとおり、すべてはひとつであると主張する意図をもっていた。そのために、何かを無限に細かく分割しようとしたらどういうことが起きるか考え、どんなに試してもどういうわけかまったく意味をなさない結果になると示すのだ。いちばん有名なのは、アキレスと亀のパラドックスだろう。驚いたこと

ゼノンは、小さい量に分割していくことを限りなく繰り返したら、という考察を進め、一元論の真実性を証明しようとした。その考え方に、アリストテレスは疑いをもった。

ゼノンのつくったアキレスのパラドックス

パラドックスは次のようなものだ。俊足のランナーであるアキレスが、どういうわけか亀と競争することになったと考えてほしい。亀は自分よりはるかに遅いので、アキレスは亀を先にスタートさせることにする。亀がスタート地点から100メートル進んだところで、アキレスはスタートした。亀がいた100メートル地点までアキレスが到達するのに、そう長くはかからない。だが、そのあいだにも亀は歩み続け、100メートル地点からさらに5メートル進んでいた。アキレスは走り続け、ふたたび亀のいた地点に到達するが、そのあいだにまた亀は進んでいて、わずかに（25センチ）先の地点にいた。アキレスはまたも走り続け、今度はすぐに亀のいた地点に着くが、亀も動き続けており、差は1.25センチある。その距離ならアキレスにはあっという間だが、亀も動いているから、1ミリだけ先にいる。こうしたことを繰り返していくと、アキレスが亀のいた地点に着くとき、亀はつねにほんのちょっと先にいるわけで、俊足のランナーも決して亀に追いつけないということになるのだ。

にゼノンは、いかにも論理的に思える論証を構築して、俊足のアキレスが自分よりのろい亀を決して追い越せないと示してみせたのだった（前ページのコラム参照）。

アリストテレスはゼノンの論証にあまり感心せず、実際に論破することはできないものの、それらを誤謬（または詭弁）だと言った。今なら無限級数などを用いて、アキレスが競争に勝つだろうということを説明できるが、そういう数学を手にする2000年も前のことだった。このパラドックスがもっともらしいのは、アキレスがまさに亀に追いつくまでにどんどん小さくなっていく時間と空間に、ひたすら注目するからである。もし私たちが観戦していたら、アキレスはためらいもなくまっすぐ駆け抜けていくことだろう。ゼノンは見せかけのパラドックスをつくるために、減少していって無限小になる数を利用したが、無限についてのアリストテレスの見解は、それよりもまったく実際的なものだった。

アリストテレスは、紀元前384年、ギリシャ北部、マケドニアのスタゲイロスに生まれた。父のニコマコスは医者だったので、アリストテレスの幼少時代は患者を往診する父についていく日々だったようだ。ところが、アリストテレスがわずか10歳のときにその父が亡くなったため、彼自身は医者とはならず、育ててくれた叔父からギリシャ語、修辞学、作詩法を教わった。17歳でアテネに出た彼は、プラトンのアカデメイアに入った（ご記憶だろうか、プラトンは〈$\sqrt{2}$〉の章に登場した。彼は好んで謎めいたことを書く人物だった）。アリストテレスは初め学生として、のちには教師として、アカデメイアに20年間在籍した。プラトンが亡くなったころにア

アリストテレスは宇宙を有限の存在だと考えていた。その考えを、教会は結局是認している。

カデメイアを去ったのは、新しい指導者、スペウシッポスに不満があったせいではないだろうか。

アリストテレスは、レスボス島を望むアッソスに居を移し、アターニアスの統治者ヘルミアスの後援で哲学者グループを指導することになった。そして、生物学的観察や解剖に特に重点を置いて、プラトンの教えとは異なる独自の考えを発展させはじめた。また、ヘルミアスの姪と結婚して娘のピュティアス

を授かるが、不幸にして妻は、それからたった10年で世を去ることになる。政情不安から、アリストテレスはまたも移転せざるをえなくなった（ペルシャ軍が町を侵攻、ヘルミアスを処刑したのだ）。ほどなくして、アレクサンドロス大王が政権を握る。アカデメイアを支援するほか、アリストテレスに任せて第二の学びの場を創設、アリストテレスはその学校をリュケイオンと名づけた。主題をごく狭い範囲に限って教えるアカデメイアと違っ

アレクサンドロス大王を個人指導するアリストテレス。『アリストテレスの冒険』の彩飾写本。

て、アリストテレスはぐんと幅広い教育を奨励した。みずからもたびたび、論理学、物理学、解剖学、気象学、動物学、形而上学、神学、心理学、政治学、経済学、倫理学、修辞学、作詞法などについて講義したのだ。後進

を育成するなかで、アリストテレスはそれらの分野で数々の発明に力を貸すことになった。それまでに正規に教えられたことのないものもあったためだ。彼の考え方は非常に説得力と影響力があり、続く2000年ものあいだ、西欧世界の主流の哲学や科学はアリストテレスの精神をうけつぐものとなった。目で観察して論理的に思考することで、アリストテレスは宇宙の仕組みについてさまざまな解釈を生み出した。ただ、そのすべてが正しかったわけではない。これまでの章で見てきたように、宇宙を地球中心の見かたで表現していたし（中心に地球があって、万物は地球のまわりを旋回している）、光は瞬間移動すると考えていた。そんな彼は、無限についても考究していた。

　アリストテレスは、無限について自分にわかったと思えることを否定できなかった。時間の始まりも終わりも想像することができないので、無限という抽象概念は存在しうると感じたのだ。ただし、それは現実的ではなく可能的な存在だというのが、彼の考察だった。彼は一例を挙げている。人が誰かにオリ

13世紀の、トマス・アクイナスの著作。アリストテレス哲学を受け継いでいる。

ンピック競技のことを説明しているとしよう。その人はオリンピックを、可能性のあるものとしてしか説明することができない——将来起こることではあろうが、たった今のできごとではないからだ。それと同じことが、無限についても言える、とアリストテレスは言う。存在する可能性はあるが、現在は存在しない（将来的にも存在しないかもしれない）のだ。私たちのこの物理的世界には無限の大きさや年齢のものはありえないのだから、無限の姿を直接目にすることは決してないはずだ。

　無限についてのこうした見解は、一般に是認された知識となり、何世紀にもわたってほとんどの数学が非常に具合よく機能したのだった。13世紀の神学者、トマス・アクイナスの著作からすると、そのころからアリスト

テレス哲学は宗教と複雑な結びつきをもつようになってきている。神は無限の存在であるとみなされた（たとえば、物理的なこの世界で神にまみえることはない）。そして、魂は不滅にして無限という観念が、宗教に統合されるようになった。無信仰な人に見込めるのは、実在するもののない果てしない無というわびしさと好対照をなす、心慰められる考えである。宇宙は有限であり、その中心に地球があるというアリストテレス的な見解に、教会は身をゆだねた（天国の大きさを計測する方法を導くことができるとする文章もあった——それらによると、天国はたいして大きくなかったが）。夜空に点々と見える光は遠方にある太陽かもしれない、あるいは宇宙は無限かもしれないという意見は、たんにばかばかしく思えるだけではなく、異端だったのだ。教会の示す見解にあえて異を唱える者は、容赦されなかった。ジョルダーノ・ブルーノは数学者でも科学者でもなかったが、それにもかかわらず、『無限の宇宙と世界について』（1584年）という題名の書物を著した。無限の世界という考えを無理やり取り消させようという異端審問に、彼は9年間も苦しめられた。だがブルーノは決して屈服しなかった——それどころか、この問題についてわざわざ宗教裁判を刺激したふしさえある。そしてとうとう1600年に、彼の意見が見物人たちの耳に入らないようさるぐつわをかまされたうえで、火刑に処せられたのだった。

　皮肉なことに、現代科学はアリストテレスや教会のほうと見解が一致している。宇宙はとんでもなく大規模ではあるものの、有限であり、無限ではないと考えられているのだ。

複雑な機構（ホイールズ・ウィズイン・ホイールズ）

　ガリレオはブルーノの悲運をいやというほどよく知っていた。彼らが生きていたのは、正統信仰に挑んでいては危険な時代だっ

ジョルダーノ・ブルーノ。イタリアに生まれ、哲学的対話集、数学や物理学の研究書を著した。

たのだ。それでも、世界について考えることを想像力豊かなガリレオはやめなかった。アリストテレス的な見かたによれば、無限とは可能性をもつだけであって、決して物理的現実ではありえない。ガリレオは、円にまつわるちょっと不思議なことに気づいた。ひとつがもうひとつより大きい二つの同心円を考え、それらの円周上に点がいくつあるのかを考えようとした。すると、一方の円がどんなに他方より大きくても、どちらの円周上にも無数の点があるはずだという結論に達したのだ（右のコラム参照）。

ガリレオは悩んだ。わけがわからない。どうして、ある無限大がもうひとつの無限大よりも大きくなりうるのだろう？　そもそも、無限大といえば無限大に決まっているのではないのか？　彼はこう書いている。「……私たちは有限の頭で無限を論じようとして、有限のもの、限られたものに与えるような特性を割り当てている。しかし、それはまちがいではないのか。無限大の量に対して、ほかの無限大と比べて大きいだの小さいだの、あるいは等しいということは言えないのだ」

しかし、それでほうっておいたわけではない。ガリレオは次に、すべての正の整数の数列について、また考えうるすべての整数の平方数（2乗した数）の数列について考えた。正の整数おのおのに対して、平方数はひとつだけ存在する。1:1、2:4、3:9、4:16、5:25、……。ということは、平方数は整数と同じ個数存在するはず。ところが、平方数でない数が多数あるのは明らかであるから、平方数よりも整数の総数のほうが多いはずではないか。どういうわけか、整数の総数は平方数の総数よりも多くも、平方数の総数に等しくもある。しかし、いずれの数列も永遠に続いていく。つまり両方とも無限である。ガリレオの解釈はこうだった。「……すべての数の総体は無限であり、平方数の総体も無限である。

ガリレオの円

ガリレオは二つの同心円（中心を同じくする円）について考えた。外側（大きいほう）の円の円周が内側の（小さいほう）円の円周より長いことは、はっきりしている。

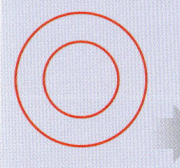

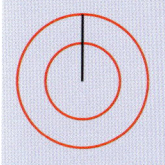

次に、一本の直線が時計の針のように円にそって回転することを考える。

どの時点においても、直線は大きいほうの円とただひとつの点だけで交わっている。しかし、小さいほうの円とも、ただひとつの点で交わっている。大きい円のほうが円周が長く、したがってたくさんの点をもっているはずなのに、直線が大きい円の各点に対して、その点に対応する小さい円上の点が必ずひとつあるのだ。

直線がほんの少しだけ、無限小の距離だけ円上を動いたとしても、つねに大きい円上のある点と小さい円上のある点とで交わることになる。すると、小さい円をつくっているのは無数の点であり、大きい円をつくっているのはそれより多くの無数の点ということになってしまうのだ。

平方数の総数がすべての数の総体より小さいこともなければ、後者が前者より大きいこともない。そして、『等しい』、『より大きい』、『より小さい』という属性は無限には適用できない。有限の数量に対してのみ適用できる」

　その後、ゲオルク・カントールという独特の天才が現われて、こういう無限の不思議な姿を推察することになる（カントールは〈√2〉の章に登場、シェイクスピア＝フランシス・ベーコン説に執着していた人物である）。ガリレオが困惑したことと同じ数の性質に、カントールも気づいた。数の集合の中には、ガリレオが平方数を整数に対応させたようには整数と一対にできないものがあることを、彼は証明しようとした。整数と1対1対応させられない数の集合があるとすれば、きっとそれは整数の集合よりも大きいに違いない——たとえ数の集合がどちらも無限大であるとしてもだ（次ページのコラム参照）。

　カントールは、不可算（非可付番）集合もあることと、さらにすごいことには、ある無限集合がほかの無限集合より大きい場合もあることを示した。無限大とはもはや、たんに「考えられるかぎりの大きさ」ではなくなった。どの無限大も、ほかの無限大より大きかったり小さかったりするのかもしれないということが、わかったのである。無限とは永遠に続くことだからどれも同じ大きさだ、ということにはならないのだ。

無限と出会う

　ガリレオとカントールは、300年という時を隔てて別々の世界に生きた。したがってカントールは、ガリレオに、「等しい」「より大きい」「より小さい」は無限に対しても使えるのだと説明することができなかった。だが、無限とはただ可能性の存在で、現実的ではありえないという、2000年も生き延びたアリストテレスの見解はどうだろう？　確かに、カントールの考えた無限数列を書き表わすことはできるわけがないし、ガリレオが考えた円周上に無限個の点を打つこともできはしない。アリストテレスは正しかったのだろうか？　この宇宙には真に無限のものは何もないのか？

　その問いに対する答えは、アインシュタインの頭脳がどれほどのものだったかにかかっていた。アインシュタインの一般相対性理論によると、大きくて重い物体は空間と時間を大幅にゆがめ、その重力場が物体そのものの構造を崩壊させることになる。地球が、重さは今のままだが紙のようなものでできていると想像していただきたい——重力で地表が内部に引っぱられ、紙風船さながらにぐしゃっ

集合論の生みの親、ゲオルク・カントール。集合論は数学の基礎となった。

カントールの対角線論法

カントールは、ある種の無限集合がほかの無限集合より大きいということを、みごとな方法で証明してみせた。最も有名なもののひとつは、カントールの対角線論法として知られている。

カントールはまず、数の無限集合をひとつつくった。1と0からなる無限数列が無限集合で、それぞれの無限数列は下のように果てしなく続く形をしている。

{0, 1, 0, 1, 0, 1, 0, 1,...}

{1, 1, 0, 0, 1, 1, 0, 0,...}

{0, 0, 1, 0, 0, 1, 0, 0,...}

……

次に、この無限集合から構成される新たな無限数列を考えた。新しい数列の最初の数は、集合内の最初の数列の最初の数とは異なるものにした。また、2番目の数は、集合内の2番目の数列の2番目の数とは異なるものになっている。3番目の数も3番目の数列の3番目の数とは異なり、これがずっと、永久に続いていく。

{**0**, 1, 0, 1, 0, 1, 0, 1,...}

{1, **1**, 0, 0, 1, 1, 0, 0,...}

{0, 0, **1**, 0, 0, 1, 0, 0,...}

新しい数列は {**1, 0, 0**,...}

ここでカントールは、新たにつくった数列は、無限集合の中には現われ得ないことを示す。集合内のどの数列を新数列と比べようと、構成のしかたのせいで、異なってしまうのだ。たとえば、集合内の100番目の数列を選んだとすると、新数列は100番目の数字が異なることになる。3333番目の数列を選ぶと、新数列では3333番目の数字が異なる。この「カントールの対角線論法」(新数列をつくるのに対角線上の数が使われていることから名付けられた)は、数列の無限集合は考え得るすべての数列を含むことはできない、ということを証明するものだ。言い換えるなら、数の集合は、数よりたくさんあるということになる。それだけでなく、数の集合から成る集合は、数の集合よりたくさんある。さらには、数の集合から成る集合から成る集合は、数の集合から成る集合よりもたくさんあり、そして……。

とつぶれてしまうだろう。アインシュタインの方程式が予測するのは、質量の十分大きい恒星がそれと同様につぶれて、体積がどんどん小さくなっていくのではないかということだ。カール・シュヴァルツシルトという物理学者は、アインシュタインの場の方程式を用いて、どんな質量にも対応する、今では「シュヴァルツシルトの半径」と呼ばれているものを計算した。回転しない物体はシュヴァルツシルトの半径サイズになると、それ

自体の重力で完全に崩壊する。もし私たちの太陽がつぶれて半径３キロメートルのボールになったら、あるいは地球がつぶれて半径９ミリメートルのビー玉ほどになったら、二つの天体はブラックホールとなるだろう。その巨大な重力場にあらゆるものが、光さえもが吸い込まれることになる（だからこそブラックホールと呼ばれるのだ）。ブラックホールは、自身の表面をその中心へ向かって引っぱりつづけ、ついには特異点となる。特異点とは、大きさはゼロで質量無限大の点だ。回転するブラックホールが、時空でワームホールのようにふるまう環状の特異点をつくり出し、宇宙に穴をあけて、宇宙のどこか別のところにある回転するブラックホールとつながることもあるかもしれない（〈3〉の章の、メビウスの帯にあいた穴を思い出してほしい）。ただし、ワームホール経由で移動するのを頼みにするSF小説は、さほど近づいてもいないうちに原子より小さく粉々にされてしまいかねない、恐るべき重力効果にふれるのを怠っているし、10億年単位になる時間の遅れにもふれていないのだ。

　宇宙の始まりも、一般相対性理論では「原因となる特異点」だったろうということになる。大きさも時間もない点であり、それがビッグバンとして爆発して、空間や時間など、この宇宙のありとあらゆるものを生んだのだという。

　こういった難解な概念には、証拠もある。ハッブル宇宙望遠鏡が、はるかかなたにある銀河の中心に、回転する巨大なガスの雲を撮影しているのだ。回転しているため、その組成物の半径と速度が計測でき、そこから質量を算出することができる。天文学者たちには、かなたにあるその物体の質量がとんでもなく重いこと、そしてその大きさからして、まわりのガスや恒星をどんどん吸い込んでいるブラックホールに違いないことを証明できるの

カール・シュヴァルツシルト。重力効果、重力と大きさがゼロの物体や質量と無限大の物体との関係を研究した。

だ。
　この宇宙の起源となったビッグバンの証拠も、たっぷりある。エドウィン・ハッブルが1929年に、すべての銀河がある1点から遠ざかる方向に動いていることを発見して以来、宇宙は膨張しているとわかった。実は銀河が動いているわけではなくて、銀河の存在する宇宙空間そのものが動いているのだ。水玉模様をたくさん描いた風船をふくらませる

ハッブル望遠鏡が明らかにした、銀河の中心で回転するガスの雲。ブラックホールだと考えられる。

と、同じような効果を目にすることができる。水玉がお互いに離れ離れになっていくように見えるが、膨張しているのはその模様のついた風船の表面のほうなのだ。ここから、宇宙の大きさは有限だとわかる——始まりは点で、これまでにたっぷり時間をかけてある程度の大きさになったわけである。また、爆発初期の高温のなごりである、宇宙のバックグラウンド放射の温度も計測できる。算出した温度からわかるのは、この宇宙の年齢が130ないし140億歳ということだ。比較の対象としては、地球と太陽系はおよそ45億4千万歳になる。化石から考証すると、地球上に原始形態の生命が発生したのが、だいたい35億年前のことだ。

　こうした証拠はみな、宇宙には特異点がいくつもあるということを意味するのだろうか？　質量は無限大で大きさのない点が？　答えははっきりしている——わからないのだ。実際にブラックホールやビッグバンをじっく

上：中心に円形ブラックホールのある図。

次ページ：恒星の組成を研究することが、ビッグバンそのものについて知る一助となった。ひいては宇宙は有限であるという結論に導いてくれる。

り見ることはできないのだから。アインシュタインの方程式は特異点を予測しているが、その他の方程式はそうではない。これまでの物理学では、方程式に無限大がかいま見えるたび、その方程式にわずかなまちがいがあることが判明するという繰り返しだった。ビッグバンとブラックホールについても、またそんなことに違いないと考える物理学者も多い。そういうわけで、物理学がこの宇宙について知るためにすべきことは、まだまだあるのだ。ここまで、すばらしく頭のいい人々の力を借りて長い道のりを歩んできたが、すべてを解明するためには、また新たな天才の力が必要とされている。20世紀の偉大な物理学者、リチャード・ファインマンがかつて、無限につ

いてこう言ったものだ。「わからないからといって顔をそむけてはいけない。そう言い聞かせるのが私のつとめだ。私が物理を教えている学生たちだって、わかっていない。それは、この私がわかっていないからだよ。誰にもわかっていない」

おそらく、初めからアリストテレスが正しかったのかもしれない。無限とは、想像することはできても目にすることの決してないものなのかもしれない。読者がそんなことはないだろうと思うなら、話は別だが。

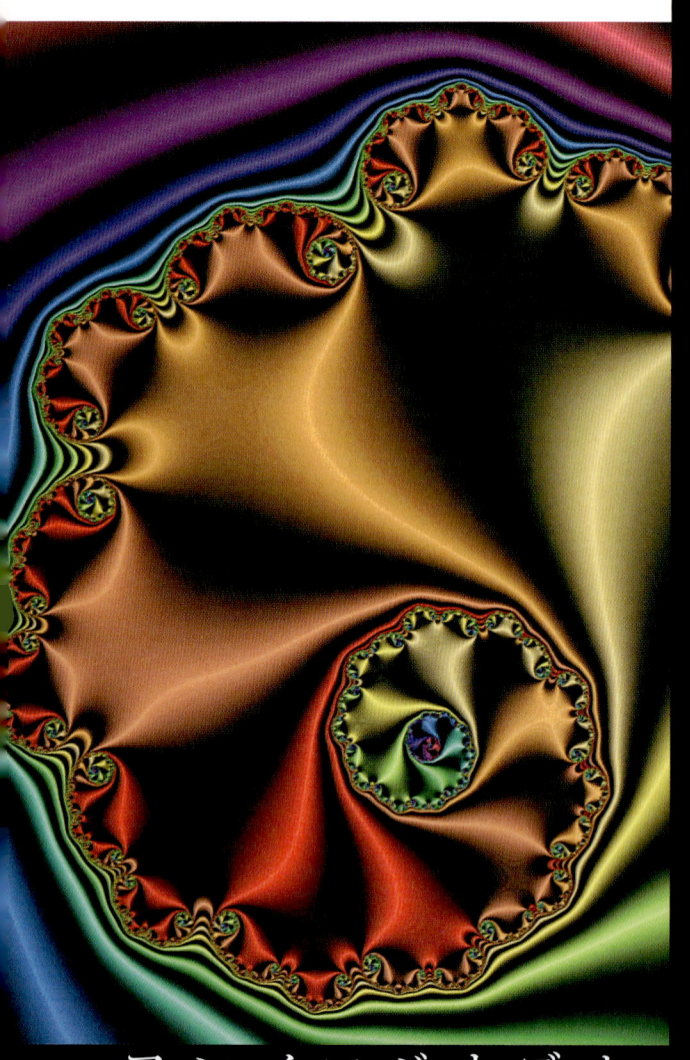

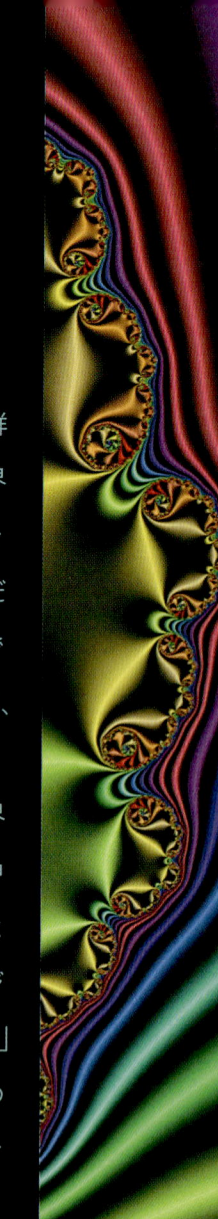

想像を絶する複雑さ
アンイマジナブル
虚数（i）の章

　人類の歴史と未来をかたちづくる鮮やかな数のタペストリーは、現実世界と密接に関わりあっている。リンゴを四分の一に切り分ければそれは分数だし、円を見ればπを理解することができる。また、目をしっかりと見開けば、光子が速度cで網膜にぶつかってくる。このように、すべての数は物質界と密接に関係している。しかしその中でもほかよりずっと複雑に現実世界と関わっている数がある。虚数（イマジナリー・ナンバー）、あるいはたんに「i」と呼ばれている数だ。こんな名前がついてはいるが、きわめて現実的な数なのである。

虚数は、何世紀にもわたって数学者たちを悩ませてきた謎の、鍵となる数だ。その謎は、2乗や平方根を考えたときに生じる。〈√2〉の章でも述べたように、平方根はどんな数を2乗すればその数になるかをあらわしている。つまり、平方根とは2乗した数の根のことだ。したがって、2の平方根は1より大きく（1 x 1 = 1だから）、2より小さい（2 x 2 = 4だから）。そして、√2は無理数の1.414213562373095……ということになる。これを実際にその目で見たいのなら、1辺が1メートルの正方形を描き、その対角線の長さを測ってみるといい。

　こう考えると、平方根はごく単純な概念に思える。では、-1の平方根、つまり√-1は何だろうか？

答えが-1になることはありえない。なぜなら-1 x -1は1だからだ。同様に、1 x 1 = 1だから、答えが1になることもない。また、一辺が-1の正方形を描くことはできないし、電卓で√-1を求めようとしてもエラーが出るだけ。電卓でさえこの謎の答えは持ち合わせていないのである。

想像力をはたらかせる

　この謎は、大昔から知られていた。西暦50年、ギリシャの数学者、アレクサンドリアのヘロンが、ピラミッドの一部の容積を計算しようとしてこの謎に気がついた。そして、この負の数の平方根を最初に数学に応用したのが、イタリア人のニッコロ・フォンタナだ。

　西暦1500年、ヴェネチアにほど近いブレーシャで生まれたフォンタナは、騎馬郵便配達人（馬に乗って近隣の町に郵便を届ける郵便配達人）の息子だったが、6歳のときに父が殺され、一家は貧困生活を強いられることになる。その後も苦難は続き、彼が13歳のときには、町にフランス軍が侵攻、ブレーシャの住民およそ46,000人が殺害された。フォンタナは妹とともに近くの大聖堂に逃げ込んだが、兵士たちに見つかり、顔をサーベルで切りつけられて大けがを負った。母は瀕死の重傷を負ったフォンタナを懸命に介護し（哀しいか

な、母には医者を頼む財力はなかった)、なんとか回復させる。しかし顔に大きな傷痕を残した彼は、普通に話すことが難しくなり、吃音者を意味する「タルターリア」と呼ばれるようになった。大人になった彼はあごひげをたくわえ、この傷痕を隠していたという。

　独学で数学を学んだ彼は、並はずれた才能の持ち主だったが、あまりにも自信過剰なそのふるまいのせいで、なかなか仕事に就くことができなかった。だが、教師となった彼は、18歳で結婚して家庭を持つ。そして、35歳のとき、給料がいい別の学校の数学教師となって、ヴェネチアに移り住んだ。

　吃音のあるしがない学校教師だったにもかかわらず(あるいはそのせいかもしれないが)、フォンタナはたちまちのうちに数学的議論に長けた優秀な数学者という名声を得るようになった。当時の数学的議論は一種のスポーツ競技のようなもので、2人の数学者が衆人環視の中で計算問題を相手に出し合い、より多くの問題を解いたものが勝者とされた。

　フォンタナは優れた数学の本を何冊か著し、ユークリッドの『初等幾何学』をイタリア語

この『*Astifiliosi et Curiosi Mai*』(1589年)の著者、アレクサンドリアのヘロンが、負の数の平方根の謎を最初に発見した。

三次方程式

三次方程式とは、3乗の項を持つような方程式である。典型的な三次元方程式を挙げると、

$x^3 - 6x^2 + 11x - 6 = 0$

であり、これをグラフにすると次のようになる。

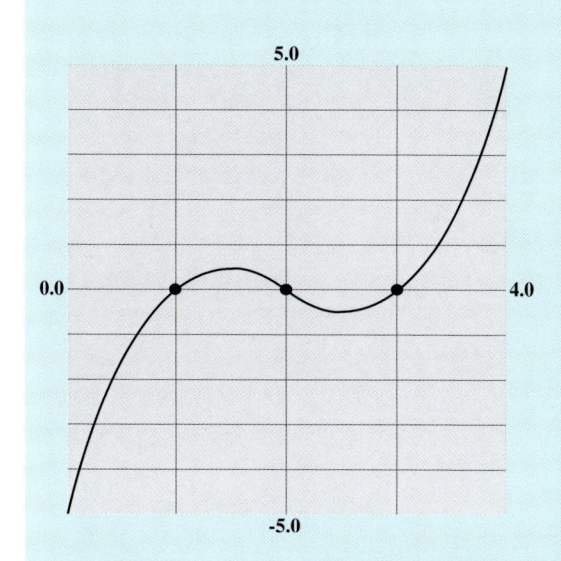

この曲線は(1, 0)、(2, 0)、(3, 0)の3点でx軸と交わり、この3つが、この三次方程式の解と呼ばれている。この解が正しいことは、グラフを描くまでもない。なぜなら、これらの数を方程式に当てはめれば、その答えはいずれも0となるからだ。

$x = 1$　$1 \times 1 \times 1 - 6 \times 1 \times 1 + 11 \times 1 - 6 = 0$

$x = 2$　$2 \times 2 \times 2 - 6 \times 2 \times 2 + 11 \times 2 - 6 = 0$

$x = 3$　$3 \times 3 \times 3 - 6 \times 3 \times 3 + 11 \times 3 - 6 = 0$

しかし、この数式にほかの数を入れれば答えは0にはならない(信じられなければ試してみてほしい)。

数学者たちが頭を悩ませたのは、どうすればグラフを描かずに三次方程式を解けるかだった。これはかなりの難題だ。なぜなら、曲線の「波型」はときにひどく変わった形になったり、x軸のはるか上または下に位置したりするため、つねに3つの解があるわけではないからだ。

に翻訳。また、アルキメデスの著書を初めてラテン語に翻訳したのも彼だった。しかし、三次方程式に関するみずからの著書によって、彼は破滅した。

もうひとりのイタリア人数学者、スキピオーネ・デル・フェッロは、三次方程式を解く方法の一部を発見した。$x^3 + ax = b$といった単純な三次方程式の解き方を見つけたのだ。しかし彼は、臨終の床で弟子のフィオルにそれを告げるまで、誰にもその方法を教えようとしなかった。数年後、フィオルはほかの数学者に、自分はどんな三次方程式でも解くことができると吹聴しはじめた。このころすでにフォンタナは$x^3 + ax^2 = b$といった三次方程式を解いていたため、フィオルに腕比べを申し入れた。2人がそれぞれ30の難問を相手に出し、より多くの問題を短い時間で解いたほうが勝ち、というものだ。

『Tartalias General tratto di numberi et misure』（1556年）のタイトルページ。

すのをひどく渋っていたが、自分の発見が数学のさらなる進歩につながるかもしれないという思いに負けて態度を軟化させ、その方法を著名な医師であり数学者でもあったカルダーノに教えた。カルダーノはライバルの数学者たちに盗まれるのを防ぐため、その解法を詩の形で文章にし、この秘密は絶対に公表しないとフォンタナに約束した。忠告しておくが、おそらく一般的な詩の愛好家たちの好みには、この詩は合わないだろう（イタリア語ならもう少しましかもしれない）。

あるものの3乗とほかのものたちを足し
ある控えめな数と等しくなるのなら
これとは別の2つの数を
見つけなければならない。
そしてこれを原則として維持すれば
それらの積はつねに、
ほかのものたちの3分の1の3乗となる。
一般にその立方根を
引いた残りは
主たるものと同じになる
こうした作業の2番目に
3乗だけが残ったら、
次のようなことに気づくはず。
その数を二つに分け
それらを掛け合わせると
ほかのものたちの3分の1の3乗に等しい
積を得られるようにできるということを。
これを原則として、これら2つの数の
立方根を足し合わせると
その和があなたの求めるものである。
この計算の3番目は
2番目の計算により解くことができる
なぜならそれらの性質はほぼ同じだからだ。
1543年の年、

賢明なフォンタナは、さまざまなタイプの問題を30問出題したが、三次方程式を解けるのは自分だけと思い込んでいたフィオルは、三次方程式だけを30問出題。結局、フォンタナはそのすべてを2時間で解き、みずからの数学的能力を知らしめた。

フォンタナの勝利はたちまち世間に広まり、人々は三次方程式の一般的解き方を知りたがった。当初、フォンタナはその方法を人に明か

私はこれを確固たる確信のもとで発見した
強固で頑健な礎のもとに築かれた
海に囲まれた街で。

　カルダーノはすぐに、フォンタナのこの解法が、数のもつ不思議な側面を明らかにすると気づいた。三次方程式を解いていて、その解法に負の数の平方根が関わることに気づいたのだ。彼はフォンタナから助言を受けようと手紙を書いたが、カルダーノに秘密を打ち明けたことを後悔していたフォンタナは、彼を混乱させようと、次のような謎めいた手紙を書き送った。「つまり、きみはこの手の問題を解く真の手法を習得していないのであり、きみの手法は大間違いだと言わざるをえない」

　だがカルダーノは決して間違っていたわけではなく、まもなく、負の平方根が現われたときにフォンタナがどうやってこの方程式を

**ジェロラモ・カルダーノの
肖像画**。

カルダーノの謎

　フォンタナとカルダーノが虚数をどのように使ったかを知るために、カルダーノが取り組んだ謎を見てみよう。

10 を 2 等分し、それらの積が 40 になるようにせよ。

　カルダーノはこれについて、「これが不可能であることは明白だ。それでも、とりあえず次のように考えてみることにする。10 を 2 等分すれば、それぞれは 5 になる。それを 2 乗すれば 25 となる。その 25 から 40 を引くと……-15 となり、その $\sqrt{-15}$ の平方根に 5 を足す数と、5 からそれを引く数の二つを掛けると 40 になるわけで、つまりその二つの値は、$5 + \sqrt{-15}$ と $5 - \sqrt{-15}$ だ。

　この負の数の平方根の気持ちの悪さを忘れて、$5 + \sqrt{-15}$ に $5 - \sqrt{-15}$ を掛けると、25 - (-15) となる。つまり結果は 40 だ……こうやってここまで極端に代数的微妙さを追求すると、先に指摘したように、あまりにも微妙すぎるので、無用になる」

　驚いたことに、この問題でカルダーノは 10 を 2 つの等しい数、それらのどちらも実数部 (5) と、虚数 ($\sqrt{-15}$) で構成された数に分ける方法を見つけ出した。平方根は正にも負にもなりうる(たとえば、$2 \times 2 = 4$、$(-2) \times (-2) = 4$ なので、4 の平方根は 2 と -2 の両方)。そこでカルダーノは、等分した二つを、実数に平方根を足したものと、実数から平方根を引いたものにしたのだった。それらの和は 10 になり、それを掛ければ 40 となる。

想像を絶する複雑さ

解いたのかを突き止めた。
　カルダーノはそのような負の平方根を、数として扱うことにしたのだ。彼はまもなく三次方程式を説く方法を編み出し、助手のフェラーリの助けを借りて、それを四次方程式の解法へと発展させた。また、三次方程式の解法を最初に見つけたのがデル・フェッロであることにも気づいた彼らは、フォンタナの解法を永久に秘密にするという約束を無視し、デル・フェッロの解法と自分たちの研究を発

"海に取り巻かれた街"
ヴェネチア。

表した。
　これに激怒したフォンタナは翌年、自分の研究を本にして出版。この本の中で彼は、みずからの発見に至るいきさつについて書き、カルダーノへの侮辱と悪意に満ちたコメント

も付け加えた。これを知っていきりたったフェラーリは、手紙で激しくフォンタナとやりあった。

「あなたは恥知らずにも、カルダーノは数学のことなど何も知らないと言い、彼のことを教養のない愚か者、身分が卑しく、もの言いは粗野などと、ここに改めて書くのもいまわしい言葉で非難された。高潔な先生はそれに反論なさらないが、先生の弟子である私にとって、あなたの暴言は聞き捨てなりません。そこで、私はみずからあなたのペテンと悪意を世に訴えることにしました」

　数字で戦おうとばかりに、フェラーリはフォンタナに公開試合を申し入れた。カルダーノ以外と争う気などなかったフォンタナは、これを拒否する。しかし1548年、ブレーシャの権威ある学校の講師職に誘われた彼は、数学者としてのみずからの価値を証明しようと、フェラーリからの申し出を受け入れた。だが試合当日、フォンタナは、三次方程式についても四次方程式についても幅広く研究しているフェラーリのほうが自分よりもはるかにこれらを理解していることに気づき、慄然とする。結局フォンタナは、敗北の恥をさらすことに耐えられず、二日にわたって行なわれることになっていた試合の初日の夜に、会場から逃亡してしまう。フェラーリは戦わずして勝利を宣言したのだった。

　フォンタナのこの敵前逃亡は、大きな過ちだった。その後、彼はブレーシャで一年間講師をしたが、講師料が支払われないことが判明する。彼は裁判に訴えたが、結局は前職に戻ることを余儀なくされたのだ。カルダーノが最も有名な（そして最も物議をかもした）医師兼数学者となったのとは裏腹に、フォンタナは貧困の中、57歳のときヴェネチアでその生涯を閉じたのだった。

想像力(イマジネーション)に頼る

　フォンタナの時代から、数学の世界では虚数が定期的に登場しつづけた。しかしそれでも、虚数に関してはかなりの混乱があり、虚数を嫌がる向きも多かった。この数を軽蔑するかのように"虚数"（イマジナリー・ナンバー）と名付けたのは、これまでの章で何度か登場したデカルトだった。なぜなら、虚数より実数を使うほうがずっとおさまりがよかったからだ。その数十年後、数学者のド・モアヴルと、あの理屈っぽいわれらがニュートンは、三角法を虚数と組み合わせて、カルダーノが取り組んでいたいくつかの難問を解き明かした。その後、オイラー（彼も以前の章で登場した）が「i」という表記を考え出した。負の数の平方根の亡霊を隠しているような虚数$\sqrt{-1}$よりずっとシンプルな表記のため、その後はずっとiが使われている。

　フォンタナが生まれた300年後、虚数を初

想像を絶する複雑さ

めて幾何学的に描いたのが、ノルウェーの測量士で地図製作者のカスパー・ヴェッセルだ。残念ながら、このヴェッセルの業績はその後100年のあいだ注目されずじまいで、結局はパリの簿記係、ジャン・ロベール・アルガンの功績となった。その結果、虚数の幾何学的図はこんにち、不当にもヴェッセル図ではなく、アルガン図と呼ばれている（下のコラムを参照）。

アルガン図（複素平面）

アルガン図とは、虚数を視覚化する、きわめて単純な幾何学図だ。複素数は a + bi という一組の数字で表わされるが、この "a" は実数部を、"b" は虚数部の大きさを定義している。複素数は一対の軸の上に描かれ、x軸（横軸）が実数部分を、y軸（縦軸）が虚数部分を定義する。したがって、2 + 3i という虚数は簡単にグラフ上に表わすことができる。

個々の数を点として図示することができれば、三角関数やベクトルを利用して虚数の計算ができる。ヴェッセルやアルガンが提案したのは、まさにこれだ。たとえば二つの虚数を足したい場合、その虚数をアルガン図に描き、原点（0,0）からそれぞれの点へと線を引き、Z_1 と Z_2 のベクトルを作る。この2つのベクトルを足すと、新たな虚数のベクトルとなる。

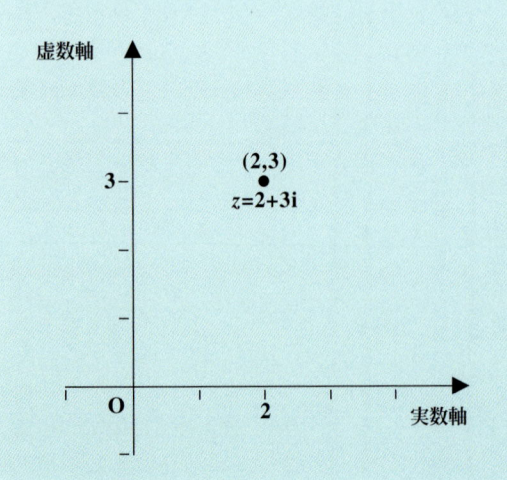

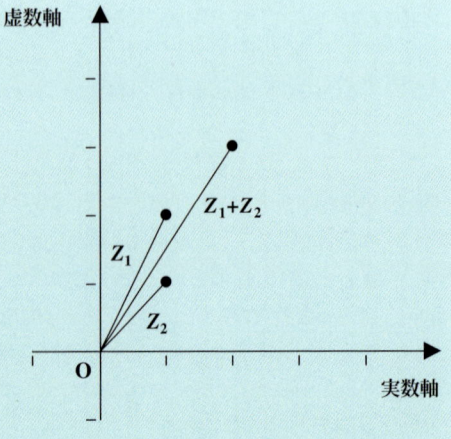

引き算をするときは、一方のベクトルからもう一方のベクトルを引き、掛け算をするときはベクトルと実数軸のあいだの角度を足してから、ベクトルの長さを掛ければいい。

夢を現実に

（あるいは現実を夢に？）

　虚数は何十年ものあいだ、数学的な謎となっていた。虚数を想像することはできたし、それを描くこともできたが、その意味を実際に理解することは難しかったからだ。πが円と対応するのなら、iもまた自然界にある未知の不思議な何かと対応するのだろうか？　iが想像上のものだとすれば、現実でそれに対応するものは何だろうか？

　そんな虚数に対する私たちの理解を助けてくれたのが、数学者カール・ガウスだ。ガウスは1777年、ブラウンシュヴァイク（現在のドイツ中北部）に生まれた。わずか7歳にして、彼の数学的才能は教師の目にも明らかだった。1から100までの整数すべての和を尋ねられた彼は、その質問に即答した。1から100までの整数には和が101となる数字が50組ある（1 + 100、2 + 99、3 + 98 ..... 49 + 52、50 + 51）と直感的に気づいたガウスは、答えは50 x 101、つまり5,050と言ったのだ。7歳の子供の答えとしてはとんでもなく優秀なものだ。

　ガウスは高地ドイツ語、ラテン語、そして数学を学び、18歳になるころには2項定理や算術幾何平均、素数定理などたくさんの重要な数学的理論や概念を独力で発見していた。その後、ゲッティンゲン大学に進学した彼は、新しい幾何学的図形である正十七角形を定規とコンパスを使って描くなど、数世紀に一度の偉大な進歩を幾何学界にもたらした。参考までに、この正十七角形を描くときに彼が使った方程式のひとつを紹介しておこう。

ドイツの数学者、カール・フリードリヒ・ガウス。

$$\sin(\pi/17) = \sin(180°/17) = \tfrac{1}{8}\sqrt{34 - 2\sqrt{17} - 2\sqrt{2}\sqrt{17-\sqrt{17}} - 2\sqrt{68 + 12\sqrt{17} + 2\sqrt{2}(\sqrt{17}-1)\sqrt{17-\sqrt{17}} - 16\sqrt{2}\sqrt{17+\sqrt{17}}}}$$

そして24歳のとき、ガウスは代数の基本定理で博士号を取得した。

彼はその後も整数論や天文学、幾何学、測量学、物理学（特に磁気の研究）に多大な進歩をもたらした。

さらには、数学者ヴェーバーの力を借り、メッセージを5,000フィート離れた場所へ送る電信機も作成している。彼が最後に教えた博士課程の学生のひとり、デデキントの書いた文章からは、ガウスが仕事をしているときの様子がよく伝わってくる。

ガウスの覚え書き

ガウスは、「複素数」という用語（これはその後、虚数を含む数を指す最も一般的な名称になった）を導入し、代数学の基本定理についてそれまででもっとも優れた証明を行なった。また、複素数を表記するために、a + bi という表記法をみずからの博士論文で正式に導入した。これは、実数もまた、bがゼロという特殊なタイプの複素数であることを意味する。

実は、ガウスの代数学の基本定理は代数学についてのものではないため、この名称は決して正しいとは言えない。むしろこれは、複素数体は代数的に閉じているということを表わしている。これは、たとえば多項式（$3x^2 + 1 = 0$ といった数式）の場合、解はその係数に使われている数と同じ体に存在する。この式の場合、係数3と1は実数体にあるが、解は $\sqrt{-1/3}$ という虚数であり、実数ではない。つまり、解は係数とは異なる数の体にあるのだ。これだけわかれば、実数が代数的に閉じていないことは証明できる。ガウスは、複素数が代数的に閉じていることを示す確かな証明を見つけた最初の数学者のひとりだった。覚えていると思うが、多項式の次数は、変数 x の最も高い指数のことである。（x^2 が含まれる式の次数は2、x^3 が含まれる式の次数は3、x^n が含まれる式の次数はn）。ガウスの証明は、複素数体上のすべての n 次多項式（nは1以上）には、n 個の複素数解があることを示した。この手の方程式が複素数解をもたないケースはありえないのである。

つまり、複素数を使う限り、方程式の解が見つからずに行き詰ることはない、ということだ。したがって難しい方程式を解くときには、複素数を使うのが最高に便利であり、実際、こんにちの物理学では幅広く使われている。

「……彼はいつもくつろいだ様子で手をひざの上で組み、少し背中を丸めてうつむいていた。語り口調は率直で明確、かつ簡潔だったが、新しい視点を強調したいときは……顔を上げて隣に座っている人に向き直ると、その美しく洞察力に満ちた青い眼で相手を見つめつつ、熱心に持論を展開していた。……原理についての話から数式の発展へと話が進むと、彼は立ち上がり、すっきりと背筋が伸びた威厳のある姿勢で、隣の黒板に独特の美しい筆跡で板書を始める。そして、黒板のごく狭いスペースをむだなく使い、慎重に数式を書き上げる。数値の例を挙げる場合は、几帳面にも必要なデータが書かれた小さな紙片を持ってきて、その数値を使っていた」

複素数の実用性を証明する代数学の基本定理によって、想像上の概念とされていた虚数はあっというまに現実的なものになった。こんにち、複素数は物理や物理的システムの計算を簡略化するうえで役立っているが、あるひとつの分野においては、それは役立つどころか必要不可欠となっている。その分野とは、量子力学だ。

アインシュタインの一般相対性理論と同じように、量子力学もまた、現代の物理学と技術のすべてを支える大きな支柱のひとつだ。アインシュタインは私たちを取り巻く広大な

ガウスが電信装置を作るのを手伝ったドイツの物理学者、ヴィルヘルム・エドゥアルト・ヴェーバー

物理的に観測できる宇宙について説明しているが、量子力学はごくごく小さな世界についての考察である（245ページのコラムを参照）。

また、アインシュタインの一般相対性理論と同じように、量子力学もまだ完成されてはいない。なぜそれがわかるかというと、その方程式は一般相対性理論と完全に整合していないからで、だからこそアインシュタインをはじめとする何百人もの物理学者たちが、これらの理論をひとつにまとめ、すべてがぴたりと説明できるようにしようと努力してきたのだ。これまでのところ、それに成功したも

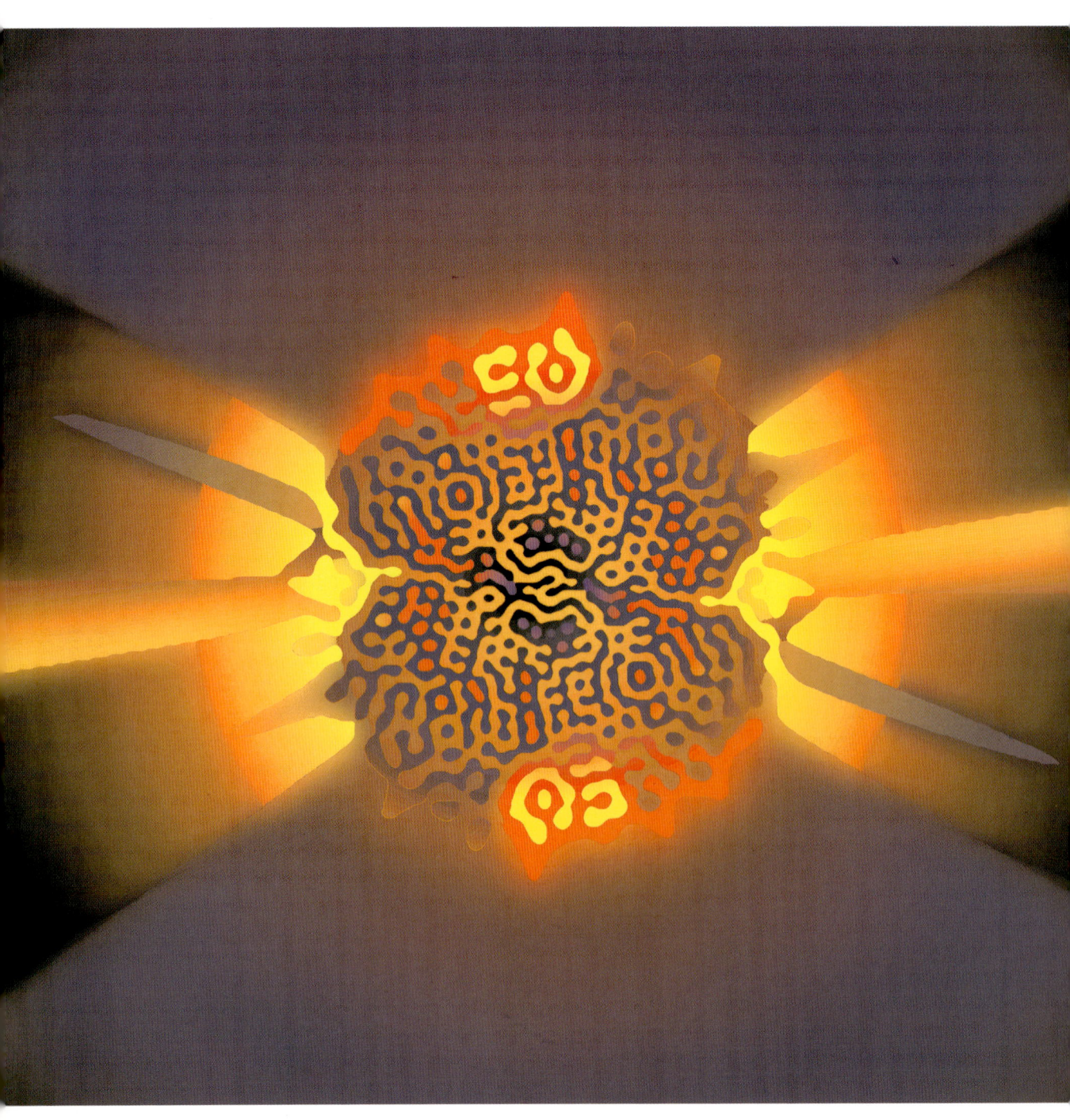

242　アンイマジナブル
想像を絶する複雑さ

ポテンシャルの谷にとらえられた量子波動関数のコンピュータ・モデル。量子力学は、粒子がポテンシャル障壁を通り抜けて、従来の物理学では把握できない領域に出現する「量子トンネリング」という現象を確認した。

のはなく、すべてのものがどう機能しているかを知るためには、次の新たな天才の出現を待たなければならない。現在のところ、複素数を使っても私たちの宇宙についての知識はまだ完全とはいえないが、それでも今のテクノロジーにとっては十分だ。新たなアインシュタインが現われれば、物理学についての見解が統一され、量子テレポーテーションから反重力、あるいは運動量無効装置まで、驚くべき新技術が登場するかもしれない。

もしそれでもまだあなたが複素数をしっくりと受け入れられず、デカルトのように、そんなものは現実に存在しないと考えているのなら、虚数と実数はそれほど縁遠いものではないことを思い出してほしい。定義上、$i^2 = -1$ である。とすれば、$(2i)^2 = -4$ であり、$i^3 = -1$ だということは容易にわかる。そしておそらく i の最も興味深い点は、i^i の値が 0.20787957076190854…… という実数になることだろう。

量子力学

量子力学は、すべてのエネルギーは量子化されている、つまり小さな包みにまとめられていると説明している。それぞれの小包は実際には粒子のようなものだ。だから私たちは、光線内のエネルギーはたくさんの光子で構成され、それが光速で進み、ガラスのような物質は通過し、ほかの物体でははね返り、あなたの網膜にぶつかればものを見ることができる、と言っている。これが真実であることはいくつかの実験で証明されているが、同時に、光は波のような動きをすることも、いくつかの実験で証明されている。たとえば、さまざまな色が存在するのは、光に異なる波長があるからだ。だとしたら、光はどうやって粒子であると同時に波にもなりえるのだろうか？

量子力学は、すべての粒子はそれに結びつく波動関数をもっている、と説明することでこの難問を解決している。それは、粒子が粒子の状態にある確率を示す複雑な関数だ。言い換えれば、その微小な粒子は、ひどくとらえどころのない性質をもっているため、それがどこにあっても不思議ではなく、どのような運動量、どのような計測可能な性質をもっていてもおかしくないのだ。その複雑な波動関数に、ある種の観察を組み合わせれば、その粒子が実際にどこか特定の場所に存在する、あるいはそのほかの特定の性質を有している可能性を、割り出すことができる。この現実の部分（計測可能な現実に対応する）と複雑な部分（今すぐには計測が不可能な、拡大された現実）の組み合わせは、より豊かで完全な宇宙の姿を、きわめて小さい規模で私たちに見せてくれる。数学者のアダマールは、それを次のように語っている。

「現実の領域にある二つの真実を結ぶ最短の道は、複雑な領域を通り抜けている」

こんにち、素粒子のもつ奇妙で予測不可能な性質を計算し、利用する私たちの能力は、レーザーからマイクロプロセッサーに至るまでのさまざまな技術に必要不可欠だ。

複雑な光景

　iの修正版を書き留めるのも、特定の複素数に対応するベクトルや点をグラフに書き入れるのもけっこうだが、では幾何学はどうだろうか？　実数を使えば、立体、面、二次元、三次元、あるいはそれ以上の次元の曲線など、あらゆる幾何学的図形を描くことができる。では、複素数の幾何学図形とはどんなものだろう？　複素数を使って複雑な幾何学的図形を定義することはできるだろうか？　ブノワ・マンデルブローは、その答えが明確なイエスであることを発見した。

　マンデルブローは1924年にポーランドのワルシャワに生まれた。父は衣料品の販売業者、母は医師だったが、両親以外の家族には学者が多かった。マンデルブローが12歳のとき、家族はフランスに移住し、彼の教育はコレージュ・ド・フランス（172ページ参照）で数学教授をしていた叔父が見ることとなった。純粋数学の研究者で過激な平和主義者でもあったハーディ（応用数学は戦時には武器開発に利用されると考えていた人物）の熱狂的崇拝者だった叔父から、過剰なまでに純粋数学ばかりを教え込まれたマンデルブローは、その反動で純粋数学に興味を失い、幾何学などのより応用的な分野に興味をもつようになった。しかし、まもなく第二次世界大戦が始まって学校に定期的に通えなくなったため、彼は時間の大半を独学に費やすこととなった。型破りで波乱に富んだこの教育環境が、のちの成功につながったと彼は語っている。なぜ

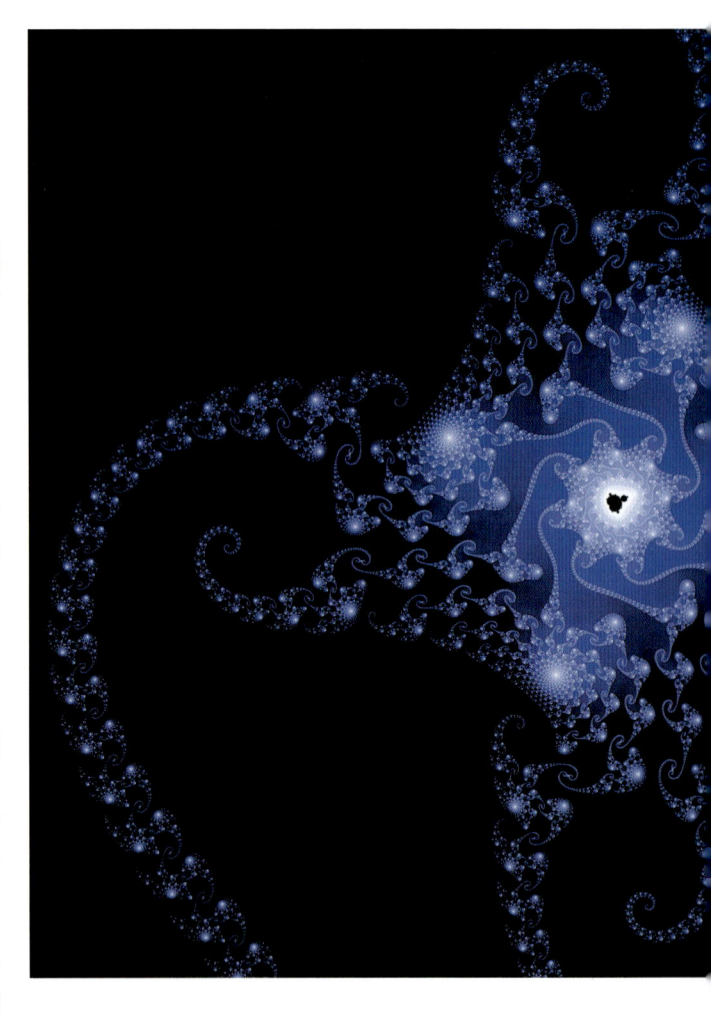

マンデルブロー集合で作られた、無限の複雑さを持つ図形

なら、このような教育環境のおかげで、幾何学に関する独自の洞察と直感を養うことができたからだというのだ。マンデルブローはエコール・ポリテクニク（理工科学校）で学び、カリフォルニア工科大学に留学、パリ大学で博士号を取得した。〈2〉の章に登場したジョン・フォン・ノイマンは、マンデルブロー青年の才能を高く評価し、彼がプリンストン高等研究所で働くための身元引受人を買って出た。マンデルブローはフォン・ノイマンが亡

マンデルブロー集合

複素級数の変動に興味を持ったマンデルブローは、ごく単純な式を考えた。

$x_{t+1} = x_t^2 + c$

ここで x と c は複素数で、t が時間である。この場合、c の値がいくつであっても、t をそのつど1ずつ増やしながら、x_t の値を繰り返し計算していくことができる。この式は「現在の x_t の値は、前の値を2乗し、c の値を加えたものである」ことを意味している。したがって（説明のために実数を用いると）、もし前の x_t の値が3で、c の値が1だと、現在の値は3×3＋1で10となる。もし、前の値が10なら、現在の値は10×10＋1で101となる。

この方程式の計算を無限回繰り返した場合、c の値がいくつだと x_t にある複素数の大きさの増加が止まるのか。それを知りたいと考えたマンデルブローは、大きさが2を上回ると、それはもはや際限なく永遠に増え続けることを発見した。だが、c の値が適切な複素数だと、その結果は2よりも小さい二つの数値のあいだで変動するだけだった。マンデルブローはコンピュータを使い、この式の c にさまざまな値を入れて何度も計算をしてみた。

すると、複素数 x_t の大きさが2以上の場合、c にどの値を入れてもコンピュータは早い時期に計算をやめてしまった。その c の値でコンピュータが早い時期に止まらなかったときは、黒い点が描かれた。その点は、$c = m$, ni の値を使って座標 (m, n) に位置したが、ここで m は-2.4 から 1.34 まで、n は 1.4 から -1.4 までがコンピュータ画面に映っていた。

マンデルブローはこれらの点が何らかの幾何学的図形を描くだろうと予想し、スクリーン上には円か正方形が現われると考えていたが、まさか巻きひげがあり、ふちに複雑な模様がある「つぶれた虫」が出現するとは思ってもいなかった。そこで彼は細部をよく見ようと、その図形を拡大していった（c に小さな値を入れていき、それをコンピュータのスクリーン上で拡大したのだ）。すると、なんとその図形の中には、例のつぶれた虫とそっくりな形を含む、さらに複雑な図形が隠れていた。よく見ようと拡大すればするほど、そこにはいっそう複雑な世界が現われるのだ。そして彼はすぐに、このパターンは無限だと気づいた。どんなに拡大しても、その内側にはさらなる複雑さが隠れているのである。

くなる2年前の1955年にフランスへ帰国し、アリエット・カガンに出会って結婚した。しかし彼はフランス国立科学研究センターでの数学のスタイルが気に入らず、3年後アメリカに戻り、あのニューヨークのヨークタウンハイツにあるIBM研究所の特別研究員となった。IBMでは高性能コンピュータを利用することができたうえ、研究にもかなりの自由度が与えられた。そこで彼は、その自由さを活用し、グラフ上に複素数から生まれた奇妙な形を描き、史上初のコンピュータ・グラフィックのいくつかを作成したのだった。

マンデルブローはその図形に、「分数の（フラクショナル）」という意味をこめて（その図形は永遠に分割することができるからだ）、「フラクタル」と名づけた。そしてまもなく、そのようなフラクタル図形が自然界のあらゆる場所に存在することに気づいた。自分が描

想像を絶する複雑さ

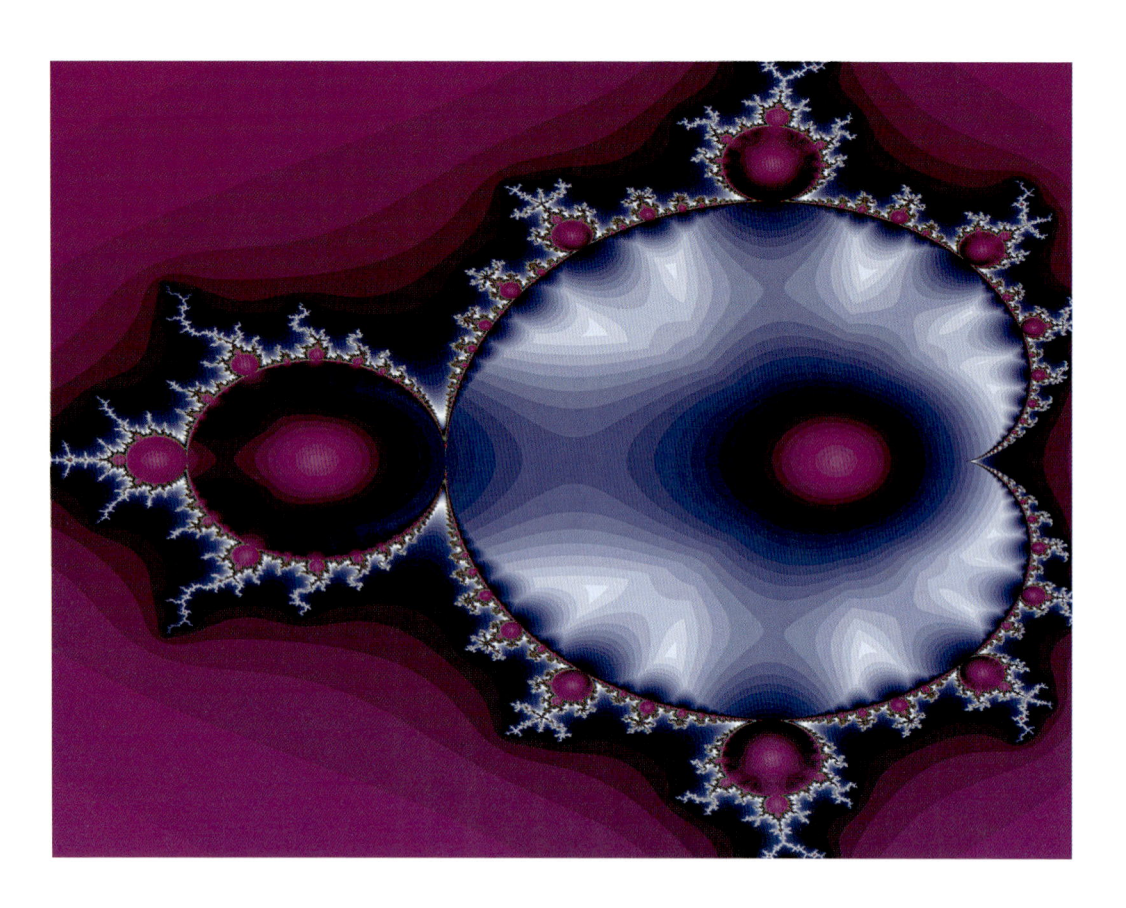

マンデルブロー集合の例。

いたフラクタルの無限に連なる波型と、島の海岸線を比べてみると、見れば見るほど、陸地と海の境界に多くの波型が見えてきたのだ。彼はまた、その自己相似性（縮尺をさまざまに変えても、繰り返し見られる形）を、血管などの自然形状の自己相似性とも比較してみた。こんにち、マンデルブローのフラクタルはマンデルブロー集合として知られている。その形は、等式での範囲が2以下になる傾向のある複素数の集合を視覚化したものだ。これはコンピュータで描かれた図形の中でも、おそらく最も有名で、最も多くの人が見たものだろう。とはいえ、フラクタル・プログラムを使ってマンデルブロー集合のここと思っ

た場所を拡大しさえすれば、あなただって、これまで誰も見たことのない部分を見ることができる。そのうえ、見るものは無限にあるのだ。

マンデルブローのこの発見以来、ほかの種類のフラクタルもたくさん見つかった。そのうちのいくつかは、カオス理論として知られる数学の新分野の中核を形成している。

ローレンツとマンデルブローの研究により、数学は新たな時代を迎えた。複雑な方程式の解を分析したり計算したりすることに頼るのでなく、コンピュータを使うことにより、方

程式を数値的に分析することができる。つまり、大量の数を入力して、何が出てくるかを調べればいいのだ。今やコンピュータを使うことにより、恐ろしく複雑な方程式を解くことも、カオス的にあるいは未知の方法で作用しあう単純な方程式を大量に解くこともできる。今の私たちは生物システムのモデルを作り、神経細胞が脳内でどのように作用しあっているか、進化がいかに遺伝子を変え、私たちの細胞がどのように影響しあっているかを調べることもできる。この現代的な数学は複雑系科学と呼ばれ、複雑さについての新理論につながっている。現在、システム（特に人間のような生体システム）の中には、従来の数学はもちろん、カオス理論ですら予測できない反応をするものがあることがわかっている。生物の進化の最中であれ、鳥が群れているとき、または私たちの免疫細胞や脳内の意識が信号を出しているときであれ、膨大な数の構成要素が相互に作用し、ダイナミックに変化すれば、自然に新しいかたちの複雑さが生まれる。この複雑さが生まれる方法や原因を分析することで、ほかのかたちの複雑さをコントロールする方法がしだいにわかりはじめてきた。しかし、このような複雑なシステムの中で、心配すべきものは山ほどある。たとえば、病気の蔓延や、経済の変動、インターネットを形成するネットワーク化されたコンピュータの力学。環境の変化の予測。果ては私たちの文化における知識の伝達まで、さまざまだ。このような複雑なシステムを動かす数を理解できるようになれば、私たち人類の介入が将来どのような影響を及ぼすかを（そして、これまで私たちがこれらのシステムに何をしてきたかを）、理解することができるようになるはずだ。

水が真上から落ちてくる場合、その動きはカオス的（無秩序）であるため、水漏れのある水車の正確な動きを予測するのは不可能だ。

カオス理論

　カオス理論によれば、システムの中にはそれ自体は決して無秩序ではないのに、なぜか無秩序な動きを見せるものがあるという。一方、無秩序なシステムでありながらその動きはおおよそ予想がつく、というものもあるが、それとて細部を見れば基本的には予想不能であり、たとえそのシステムを説明する方程式がわかっていたとしても、その事実は変わらない。

　その例のひとつが、水の漏れている水車だ。たとえば、水が水車の真上から落ち、水車のそれぞれのバケツから漏れた水がその下のバケツに落ちる場合、水車が左に回転するか、右に回転するかは、そのときどのバケツの水がどのバケツに落ちているかによって決定される。したがって、左回転と右回転の正確なパターンを予測するのは不可能であり、左回転と右回転のパターンが存在する、と予測するのが精一杯だ。つまり、このシステム自体は決して無秩序ではないが（水は必ず落ちてくるし、バケツからはつねに同じ速度で水が漏れ、一方のバケツがもう一方のバケツより重くなれば水車は必ず回転する）、その動きは無秩序ということになる。

　このような無秩序なシステムの場合、行動パターンの細部は予測不可能かもしれない。しかし、特定の行動をとる可能性や、ある行動から別の行動への移行については計算が可能であり、グラフ化することさえできる。そうやって描かれた図形は「ストレンジ・アトラクター」と呼ばれるフラクタルだ。その模様は変わらないかもしれないが、フラクタルを拡大すればするほど、そこにはさらなるフラクタルが無限に見えてくる。

　無秩序なシステムの予測不能な性質のひとつに、バタフライ効果と呼ばれるものがある。これは、最初の状態にかすかな変化が起きると、それが無秩序なシステムに予測不能な大きな影響を及ぼす、というものだ。たとえば、先の水車の例を使うと、もし水車が10億分の1度左に傾いていたら、あるいはひとつのバケツに入っている水の分子が前回よりも数個多かったら、回転のパターンはたちまちのうちにまったく違うものになってしまうのだ。この効果に最初に気づいたのは、エドワード・ローレンツという数学者で、彼は1961年、コンピュータを使って気象モデルを作ろうとしていた。ローレンツはコンピュータ・モデルの状態をあとで見るために、それを保存するオプションを追加した。彼のコンピュータはその結果を3桁の数字として保存したが、実はそれは6桁の数字で稼動するモデルだったため、保存された結果の小数点の位置がいくつかずれてしまった。従来の数学的考え方からすれば、インプットしたデータにわずかな誤差があれば、予報結果にもわずかな誤差が生じる。しかし、データにわずかな誤差があるそのモデルをローレンツが再実行すると、モデルはまったく異なる気象予報を作り出した。ローレンツの気象モデルは無秩序だったため、最初の状態に加えられた誤差は増幅され、予報結果にとてつもない影響が出たのだった。この効果は、ひとつの大陸でチョウが羽ばたくと、その影響はどんどん拡大し、ついには別の大陸の気象もすっかり変えてしまうという概念となってメディアで伝えられ、「バタフライ効果」と名づけられた。この概念はいささか単純化されすぎているが、無秩序なシステムの行動は、そのストレンジ・アトラクターにひきつけられ、予測不能ではあるがよく似たパターンをたどる傾向がある。しかし、最初のどんな状況がバランスに影響を与え、どんな状況が影響を与えないかを予測するのが難しい場合もある。

例の水車や、ローレンツの気象モデルのフラクタル・ストレンジ・アトラクターは、どちらも下の図のように見える。
　この図形は、ローレンツ・アトラクターと呼ばれている。

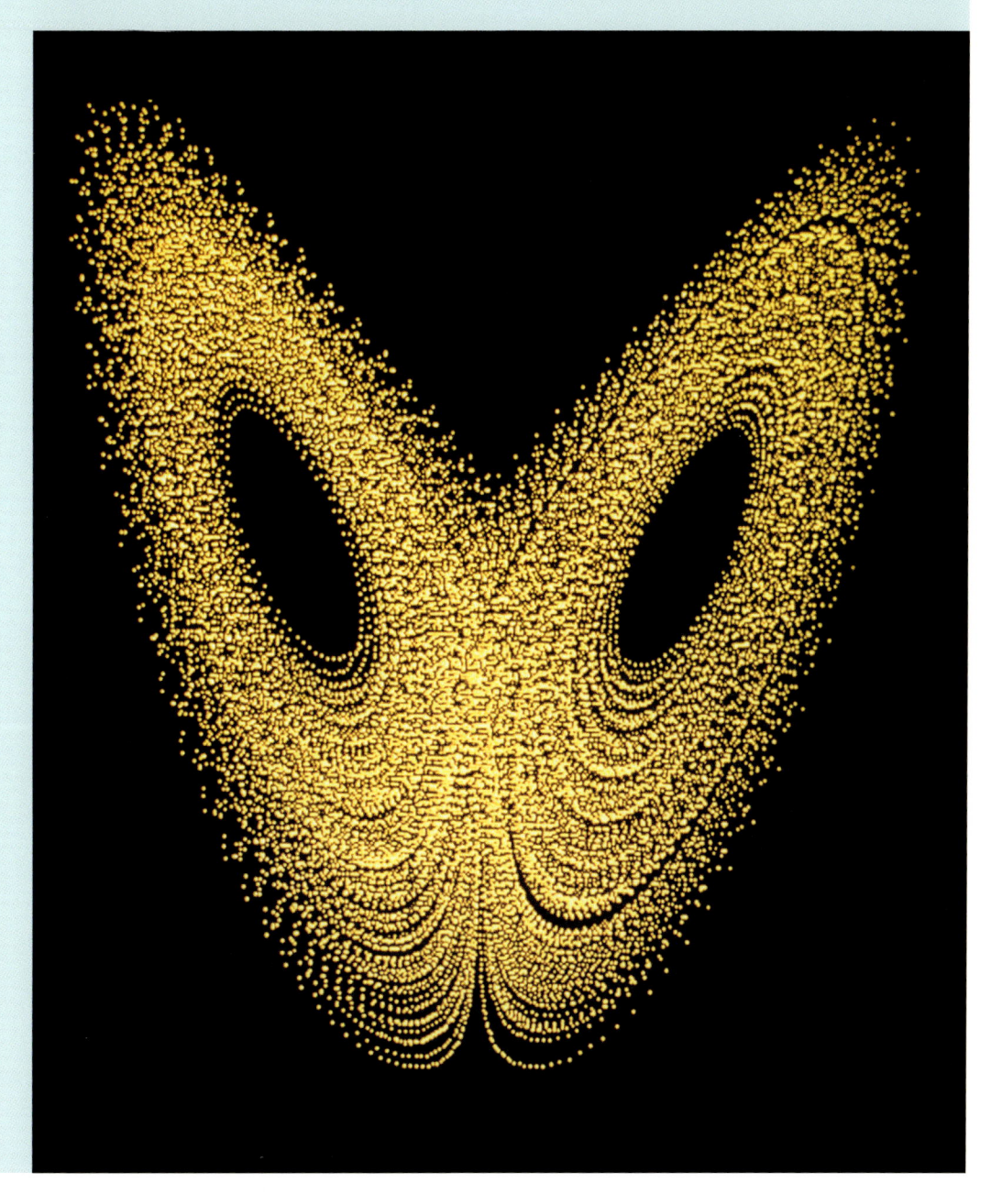

すべては数

ピタゴラス学派の人たちは、宇宙の中心には数が横たわっているという概念を宗教的な情熱で信じていた。一方、アインシュタインのような科学者たちは、e = mc² といった方程式を使い、数字がどうやって時間と空間をかたち作っているかを説明した。しかし現代の数学的表記のほとんどを作り上げ、数字のために視力まで失ったオイラーは、決定的な、そして本書の中で最も洗練された数の組み合わせを見つけてくれた。それは、「これまで記録された中でも最も深遠な数学的概念」、「神秘的かつ崇高」、「宇宙の美に満ちた」そして「ショッキングな」と言われる数の組み合わせだ。物理学者のリチャード・ファインマンはそれを「数学の中でも最もすばらしい公式」と語っている。こんな式だ。

$e^{i\pi} + 1 = 0$

このごく単純な数式は、数学の中心で輝く光のようなものだ。それは e、i、π、1、そして 0 を結びつけ、四則演算、微積分、三角関数、複素解析、そして数が使われている。

オイラーのこの洗練された方程式は、現実という織物を織り上げている数を知るための、かすかな手がかりを教えてくれている。数とは、あるひとつのものが見せるさまざまな顔なのだ。いつの日か私たちは、この宇宙というタペストリーを織り上げているすべての糸がつながっていることを見いだすかもしれない。おそらく、私たちの目に異なる図形、異なる数字と映っているものも、実際にはただひとつの真実のさまざまな側面にすぎないのだろう。では、現実世界というこのタペストリーは、ただ一本の糸で織り上げられている

数学で最も驚くべき公式

三角関数を応用して複素数を研究していたオイラーは、ある公式を発見した。そしてその公式によって、彼はある特別な関係式を証明した。たとえば i を使って複素数の円運動を表わすと、次のような三角関数の関係式が成り立つ。

$e^{i\theta} = \cos\theta + i\sin\theta$

角度をラジアンで計測すれば（計算を簡単にするために、角度は度ではなく、π の倍数で計測する）、きっかり π の角度（180 度と同等）をもつ半円形の軌道を複素平面上に描くことができる。

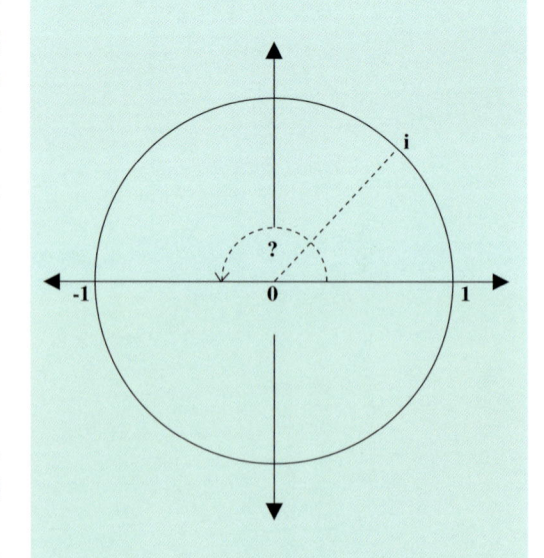

θ に π を代入すると、驚くべき結果がでる。

$e^{i\pi} = -1$

また、それを別の方法で表わすと以下のようになる。

$e^{i\pi} + 1 = 0$

のだろうか？　私たちにはまだわからないことが山ほどある。ただひとつわかっているのは、宇宙は私たちが数と呼ぶパターンに満ち溢れているということ、そしてそれが今も、これからも存在しつづけるということだ。

　あなたを作っているのは数である。それは私も同じだ。その感覚をしっかり楽しんでほしい。

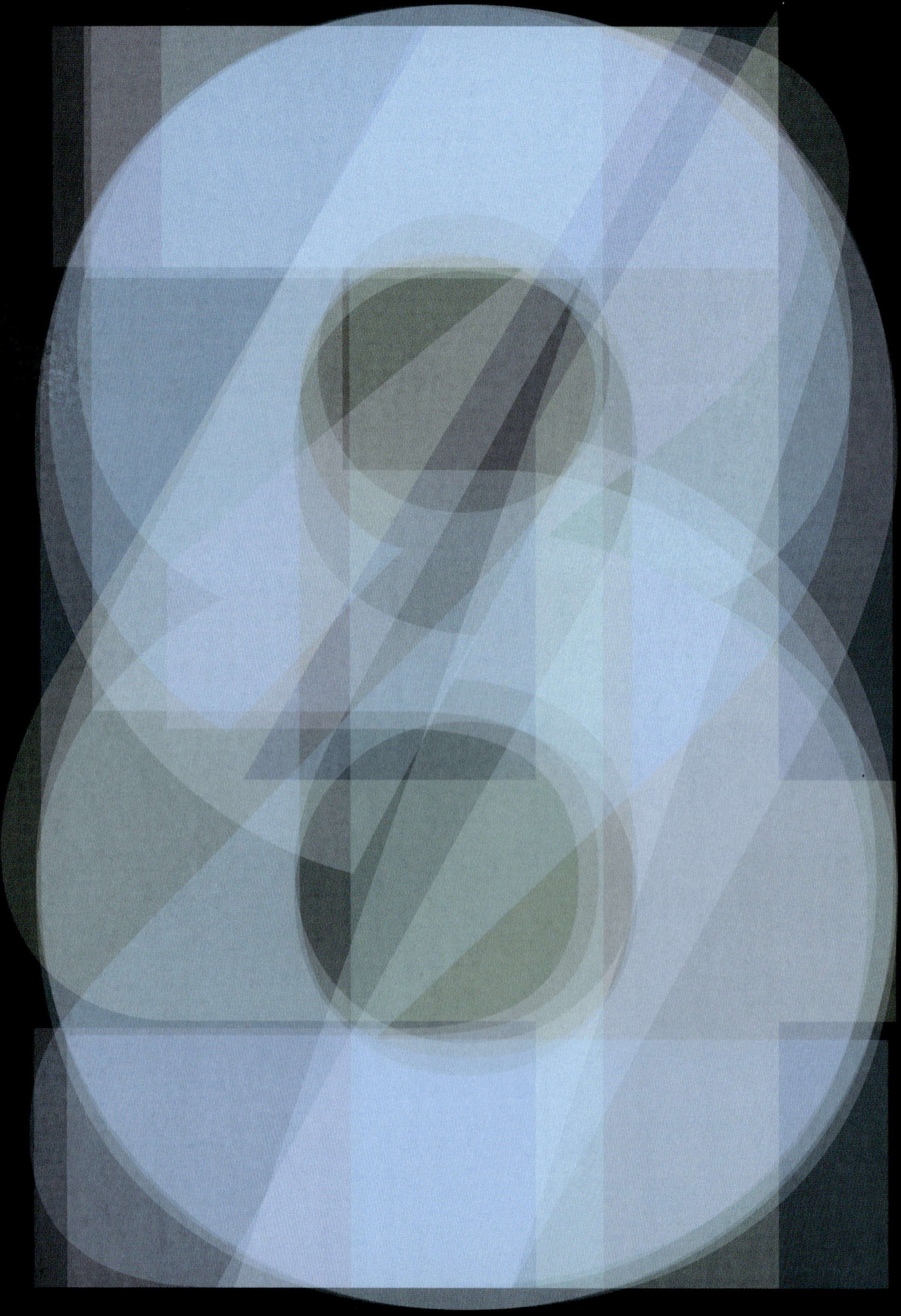

参考文献

インターネット検索：
The MacTutor History of Mathematics archive, School of Mathematics and Statistics, University of St Andrews Scotland: http://www-history.mcs.st-andrews.ac.uk/history/

Wikipedia: http://en.wikipedia.org/

数学一般
Georges Ifrah, *The Universal History of Numbers vols I, II and III*. The Harvill Press, London: 2000.

Paul J. Nahin, *An Imaginary Tale: The Story of "I" (the Square Root of Minus One)* (Hardcover). Princeton University Press: 1998.

Paul J. Nahin, *Dr. Euler 1 s Fabulous Formula: Cures Many Mathematical Ills* (Hardcover). Princeton University Press: 2006.

Ian Stewart, *Nature's Numbers*. Basic Books: 1995.

Douglas Adams, *The Hitchiker 1 s Guide to the Galaxy*. Pan Macmillan: 1979.

Terry Pratchett, Ian Stewart, Jack Cohen, *Science of Discworld II: The Globe*. Ebury Press: 2002.

Stephen King, *The Dark Tower III: The Waste Lands*. Warner books: 1992.

ブラフマグプタ
H T Colebrooke, *Algebra, with Arithmetic and Mensuration from the Sanscrit of Brahmagupta and Bhaskara* (1817).

G Ifrah, *A universal history of numbers: From prehistory to the invention of the computer* (London, 1998).

S S Prakash Sarasvati, *A critical study of Brahmagupta and his works : The most distinguished Indian astronomer and mathematician of the sixth century A.D.* (Delhi, 1986).

バスカラ
G G Joseph, *The crest of the peacock* (London, 1991).

K S Patwardhan, S A Naimpally and S L Singh, *Lilavati of Bhaskaracarya* (Delhi 2001).

ギヨーム・ド・ロピタル
J-P Wurtz, 'La naissance du calcul différentiel et le problème du statut des infiniment petits : Leibniz et Guillaume de L'Hospital', in *La mathématique non standard* (Paris, 1989), 13-41.

J Peiffer, 'Le problème de la brachystochrone travers les relations de Jean I Bernoulli avec L'Hôpital et Varignon', in *Der Ausbau des Calculus durch Leibniz und die Brüder Bernoulli* (Wiesbaden, 1989), 59-81.

M C Solaeche Galera, *The L'Höpital-Bernoulli controversy* (Spanish), Divulg. Mat. 1 (1) (1993), 99-104.

ヤコブ、ヨハンおよびダニエル・ベルヌーイ
H Bernhard, 'The Bernoulli family', In H Wussing and W Arnold, *Biographien bedeutender Mathematiker* (Berlin, 1983).

J O Fleckenstein, *Johann und Jacob Bernoulli* (Basel, 1949).

V A Nikiforovskii, 'The great mathematicians Bernoulli' (Russian), *History of Science and Technology Nauka'* (Moscow, 1984).

アロイジウス・リリウス
The Catholic Encyclopedia, Volume IX. Copyright © 1910 by Robert Appleton Company. http://www.newadvent.org/cathen/ Online Edition Copyright© 2003 by K. Knight.

ピタゴラス
P Gorman, *Pythagoras, a life* (1979).

T L Heath, *A history of Greek mathematics 1* (Oxford, 1931).

Iamblichus, *Life of Pythagoras* (translated into English by T Taylor) (London, 1818).

L E Navia, *Pythagoras : An annotated bibliography* (New York, 1990).

D J O 'Meara, *Pythagoras revived : Mathematics and philosophy in late antiquity* (New York, 1990).

アブル・ハサン・アフマド・イブン・イブラヒム・アル・ウクリディシ
R Rashed, *The development of Arabic mathematics : between arithmetic and algebra* (London, 1994).

R Rashed, *Entre arithmétique et*

algèbre: Recherches sur l'histoire des mathématiques arabes (Paris, 1984).

A S Saidan (trs.), *The arithmetic of al-Uqlidisi. The story of Hindu-Arabic arithmetic as told in 'Kitab al-fusul fial-hisab al-Hindi'* Damascus, A.D. 952/3 (Dordrecht-Boston, Mass., 1978).

アラブ人と友愛数
Martin Gardner, *Mathematical Magic Show*. Viking, London: 1984

聖アウグスティヌス
City of God (great books online) http://books.mirror.org/gb.augustine.html accessed July 2006

ピエール・ド・フェルメール
Ball, W. W. Rouse, *A Short Account of the History of Mathematics* (4th edition, 1908).

レオンハルト・オイラー
C B Boyer, *The Age of Euler*, in *A History of Mathematics* (1968).

R Thiele, Leonhard Euler (Leipzig,1982).

ユークリッド（エウクレイデス）
C B Glavas, *The place of Euclid in ancient and modern mathematics* (Athens, 1994).

T L Heath, *The Thirteen Books of Euclid's Elements* (3 Volumes) (New York, 1956).

G R Morrow (ed.), *A commentary on the first book of Euclid's 'Elements'* (Princeton, NJ, 1992).

I Mueller, *Philosophy of mathematics and deductive structure in Euclid's 'Elements'* (Cambridge, Mass.-London, 1981).

ルネ・デカルト
D M Clarke, *Descartes' Philosophy of Science* (1982).

S Gaukroger (ed.), Descartes: *Philosophy, Mathematics, and Physics* (1980).

J F Scott, *The Scientific Work of Ren Descartes* (1987).

W R Shea, *The Magic of Numbers and Motion: The Scientific Career of Ren Descartes* (1991).

T Sorell, Descartes. *Past Masters* (New York, 1987).

J R Vrooman, *René Descartes: A Biography* (1970).

エラトステネス（キレネの）
D H Fowler, *The mathematics of Plato's academy : a new reconstruction* (Oxford, 1987).

T L Heath, *A History of Greek Mathematics* (2 vols.) (Oxford, 1921).

ゲオルク・フェルディナント・ルートヴィヒ・フィリップ・カントール
J W Dauben, *Georg Cantor: His Mathematics and Philosophy of the Infinite* (Cambridge, Mass, 1979; reprinted 1990).

P E Johnson, *A history of set theory* (Boston, Mass., 1972).

W Purkert and H J Ilgauds, *Georg Cantor 1845-1918* (Basel, 1987).

D Stander, *Makers of modern mathematics : Georg Cantor* (1989).

ヒッポクラテス（キオスの）
A Aaboe, *Episodes from the early history of mathematics* (Washington, D.C., 1964).

Iamblichus, Life of *Pythagoras* (translated into English by T Taylor) (London, 1818).

A R Amir-Moés and J D Hamilton, Hippocrates, J. *Recreational Math*. 7 (2) (1974), 105-107.

アルキメデス
A Aaboe, *Episodes from the early history of mathematics* (Washington, D.C., 1964).

R S Brumbaugh, *The philosophers of Greece* (Albany, N.Y., 1981).

E J Dijksterhuis, *Archimedes* (Copenhagen, 1956 and Princeton, NJ, 1987).

T L Heath, *A history of Greek mathematics II* (Oxford, 1931).

プラトン
R S Brumbaugh, *Plato's mathematical imagination : The mathematical passages in the Dialogues and their interpretation* (Bloomington, Ind., 1954).

R S Brumbaugh, *The philosophers of Greece* (Albany, N.Y., 1981).

G C Field, *Plato and His Contemporaries: A Study in Fourth-Century Life and Thought* (1975).

G C Field, *The philosophy of Plato* (Oxford, 1956).

D H Fowler, *The mathematics of Plato's Academy : A new reconstruction* (New York, 1990).

F Lasserre, *The birth of mathematics in the age of Plato* (London, 1964).

J Moravcsik, *Plato and Platonism : Plato's conception of appearance and reality in ontology, epistemology, and ethics, and its modern echoes* (Oxford, 1992).

A E Taylor, *Plato, the Man and His Work* (7th ed., London, 1969).

A Wedberg, *Plato's Philosophy of Mathematics* (1977).

アブ・ジャファル・ムハンマド・イブン・ムーサ・アル＝フワーリズミ

A A al'Daffa, *The Muslim contribution to mathematics* (London, 1978).

J N Crossley, *The emergence of number* (Singapore, 1980).

S Gandz (ed.), *The geometry of al-Khwarizmi* (Berlin, 1932).

E Grant (ed.), *A source book in medieval science* (Cambridge, 1974).

O Neugebauer, *The exact sciences in Antiquity* (New York, 1969).

R Rashed, *The development of Arabic mathematics : between arithmetic and algebra* (London, 1994).

F Rosen (trs.), *Muhammad ibn Musa Al-Khwarizmi : Algebra* (London, 1831).

レオナルド・ダ・ヴィンチ

M Clagett, *The Science of Mechanics in the Middle Ages* (Madison, 1959).

K Clark, *Leonardo da Vinci* (London, 1975).

B Dibner, *Machines and Weapons, in Leonardo the Inventor* (New York, 1980).

M Kemp, *Leonardo da Vinci: The Marvelous Works of Nature and Man* (1981).

R McLanathan, *Images of the Universe: Leonardo da Vinci: The Artist as Scientist* (1966).

L Reti, *The Engineer, in Leonardo the Inventor* (New York, 1980).

V C Zubov, *Leonardo da Vinci* (Cambridge, 1968).

フィボナッチ

J Gies and F Gies, *Leonard of Pisa and the New Mathematics of the Middle Ages* (1969).

H Lüneburg, *Leonardi Pisani Liber Abbaci oder Lesevergnügen eines Mathematikers* (Mannheim, 1993).

ヨハネス・ケプラー

A Armitage, *John Kepler* (1966).

C Baumgardt, *Johannes Kepler: Life and Letters* (New York, N. Y., 1951).

J V Field, *Kepler's Geometrical Cosmology* (Chicago, 1988).

J Kepler (translated A M Duncan, commentary E J Aiton), *Mysterium cosmographicum. The secret of the Universe* (New York, 1981).

J Kepler (translated W Donahue), *Astronomia nova: New Astronomy* (Cambridge, 1992)

A Koestler, *The Watershed: A Biography of Johannes Kepler* (1984).

シモン・ステフィン

R Hooykaas and M G J Minnaert (eds.), *Simon Stevin : Science in the Netherlands around 1600* (The Hague, 1970).

D J Struik, *The land of Stevin and Huygens* (Dordrecht-Boston, Mass., 1981).

D J Struik (ed.), *The principal works of Simon Stevin. Vols. IIA, IIB : Mathematics* (Amsterdam, 1958).

K van Berkel, *The legacy of Stevin : A chronological narrative* (Leiden, 1999).

ゴットフリート・ライプニッツ

E J Aiton, *Leibniz : A biography* (Bristol-Boston, 1984).

D Bertoloni Meli, *Equivalence and priority : Newton versus Leibniz* (New York, 1993).

H Ishiguro, *Leibniz's philosophy of logic and language* (Cambridge, 1990).

D Rutherford, *Leibniz and the rational order of nature* (Cambridge, 1995).

R S Woolhouse (ed.), *Leibniz : metaphysics and philosophy of science* (London, 1981).

ジョゼフ・ジャカール

James Essinger *Jacquard's Web: How a Hand-Loom Led to the Birth of the Information Age* (Hardcover) Oxford University Press, USA (December: 2004)

チャールズ・バベッジ

H W Buxton, *Memoir of the life and*

labours of the late Charles Babbage Esq. F.R.S. (Los Angeles, CA, 1988).

J M Dubbey, *The mathematical work of Charles Babbage* (Cambridge, 1978).

A Hyman, *Charles Babbage : pioneer of the computer* (Oxford, 1982).

ジョージ・ブール
D McHale, *George Boole : his life and work* (Dublin, 1985).

G C Smith, *The Boole–De Morgan correspondence*, 1842-1864 (New York, 1982).

バートランド・ラッセル
B Russell (1903), *The Principles of Mathematics*. Cambridge: At the University Press.

A J Ayer, *Bertrand Russell* (1988).

R W Clark, *The Life of Bertrand Russell* (London, J. Cape: 1975).

A R Garciadiego (Dantan), *Bertrand Russell and the Origins of the Set-Theoretic 'Paradoxes'*. (Basel: Birkhauser Verlag, 1992).

F A Rodriguez-Consuegra, *The Mathematical Philosophy of Bertrand Russell: Origins and Development* Basel, Birkhauser Verlag: 1991.

R M Sainsbury, *Russell* (1985).

P A Schilpp (ed.), *The Philosophy of Bertrand Russell*. Chicago, Northwestern University: 1944 [3rd ed.], New York, Harper and Row: 1963.

J G Slater, *Bertrand Russell*. Bristol, Thoemmes: 1994.

クルト・ゲーデル
F A Rodriguez-Consuegra (ed.), *Kurt Gödel: unpublished philosophical essays* (Basel, 1995).

H Wang, *Reflections on Kurt Gödel* (Cambridge, Mass., 1987 [2nd ed.] 1988).

P Weingartner and L Schmetterer (eds.), *Godel remembered* : Salzburg, 10-12 July 1983 (Naples, 1987).

アラン・チューリング
J L Britton, D C Ince and P T Sanuders (eds.), *Collected works of A M Turing* (1992).

A Hodges, *Alan Turing : The Enigma* (1983).

A Hodges, *Alan Turing : A natural philosopher* (1997).

S Turing, *Alan M Turing* (Cambridge, 1959).

ヤーノシュ（ジョン）・フォン・ノイマン
W Aspray, *John von Neumann and the origins of modern computing* (Cambridge, M., 1990).

S J Heims, *John von Neumann and Norbert Wiener: From mathematics to the technologies of life and death* (Cambridge, MA, 1980).

T Legendi and T Szentivanyi (eds.), *Leben und Werk von John von Neumann* (Mannheim, 1983).

N Macrae, *John von Neumann* (New York, 1992).

W Poundstone, *Prisoner's dilemma* (Oxford, 1993).

N A Vonneuman, *John von Neumann: as seen by his brother* (Meadowbrook, PA, 1987).

クロード・シャノン
D Slepian (ed.), *Key papers in the development of information theory, Institute of Electrical and Electronics Engineers, Inc.* (New York, 1974).

N J A Sloane and A D Wyner (eds.), *Claude Elwood Shannon : collected papers* (New York, 1993).

ジョン・ネイピア
D J Bryden, *Napier's bones : a history and instruction manual* (London, 1992).

L Gladstone-Millar, *John Napier: Logarithm John* (Edinburgh, 2003).

C G Knott (ed.), *Napier Tercentenary Memorial Volume* (London, 1915).

M Napier, *Memoirs of John Napier of Merchiston, his lineage, life, and times, with a history of the invention of logarithms* (Edinburgh, 1904).

アイザック・ニュートン
Z Bechler, *Newton's physics and the conceptual structure of the scientific revolution* (Dordrecht, 1991).

D Brewster, *Memoirs of the Life, Writings, and Discoveries of Sir Isaac Newton* [2 volumes] (1855, reprinted 1965).

S Chandrasekhar, *Newton's 'Principia' for the common reader* (New York, 1995).

G E Christianson, *In the Presence of the Creator: Isaac Newton and His Times* (1984).

D Gjertsen, *The Newton Handbook* (London, 1986).

A R Hall, *Isaac Newton, Adventurer in Thought* (Oxford, 1992).

D B Meli, *Equivalence and priority : Newton versus Leibniz. Including Leibniz's unpublished manuscripts on the 'Principia'* (New York, 1993).

R S Westfall, *Never at Rest: A Biography of Isaac Newton* (1990).

R S Westfall, *The Life of Isaac Newton* (Cambridge, 1993).

アウグスト・メビウス

J Fauvel, R Flood and R Wilson, *Möbius and his band* (Oxford, 1993).

オーガスタス・ド・モルガン

S E De Morgan, *Memoir of Augustus De Morgan by his wife Sophia Elizabeth De Morgan* (London, 1882).

ファン・ケーレン

D Huylebrouck, [Ludolph] van Ceulen's [1540-1610] tombstone, *Math. Intelligencer* 17 (4) (1995), 60-61.

ヒッパルコス

D R Dicks, *The geographical fragments of Hipparchus* (London, 1960).

O Neugebauer, *A history of ancient mathematical astronomy* (New York, 1975).

クラウディウス・プトレマイオス

A Aaboe, *On the tables of planetary visibility in the Almagest and the Handy Tables* (1960).

G Grasshoff, *The history of Ptolemy's star catalogue* (New York, 1990).

R R Newton, *The crime of Claudius Ptolemy* (Baltimore, MD, 1977).

G J Toomer (trs.), *Ptolemy's Almagest* (London, 1984).

ガリレオ・ガリレイ

T Campanella, *A defense of Galileo, the mathematician from Florence* (Notre Dame, IN, 1994).

S Drake, *Galileo* (Oxford, 1980).

M A Finocchiaro, *Galileo and the art of reasoning : Rhetorical foundations of logic and scientific method* (Dordrecht-Boston, Mass., 1980).

P Machamer (ed.), *The Cambridge companion to Galileo* (Cambridge, 1998).

P Redondi, *Galileo : heretic* (Princeton, NJ, 1987).

E Schmutzer and W Schütz, *Galileo Galilei* (German) (Thun, 1989).

M Sharratt, Galileo : *Decisive Innovator* (Cambridge, 1994).

ガブリエル・ムートン

P Humbert, *Les astronomes français de 1610 1667, Bulletin de la Sociétè d'études scientifiques et archéologiques de Draguignan et du Var* 42 (1942), 5-72.

ジェローム・ルフランセ・ド・ラ・ランド（ラランド）

K Alder, *The measure of all things* (London, 2002).

R Hahn, *The anatomy of a scientific institution: the Paris Academy of Sciences, 1666-1803* (Berkeley, 1971).

ブレーズ・パスカル

D Adamson, Blaise Pascal : *mathematician, physicist and thinker about God* (Basingstoke, 1995).

F X J Coleman, *Neither angel nor beast: the life and work of Blaise Pascal* (New York, 1986).

A W F Edwards, *Pascal's arithmetical triangle* (New York, 1987).

A J Krailsheimer, *Pascal* (1980).

H Loeffel, *Blaise Pascal 1623-1662* (Boston- Basel, 1987).

オーレ・レーマー

Gottfried Kirch. *Astronomie um 1700: Kommentierte Edition des Briefes von Gottfried Kirch an Olaus Römer vom 25. Oktober 1703* (Acta historica astronomiae). (Unknown Binding - 1999).

Centre National de la Recherche Scientifique. *Roemer et la vitesse de la lumiére (L'histoire des sciences)*. (Unknown Binding - 1978).

ジェイムズ・ブラドリー

'Rigaud's Memoir' prefixed to *Miscellaneous Works and Correspondence of James Bradley, D.D.* (Oxford, 1832)

アルバート・アインシュタイン

M Beller, J Renn and R S Cohen (eds.), *Einstein in context* (Cambridge, 1993).

D Brian, *Einstein — a life* (New York, 1996).

H Dukas and B Hoffmann (eds.), *Albert Einstein : the human side*. New glimpses from his archives (Princeton, N.J., 1979).

J Earman, M Janssen and J D Norton (eds.), *The attraction of gravitation : new studies in the history of general relativity* (Boston, 1993).

D P Gribanov, *Albert Einstein's philosophical views and the theory of relativity 'Progress'* (Moscow, 1987).

T Hey and P Walters, *Einstein's mirror* (Cambridge, 1997).

G Holton and Y Elkana (eds.), *Albert Einstein : Historical and cultural perspectives* (Princeton, NJ, 1982).

G Holton, *Einstein, history, and other passions* (Woodbury, NY, 1995).

D Howard and J Stachel (eds.), *Einstein and the history of general relativity* (Boston, MA, 1989).

C L czos, *The Einstein decade (1905-1915)* (New York-London, 1974).

M White, *Albert Einstein : a life in science* (London, 1993).

ゼノン（エレアの）

A Grunbaum, *Modern Science and Zeno's Paradoxes* (London, 1968).

G S Kirk, J E Raven and M Schofield, *The Presocratic Philosophers* (Cambridge, 1983).

W C Salmon, *Zeno's Paradoxes* (Indianapolis, IN, 1970).

アリストテレス

J L Ackrill, *Aristotle the philosopher* (Oxford, 1981).

D J Allan, *The Philosophy of Aristotle* (1978).

H G Apostle, *Aristotle's philosophy of mathematics* (Chicago, 1952).

J Barnes, *Aristotle* (Oxford, 1982).

Z Bechler, Aristotle １ s theory of actuality (Albany, NY, 1995).

W K C Guthrie, *A history of Greek philosophy Volume 6, Aristotle : An encounter* (Cambridge, 1981).

J P Lynch, *Aristotle's school : A Study of a Greek Educational Institution* (Berkeley, 1972).

R Sorabji, *Time, Creation, and the Continuum: Theories in Antiquity and the Early Middle Ages* (1983).

S Waterlow, *Nature, Change, and Agency in Aristotle's 'Physics'* (1982).

ニッコロ・フォンタナ

S Drake and I E Drabkin, *Mechanics in Sixteenth- Century Italy: Selections from Tartaglia, Benedetti, Guido Ubaldo, and Galileo* (1960).

G B Gabrieli, *Nicolo Tartaglia : invenzioni, disfide e sfortune* (Siena, 1986).

カール・フリードリヒ・ガウス

W K Bühler, *Gauss: A Biographical Study* (Berlin, 1981).

T Hall, *Carl Friedrich Gauss : A Biography* (1970).

G M Rassias (ed.), *The mathematical heritage of C F Gauss* (Singapore, 1991).

ブノワ・マンデルブロー

D J Albers and G L Alexanderson (eds.), *Mathematical People: Profiles and Interviews* (Boston, 1985), 205-226.

P Clark, *Presentation of Professor Benoit Mandelbrot for the Honorary Degree of Doctor of Science* (St Andrews, 23 June 1999).

B Mandelbrot, *Comment j'ai decouvert les fractales, La Recherche* (1986), 420-424.

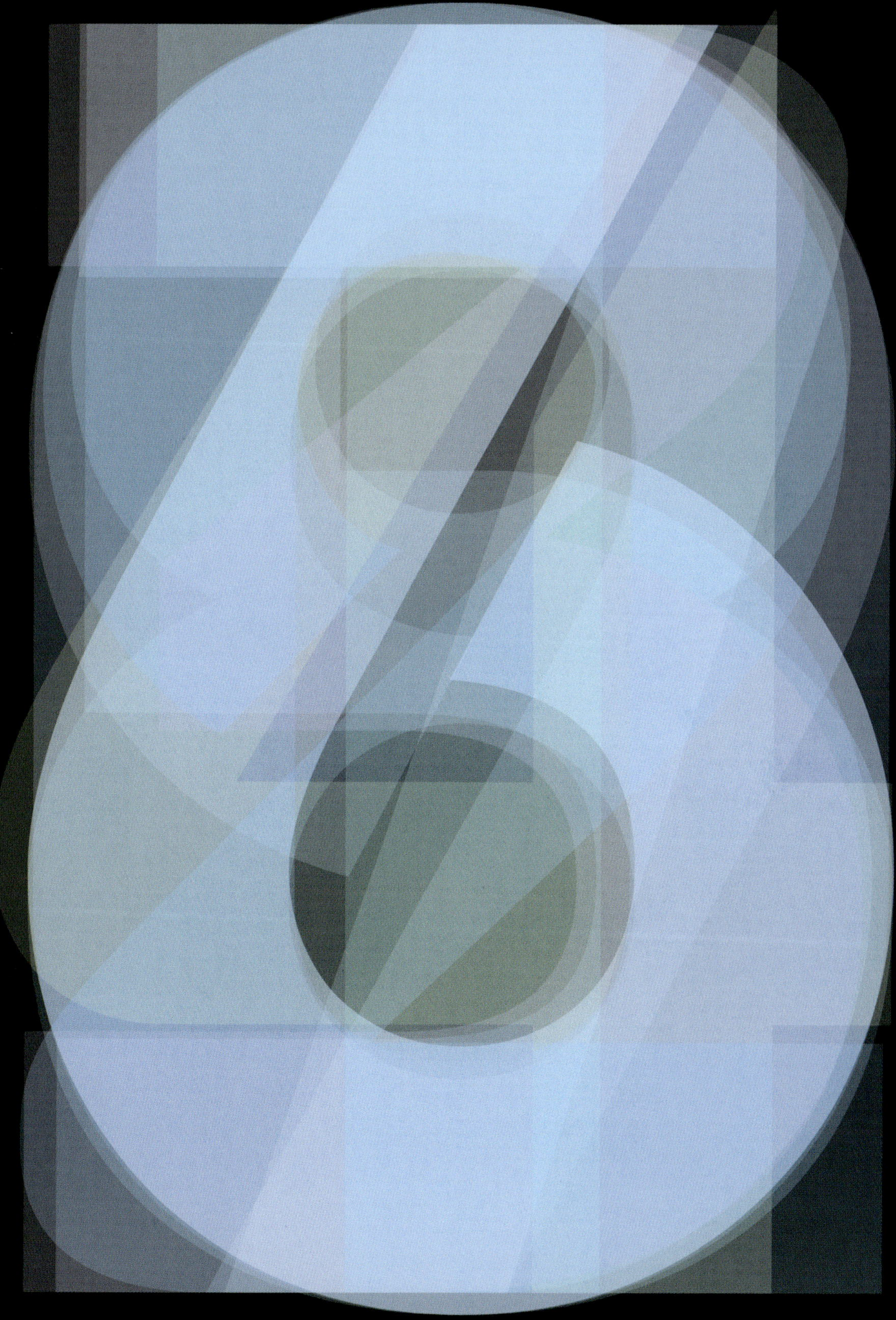

索 引

ア行
アインシュタイン、アルバート　x、61、107、195、206 〜 224、228、250
アウグスティヌス　41
アカデメイア　59、60、219
アキレスと亀のパラドックス　218
アクイナス、トマス　221
アッソス　219
アップル・マッキントッシュ　105
『アテネの学堂』（ラファエロ）　61
アトメートル　33
アナリティカル・エンジン（解析機関）　94
アバカス（そろばん）　20、31
『算盤（アバカス）の書（Liber Abaci）』（フィボナッチ）　75
アブル・ハサン・アフマド・イブン・イブラヒム・アル・ウクリディシ　31
アポロ計画　203
アラビア数字　19
アリストクレス　→プラトン
アリストテレス　155、162、164、219、220 〜 222、229
アルガン、ジャン・ロベール　238
アルガン図　238
アルキメデス　62 〜 65、141 〜 146、233
アルキメデスのらせんポンプ　63
アル＝ジャブル　66
『アル＝ジャブルとワル＝ムカーバラの書』　66
アル＝フワーリズミー　66、67、146
『アルマゲスト』（プトレマイオス）　155
アル＝ムカーバラ　66
アレクサンドリア　45
アレクサンドロス大王　220
異端審問所　165
位置の解析　129
位置配置　129
一般相対性理論　211、212、226
イブン・アル＝バンナー　44
eメール　111
因数　30
インターネット　133
インド　20、22
インド・ヨーロッパ語族　18
引力　82
ウイルス　32
ヴェッセル、カスパー　238
ヴェネチア　232、236
ヴェーバー、ヴィルヘルム・エドゥアルト　240、241
ウジャインの天文台　20、22
『宇宙の神秘』（ケプラー）　80
ヴュルテンベルク　78
ウルバヌス8世　165
エイクレイデス　→ユークリッド
エニグマ暗号機　104、105
エラトステネス　45
エラトステネスのふるい　50
エラム　15
エレア学派　217
『円の測定』（アルキメデス）　141
オイラー・ツアー　133
オイラー、レオンハルト　44、91、130 〜 134、237、250
黄金比（黄金分割）　73、75、79
黄金分割　→黄金比
オッペンハイマー、ロバート　106
音　159
オルヴィエト大聖堂　87
音楽　30
オングストローム　32、35
音速　195

カ行
カイザー・ヴィルヘルム物理学研究所　211
解析幾何学　68、69
ガウス、カール・フリードリヒ　239、240
カオス理論　246 〜 248
核兵器　215
ガスリー、フランシス　139
ガスリー、フレデリック　137、138
加法の単位元　41
『神の国』　41
ガリレイ、ガリレオ　x、160 〜 165、195、196、223

ガリレオの円　223
カルダーノ、ジェロラモ　234〜237
完全数　41、49、178
安全素数　50
カントール、ゲオルク　55、56、224、225
キオス　58
幾何学　57、58
キケロ　142、145
『球と円柱について』（アルキメデス）　141
強素数　50
極座標　120
虚数　230、231、237〜241、243
『銀河ヒッチハイク・ガイド』（ダグラス・アダムス）　185
キングズ・カレッジ（ケンブリッジ）　101
クイーンズ・カレッジ（コークの）　95
偶数　87
偶然　188
クォーク　33
グーグル　113
グラタコル、ウィリアム　38
クラッツァー、ニコラス　62
グリッジマン　148、149
グレゴリー、ジェームズ　146
グレゴリウス13世　25
グレゴリオ暦　26、199
クロトン　29、54
計算尺　115
『計算』（ペトルス・アピアヌス）　183

毛だらけのボールの定理　137
ゲーデル、クルト　98、100
ゲーデルの不完全性定理　99
ケーニヒスベルク　131
ケーニヒスベルクの七つの橋問題　131、133
ケプラーの法則　81、82
ケプラー、ヨハネス　78〜84、121、165
弦　152、154
原子　32
賢者の石　38
「弦の表」（ヒッパルコス）　153
『原論』（キオスのヒッポクラテス）　58
『原論』（ユークリッド）　46、48、60、206
光行差（光の収差）　199〜202
光速　195
コサイン（余弦）　156、157
ゴータマ・シッダールタ　→仏陀
コペルニクス、ニコラウス　79、165
コペンハーゲン大学　197、199
コンピュータ　94〜97、102〜111、129、133、149

サ行

サイエンス・フィクション　82
細胞　32
サイン（正弦）　156、157
サード（不尽根数）　84
サモス島　29
三角関数（三角法）　150、153、155、157
三角数　178

三角法　→三角関数
三角形　129
サンクトペテルブルグ　55、134
サンクトペテルブルグ科学アカデミー　131
三次方程式　233、236
『算術』（ディオファントス）　70
算術の基本定理（ユークリッド）　47
シェイクスピア、ウィリアム　56
ジェファーソン、トマス　170、171
時空の歪み　211
視差　200
自然科学の業績に対するアルバート・アインシュタイン賞　101
自然数　39、40、47
シチリア島　64
自動計算機　97
四分儀　150
邪悪な数　178
ジャカード紋織機　90
ジャカール、ジョセフ・マリ　89〜91
シャノン、クロード・E　109、110
シュヴァルツシルト、カール　225、226
シュヴァルツシルトの半径　225
13恐怖症　186
12進法　168
周波数　159
『十分の一』（シモン・ステフィン）　169
『10分の1もしくは少数の技法』（シモン・ステフィン）　170

10進数　169、172、176
シュメール人　167
『主要な二つの宇宙体系に関する天文対話』（ガリレオ）　165
小数点　31
乗法の単位元　41
『初等幾何学』（ユークリッド）　232
ジョルジュ＝ルイ・ルクレール　→ビュフォン、ジョルジュ
神学　125
『神聖比例論』（ルカ・パチョーリ）　73
スイス特許局　208
スイス連邦工科大学　211
水素爆弾　108
数秘学　190、192
ステフィン、シモン　85、162、169、170
ストリング　33
ズーニー族　17
『星界の報告』（ガリレオ）　163
正弦表　153、158
『聖書の暗号』（マイケル・ドロズニン）　191
整数論　131
ゼノン　217～219
セルラー・オートマタ　107
ゼロ（0）　19～23
ゼロ年　25
『扇形の解説とその利用法』（エドマンド・ガンター）　150
「創世記」　192
ソクラテス　59
素数　44～50
『夢（ソムニウム）』（ケプラー）　83
そろばん　20、31、32

タ行

第一原子　34
対数　113、116
代数学　66、68
対数らせん形　119、120
太陽　80、81
太陽暦　→グレゴリオ暦
ダ・ヴィンチ、レオナルド　73
足し算（加法）　40
「ダニエル書」　190
多様性　39
単位　39
タンジェント（正接）　156、157
知恵の館　66
地図の色わけ問題　138、139
中国　32
中性子　33
チューリング、アラン　101～103
チューリング・マシン　102、103
DNA　33
ディファレンス・エンジン（階差機関）　92～94
デカルト座標　68、120
デカルト、ルネ　42、44、68～70、120、180
テトラクティス　177
電子　33
電磁スペクトル　159
電子ネズミ　109
『ドイツ王女への手紙』（レオンハルト・オイラー）　134
等角らせん　77、119

特殊相対性理論　206、209、210
土星　163
トポロジー（位相幾何学）　129、131、135、137、150
ド・モルガン、オーガスタス　148、149、237
トーラー　191
トリニティ・カレッジ（ケンブリッジ）　97、121

ナ行

ナイチンゲール　269
ナイル川　57
ナノメートル　32
ナポレオン・ボナパルト　174
2進数字（バイナリ・ディジット）　110
2進法　89、94、97
2000年問題　26
日食　155
ニュートン、アイザック　x、91、120～125、211、237
ネイピア、ジョン　113～116
ネイピアの計算棒　115
ネットワーク・トポロジー　133
ネーパー、ジョン　→ネイピア、ジョン
ノイマン、ヤーノシュ（ジョン）・フォン　106～108、244
ノーベル賞　97、208、210、214

ハ行

パイ（π）　140～150
背理法　48
パウルス5世　165
パガニーニ　44

『白鯨』 192
バスカラ 22
バスカリーニ、ニコロ 154
パスカル、ブレーズ x、179〜183、188、191
パスカルの賭け 180
パスカルの三角形 181
パチョーリ、ルカ 73、74
ハッブル宇宙望遠鏡 226
ハッブル、エドウィン 227
バビロニア人 152
バベッジ、チャールズ 90〜94、123
ハレー彗星 171
パンチカード 97
万有引力の法則 121、122
ヒエロン2世 64、65
光 125、158、159
ピコメートル 35
ピサ大学 163
ピサの斜塔 162
微積分 122、124
ピタゴラス 29、30、53、160
ピタゴラス学派 176〜178、250
ピタゴラス教団 30、39、41、53、54、57、74
ピタゴラスの定理 30
ビッグバン 226、228
ビット 110
ヒッパソス 54、74
ヒッパルコス 153
ヒッポクラテス（キオスの） 58、60
ビュフォン、ジョルジュ 147、148

ビュフォンの針 147
ピラミッド 132
ファイ 72〜79、84、85
ファインマン、リチャード 228、250
ファックス 111
ファン・ケーレン 146、147
フィオル 233、234
フィボナッチ（別名：レオナルド・ピサーノ） 31、74〜77
フィボナッチ数列 76
フェッロ、スキピオーネ・デル 233、236
フェムトメートル 33
フェラーリ 236、237
フェルマー、ピエール・ド 43、70、71、188
フェルマーの最終定理 70、71
フォンタナ、ニッコロ 231〜237
不可算（非可付番）集合 224
複素数 238、240、241、243〜245、250
複素数の幾何学図形 244
複利計算 118
不尽根数 →サード
微積分 131
ブダペスト大学 106
仏陀 34、35
プトレマイオス、クラウディオス 154、155、157、164
フラクション（流率） 121、122
フラクタル 245、246
ブラックホール 226、228
ブラッドリー、ジェイムズ 199〜202

プラトン 58〜60、73、80、219
プラトンの立体 59
ブラフマグプタ 20、21、146
『ブラフマースプタシッダーンタ（宇宙の始まり）』 20
フランス革命 172
フランス共和国暦 173
振り子 160、162
プリンストン高等研究所 107、214、244
ブール、ジョージ 95
プルタルコス 64、143
ブルーノ、ジョルダーノ 222
ブール論理 95、96
ブレーシャ 237
ブレッチリー・パーク 104、105
分子 32
分数 30
ベーコン、フランシス 56
ベルヌーイ、ダニエル 24、131
ベルヌーイ、ヤコブ 77、115、118〜120
ベルヌーイ、ヨハン x、23、24、131
ベルヌーイの定理 24
ベルヌーイの複利数列 119
ベルリン・アカデミー 134
ヘロン（アレクサンドリアの） 231、232
望遠鏡 163
『方法』（アルキメデス） 63

マ行

マイクロメートル 32
マウル、ラバン 15、16

『マギの礼拝』（ボッティチェリ）　27
マテマティコイ　29
マヤ　14
マルケルス将軍　141、144
マンデルブロー、ブノワ　244、245
マンデルブロー集合　245、246
万年暦　25、26
マンハッタン計画　214
ミロの家　54
無　19〜22
無限　221
無限集合　55
無限大　223、224
『無限の宇宙と世界について』（ジョルダーノ・ブルーノ）　222
ムートン、ガブリエル　169、170
無理数　54〜57、68
メートル法　169〜171、174〜176
メビウス、アウグスト　134、135
メビウスの輪　135〜137
メリット爵位　97
木星　197
『モナリザ』　73
モルガン、オーガスタス・ド　137、138

ヤ行
約数　30
友愛数　43、44
有理数　30
ユークリッド（エイクレイデス）　45〜48、60、61、74、75、206
ユークリッド幾何学　60、61、212
ユスティニアヌス1世　60
ユニヴァーシティ・カレッジ・ロンドン　137
指　15
ユリウス暦　25、26
陽子　33
四次方程式　236
ヨハネ・パウロ2世　165
4色問題　138、139

ラ行
ライプツィヒ大学　135
ライプニッツ、ゴットフリート　88、89、91、122、129
ラヴレス、エイダ　269
らせん形　77
『螺旋について』（アルキメデス）　63
ラッセル、バートランド　97、214
ラッセル＝アインシュタイン宣言　97
ラッセルのパラドックス　97、98
ラッツェリーニ　148
ラプラス、ピエール＝シモン　174
ラランド、ジョゼフ＝ジェローム・ルフランセ・ド　171、172
『ラリタ・ヴィスタラ』　34
ランレングス・エンコーディング　111
リュケイオン　220
量子トンネリング　242
量子波動関数　242
量子力学　241、243
リリウス、アロイジウス　24
ルーズヴェルト、フランクリン・デラノ　214
ルドルフ2世　84
錬金術　125
レーマー、オーレ　197、198、199
ロガリズム　→対数
ログ　115
60進法　152、168
ロピタル、ギヨーム・ド・　23
ロピタルの定理　23
ローマ人　31
ローマ数字　15、16、19
ローマ帝国　18
ローレンツ、エドワード　246、248
ローレンツ・アトラクター　249

ワ行
ワイルズ、アンドリュー　71
ワームホール　135、137

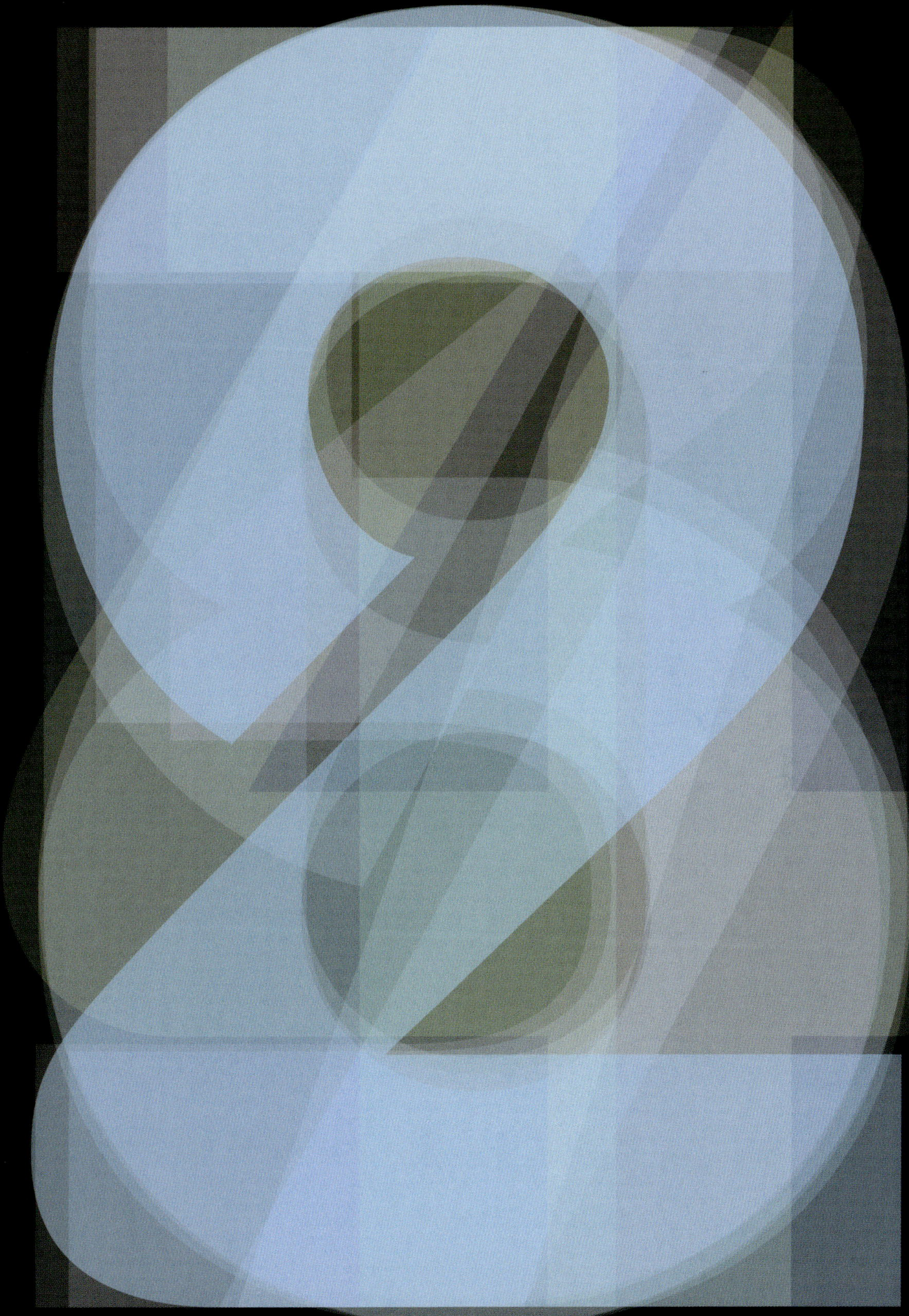

年表

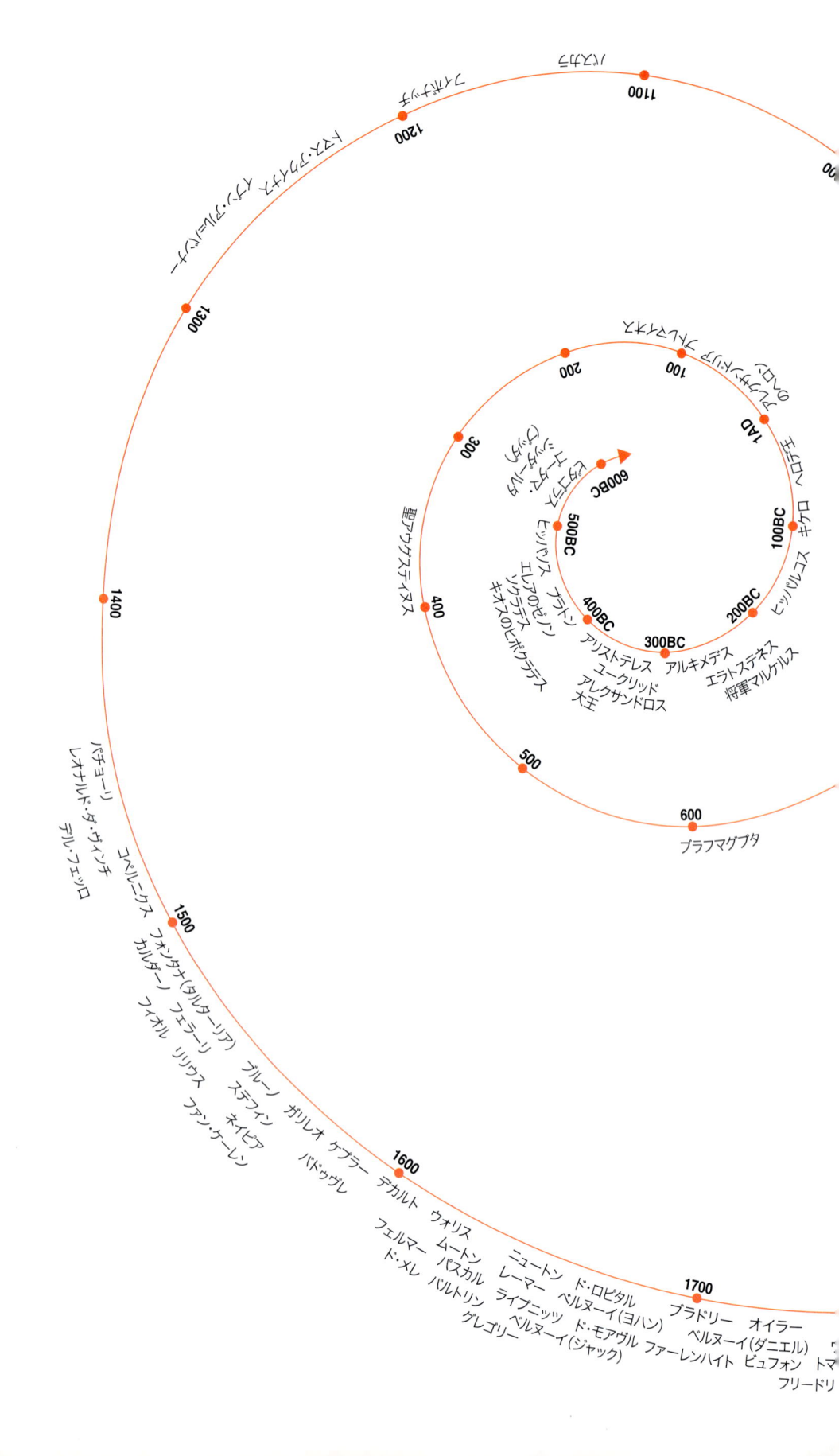

螺旋状の年表（内側から外側へ）:

紀元前〜紀元後（内側の螺旋）
- ピタゴラス
- タレース
- エウドクソス
- プラトン
- ソクラテス
- キオスのヒポクラテス
- アリストテレス
- ユークリッド
- アレクサンドロス大王
- 300BC アルキメデス
- 200BC エラトステネス
- 100BC 将軍マルケルス
- ヒッパルコス
- キケロ
- 1AD ネロ王
- 100 アレキサンドリアのプトレマイオス
- 200
- 300
- 400 聖アウグスティヌス
- 500
- 600 ブラフマグプタ

外側の螺旋
- 1100 バスカラ
- 1200 フィボナッチ
- 1300 ローマ法王 インノケンティウス、ダンテ・アリギエーリ
- 1400
- 1500 コペルニクス、フォンタナ（タルターリア）、カルダーノ、ビエト、ブリッグス、ネイピア、ファン・ケーレン、バドゥヴレ、バチョーリ、レオナルド・ダ・ヴィンチ、デル・フェッロ、ブルーノ、フェラーリ、ステフィン
- 1600 ガリレオ、ケプラー、デカルト、ウォリス、ニュートン、ド・ロピタル、フェルマー、ムートン、レーマー、ベルヌーイ（ヨハン）、ド・メレ、パスカル、ライプニッツ、ベルヌーイ（ダニエル）、バルトリン、ド・モアヴル、ファーレンハイト、ビュフォン、グレゴリー、ベルヌーイ（ジャック）
- 1700 ブラドリー、オイラー、トマ、フリードリ

年表

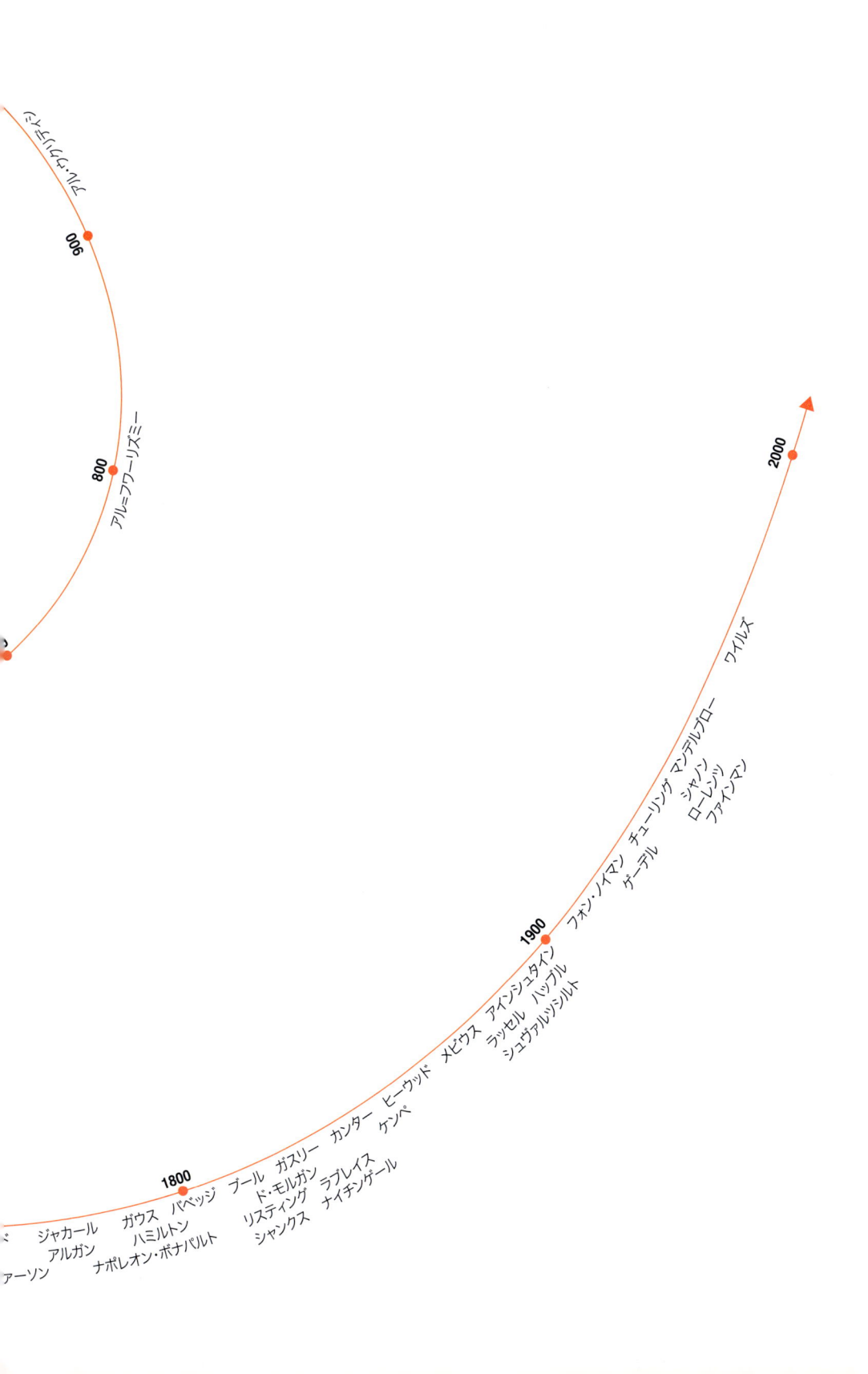

900 アル＝フワーリズミー

800 アル＝フワーリズミー

2000
ワイルズ
マンデルブロー
ローレンツ
ファインマン
ジャン
ゲーデル
チューリング
フォン・ノイマン
ハッブル
シュヴァルツシルト
ラッセル
アインシュタイン
1900
メビウス
ヒーウッド
ケンペ
カンター
ガスリー
ナイチンゲール
ラブレイス
シャンクス
リスティング
ド・モルガン
ブール
バベッジ
ガウス
1800
ハミルトン
ジャカール
アルガン
ナポレオン・ボナパルト
アーソン

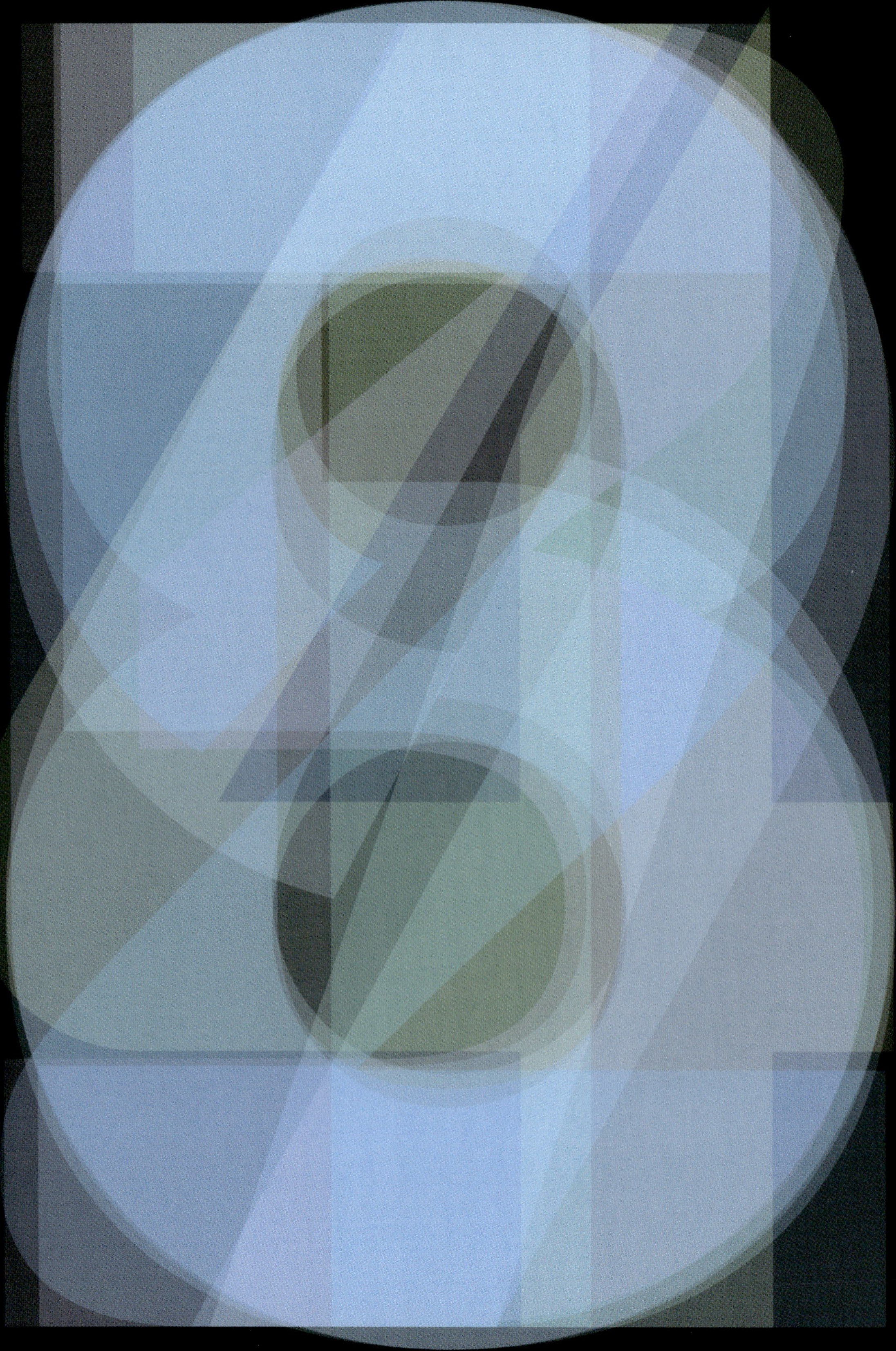

最後に大事なことをひとつ

女性たちはどこへ行った？

　本書全体を通じて女性がほとんど登場しなかったことに気づかれた鋭敏な読者のために、急いでつけ加えておきたい。

　女性が登場しなかったのは、歴史上そうだったからという以外の理由はない。悲しい事実ではあるが、私たちの歴史におけるほとんどの期間、女性は大学で学ぶことを許されていなかった。そして、これもまた悲しい事実だが、こんにちでもなお、女性の数学者と物理学者は男性の学者ほどあたりまえの存在になっていない。女性が実際的な仕事や人文学的分野に進む傾向があるためかもしれないし、数学・物理学系の教育システムが男性向きにつくられているせいかもしれないが、女性が大学でこの分野を学ぶことや、この分野の研究に一生を捧げることは、かなり少なかったのである。これは実に皮肉なことではないだろうか。なぜなら、小中学校において女の子のほうが男の子より算数ができるというケースは、けっこう多いからだ。

　ただ、過去において例外はある。ピタゴラス教団は男性と同じように女性も喜んで迎えていたし、世界初のコンピュータ・プログラムをつくるうえでバベッジの助けとなったのは、エイダ・ラヴレスという女性だった。また、ナイチンゲールはナースであるとともに統計学者でもあった。この分野のパイオニアの多くには知的な奥さんがいて、夕食をつくる以外の面で夫を助けたものだった。そしてこんにちでは、りっぱな業績を残した著名な女性教授も数多くいる。だが数の歴史の中では、過去2000年間のほとんどにおいて、同時期の宗教書におけるのと同様、男性指向の見解が支配していたのだった（一部の知性高い女性は、魔女などと呼ばれさえしたものだ）。もしあなたが女性で、こうしたことはすべてアンフェアだと思うとしたら、あなたはまちがっていない。しかし、ただ不公平さに文句を言うよりも、むしろあなた自身がこの分野に加わり、これからの数の歴史を変えていく一助となったらいかがだろうか。昔とは変わって、今は教育システムも研究者の地位も、女性が積極的に参加できるようなものになっているからだ。あなたの助けがあれば、次のオイラーはレオーナになり、未来のアインシュタインはアルバータになるだろう。【訳注：この二つの名前は、オイラーのファーストネームであるレオンハルトと、アインシュタインのアルバートの、女性形】

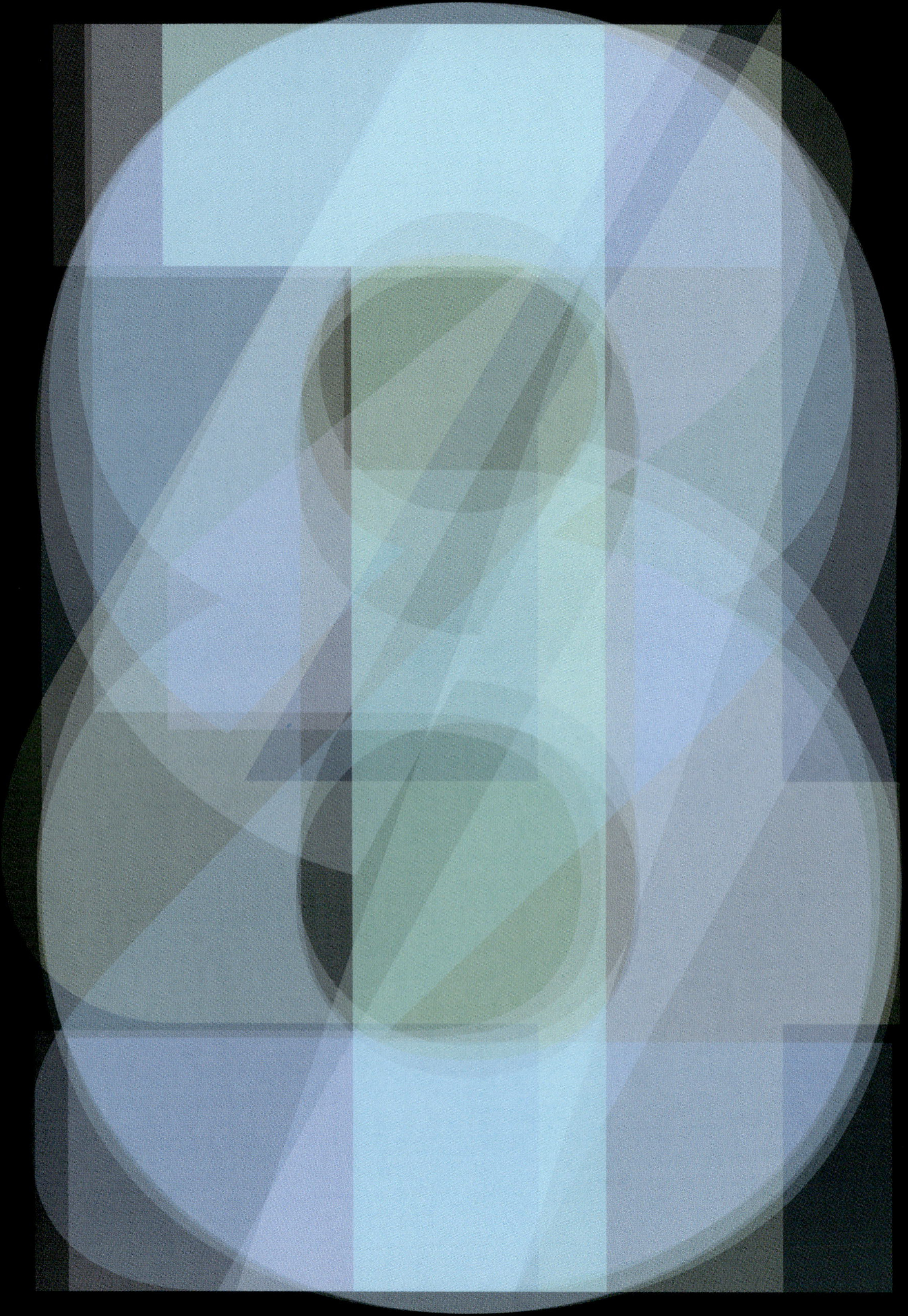

図版出典

AKG images 73, 90, 131, 134,192, 235; Erich Lessing 78; Visioars 31

Alamy Andrew Darrington 13; Classic Image 218; Dale O'Dell 18; Dinodia Images 20; Eddie Gerald; Frappix 248; Israel images 169; Marco Regalia Illustration 245; Mary Evans Picture Library 151, 153; North Wind Picture Archives 80; Peter Arnold Inc. 227; Picturedimensions 119; Israel images 169; Kolvenbach 162; STOCKFOLIO 215; The Print Collector 150; Visual Arts Library (London) 219

Art Archive 186; Bibliothèque des Arts Décoratifs Paris Gianni Dagli Orti 155; Gianni Dagli Orti 14, 15, 16, 25; Galleria degli Uffizi Florence 27

Bridgeman Art Library Bibliotheque Nationale, Paris, France, Lauros Giraudon 45; Academie des Sciences, Paris, France, Giraudon 23; Fitzwilliam Museum, University of Cambridge 38; Galleria dell' Accademia, Venice, Italy, Giraudon 236; Musee de la Ville de Paris, Musee du Petit-Palais, France, Giraudon 171; Louvre, Paris, France, Giraudon 62; Edinburgh University Library 47; Private Collection, Peter Newark American Pictures Private Collection 17; Photo © Christie's Images, 145; Galleria degli Uffizi, Florence, Italy 65; Roy Miles Fine Paintings 177; The Stapleton Collection 42

Corbis 47, 55, 56, 91, 93, 212, 229, 232, 234, 239; Araldo de Luca 19, 41; Archivo Iconografico, S.A. 49, 160,221; ARND Wiegmann/Reuters 210; Bernard Annebicque 129; Bettmann 24, 29,43, 49, 77, 82, 88, 91, 92, 98, 100, 107,114, 115, 118, 122, 123, 125,138, 143, 161, 173, 179, 183, 198, 203, 207, 213, 222, 241 Alan W. Richards 106; Bill Varie 52; Bruno Ehrs 126; Bryan F. Peterson 202; Digital Art 228; DK Limited, 180; Francis G. Mayer 58, 170; Gianni Dagli Orti 30,168; George B. Diebold 36; Gustavo Tomsich 163; Horace Bristol 32; Hulton-Deutsch Collection 63; Images.com 250; Image Source 190; Joseph Sohm 38; Lester V. Bergman 158; Leonard de Selva 147; Reuters 205; Mark Cooper 184; Matthias Kulka/zefa 159; Michael Nicholson 198; Michael Rosenfeld/dpa 97; Paul Sale Vern Hoffman 11; Paul Souders 194; Sandro Vannini 87; Stapleton Collection 70; Stefano Bianchetti 75, 79; The Art Archive: Alfredo Dagli Orti 74,220; The Gallery Collection 61

Getty altrendo images 249; Image Bank 132; Time and Life pictures 64, 187,102,188; Ian Waldie 105; Marc Romanelli 35; The Italian School 196; Sandra Baker 86

NASA 197,216

Photolibrary 136

Science and Society 26

Science Photo Library 8, 59, 130, 148, 224,226; Astrid & Hanns-Freider Michler 33; CCI Archives 121; Eric Heller 242; Gustoimages 166; George Bernard 112; Jean-Loup Charmet 154, 175; Julien Baum 137; Mark Garlick 134; Prof. E.Lorenz, Peter Arnold Inc. 247; Sandia National Laboratories 34; Science, Industry and Bussiness Library/ New York Public Library 39; Science Source 207; Seymour 159

Superstock Age Fotostock 12

Topfoto 26;Fortean 179; Fortean 179; World History Archive 164,174

Mark Hammonds (illustrations) 83, 93, 175

謝 辞

Thanks to:

Gordon Wise for the deals.

Laura Price for being a great editor.

Jenny Doubt for her attention to detail.

Greg Laabs for his statistics from his 'pick a random number' website.

Mark Hammonds for his original paintings and designs.

Jools Greensmith for her proof-reading and enthusiasm.

The university of St Andrews for their unbeatable research on the history of mathematics.

Everyone at Cassell Illustrated for helping to produce such a lovely book, and encouraging you, my curious reader, to enjoy it.

And finally (as usual) I would like to thank the cruel and indifferent, yet astonishingly creative process of evolution for providing the inspiration for all of my work. Long may it continue to do so.

Publishing Director: Iain MacGregor

Commissioning Editor: Laura Price

Editor: Jenny Doubt

Creative Director: Geoff Fennell

Layout: Keith Williams

Production: Caroline Alberti

訳者あとがき

　私たちがふだん何気なく使っている概念はいろいろにありますが、「数」という存在はその筆頭ではないでしょうか。数を数えることは日常生活では当たり前の行為ですが、数は計算のためだけのものではなく、三角形や円といった図形の考え方から、太陽系の星の動き、測量の方法、縁起担ぎや宗教的考え、そして時間と空間や宇宙の複雑さに関する理論といった、あらゆることに関係しています。本書はそうした「数」が関わるすべてのことについて、歴史上のエピソードをひもときながら、楽しく、またわかりやすく語ったガイドブックと言えるでしょう。

　数の世界とその歴史を語るには、古今の数学者たち（古代の哲学者から現代の物理学者まで）がどのように数を「発見」し、発展させてきたかという説明が必要になります。その点、本書の著者は、彼らの意外な人間性に着目し、興味深いエピソードを次々に繰りだすことで、実によみやすいものにしてくれました。数を探究した人々と数学をつくった人々に関する本は、これまでにもけっこうありましたが、そうした本にはないのが、本書のすばらしい図版の数々ではないでしょうか。「数」の存在をあらためて認識するとともに、そちらも楽しんでいただければ幸いです。

　本書を読み終え、「数の奇跡」を知ってからは、あなたの生活はこれまでと微妙に違ってくるかもしれません。この本に書かれていない「数の奇跡」を見つけることもできるかもしれません。数の宇宙はまだまだ果てしないのですから。

　なお、コラム部分の数学的表現については、梨花女子大学数学科客員教授の小山信也先生にご教示いただきました。記して感謝いたします。

日暮雅通

（翻訳協力：藤原隆雄、野下祥子、吉嶺英美）

【著者】
ピーター・J・ベントリー（Peter J. Bentley）

コンピュータ・サイエンスと応用数学の分野で、いま最も創造性あふれる思索家。コンピュータ・サイエンスで理学博士号をとり、現在はユニヴァーシティ・カレッジ・ロンドンの名誉研究員、韓国科学技術高等研究所の共同研究教授、ケント大学名誉客員研究員を兼任。その研究は、進化的計算やディジタル生物学など、多岐にわたっている。ポピュラー・サイエンスの著書『ディジタル生物学』があるほか、『コンピュータによる進化的設計』『創造性に富む進化的システム』『成長と形態とコンピュータについて』といった本の編者でもある。

【訳者】
日暮 雅通（ひぐらし・まさみち）

1954生まれ、青山学院大学理工学部卒、英米文芸・ノンフィクション翻訳家。訳書はマッカートニー『エニアック 世界最初のコンピュータ開発秘話』、ラインゴールド『新・思考のための道具』（以上パーソナルメディア）、ハンセン『ファーストマン』（ソフトバンク クリエイティブ）、ロビンソン他『図説「最悪」の仕事の歴史』（原書房）ほか多数。

3.1415926535897932384626433832795028841971693993 7510

【ビジュアル版】

数 の 宇 宙
―ゼロ（0）から無限大（∞）まで―

2009年1月19日　初版発行

著　者	ピーター・J・ベントリー
翻　訳	日暮雅通
装　幀	加藤公太
発行者	長岡正博
発行所	悠 書 館

〒113-0033　東京都文京区本郷 2-35-21-302
TEL 03-3812-6504 FAX 03-3812-7504
http://www.yushokan.co.jp/

2.71828182845904523536028747135266249775724709369995

2008 printed in China
ISBN978-4-903487-27-4
定価はカバーに表示してあります